万用表自学速成

段荣霞　濮霞◎主编

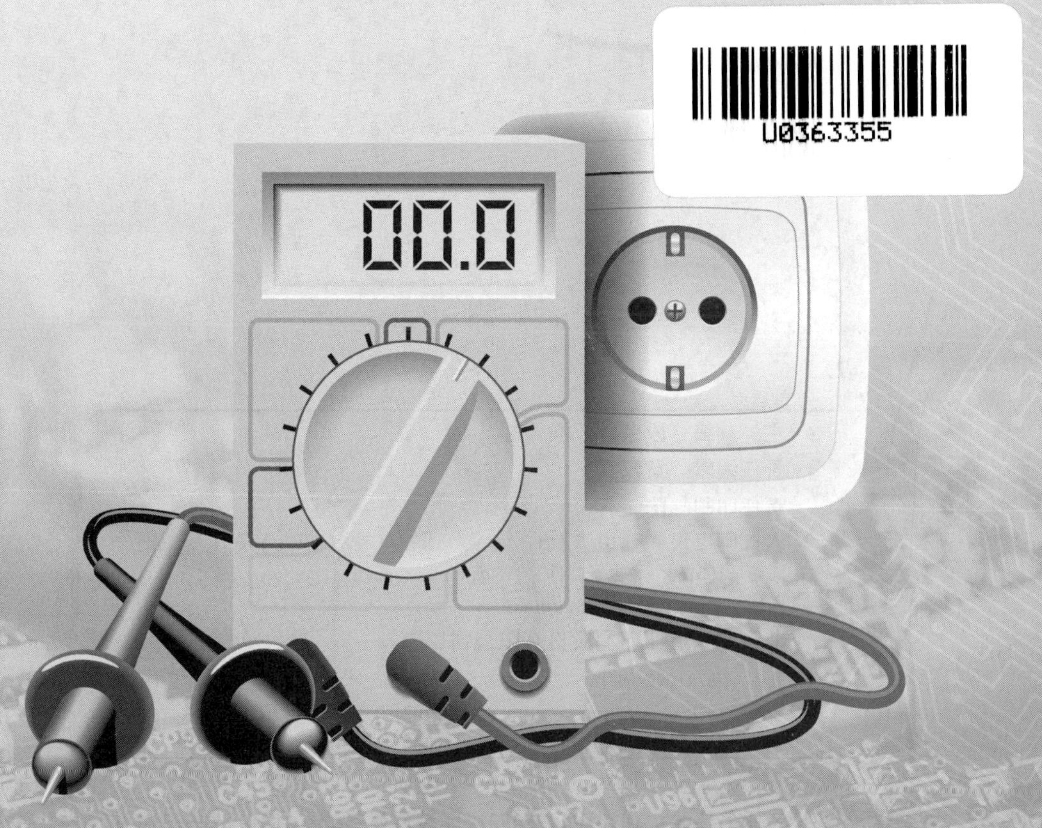

人民邮电出版社
北京

图书在版编目（CIP）数据

万用表自学速成 / 段荣霞，濮霞主编. -- 北京 ：
人民邮电出版社，2021.10
ISBN 978-7-115-56630-0

Ⅰ. ①万… Ⅱ. ①段… ②濮… Ⅲ. ①复用电表—基
本知识 Ⅳ. ①TM938.107

中国版本图书馆CIP数据核字(2021)第108017号

内 容 提 要

本书深入浅出地介绍了电子工程师应该掌握的万用表使用相关知识，具体内容包括：万用表的结构特点及工作原理、万用表的使用方法、万用表检测基本电子元器件、万用表检测电器部件、万用表检测集成电路、万用表检测传感器、万用表检测电声及显示器件和万用表检测应用实例等。

本书内容全面，讲解通俗易懂，适合广大电子工程师及电工电子技能爱好者学习参考。

◆ 主　　编　段荣霞　濮　霞
责任编辑　黄汉兵
责任印制　陈　犇

◆ 人民邮电出版社出版发行　　北京市丰台区成寿寺路 11 号
邮编　100164　　电子邮件　315@ptpress.com.cn
网址　https://www.ptpress.com.cn
北京联兴盛业印刷股份有限公司印刷

◆ 开本：787×1092　1/16
印张：13.75　　2021 年 10 月第 1 版
字数：366 千字　　2021 年 10 月北京第 1 次印刷

定价：69.80 元

读者服务热线：(010)81055493　印装质量热线：(010)81055316
反盗版热线：(010)81055315
广告经营许可证：京东市监广登字 20170147 号

Foreword

前言

万用表又称为复用表、多用表、三用表、繁用表等，因具有多项测量功能、操作简单且携带方便等特点，成为最常用、最基本的电工电子测量仪表之一。万用表一般以测量电压、电流和电阻为主要目的。万用表按显示方式分为指针式万用表和数字式万用表，是一种多功能、多量程的测量仪表。一般万用表可测量直流电流、直流电压、交流电压、电阻和音频电平等，有的还可以测量交流电流、电容量、电感量及半导体器件的一些参数（如 β 值）等。

对于广大电工、家电维修、电子设备维修等从业人员，尤其是电工、电子技术初学者和无线电爱好者来说，掌握万用表的使用方法和技巧，是最基本的技能。

图书市场上的电工电子类书籍浩如烟海，读者要挑选一本自己中意的书反而很困难，真是“乱花渐欲迷人眼”。那么，本书为什么能够在读者“众里寻她千百度”之际，让你在“灯火阑珊”处“蓦然回首”呢？那是因为本书具有以下四大特色。

作者权威

本书作者是高校资深教师，她们总结多年的设计经验以及教学的心得体会，历时多年精心编著，力求全面细致地展现出万用表应用领域的各种基础知识和基本技能。

提升技能

本书从全面提升电子工程师实践操作能力的角度出发，结合大量的图例来讲解如何使用万用表进行简单的电子元器件以及相对复杂的电气产品测量，真正让读者懂得电子电气工程师在使用万用表时应该具备哪些基本能力。

内容全面

本书内容全面，讲解通俗易懂，适合于广大电子电气工程师及电工电子技能爱好者学习参考。

知行合一

本书结合大量的图例详细讲解了万用表使用的基本要点，让读者在学习的过程中潜移默化地掌握万用表应用操作基本技能，提升工程应用实践能力。

本书由陆军工程大学石家庄校区段荣霞老师和濮霞老师主编，其中，第 1~4 章由段荣霞负责编写，第 5~8 章由濮霞负责编写。在此对所有参编人员表示衷心的感谢。

由于编者水平有限，书中如有疏漏之处，欢迎广大读者批评指正，提出宝贵的意见和建议，以便于我们今后修改提高。

编者

2021 年 2 月

Contents

目录

第6章　万用表检测传感器 147

第7章　万用表检测电声及显示器件 166

第8章　万用表检测应用实例 185

第 1 章 万用表的结构特点及工作原理

万用表因具有多项测量功能、操作简单且携带方便等特点，成为最常用、最基本的电工电子测量仪表之一。对于广大电工、家电维修人员、电子设备维修人员等，尤其是电工、电子技术初学者和无线电爱好者来说，掌握万用表的使用方法和技巧，是最基本的技能。本章从初学者的实际情况出发，介绍指针式万用表和数字式万用表的结构特点及工作原理。

1.1 指针式万用表

指针式万用表是由表头、测量电路、功能及量程转换开关 3 部分组成的。它属于模拟式仪表，通过指针的偏转角度即可指示被测量的物理量大小。其特点是便于观察被测量的连续变化、准确度较高、测量项目较多、操作简单、价格低廉、携带方便，是一种最普及、最常用的电工电子测量仪表。常见指针式万用表的外形如图 1-1 所示。

图 1-1　常见指针式万用表的外形

1.1.1 指针式万用表的分类

目前，国产指针式万用表的种类繁多，型号可达数百种，大致可按以下情况进行分类。

1. 按照表头分类

传统的万用表采用外磁式动圈结构的表头，靠宝石轴承支撑动圈，因此体积较大，抗震性能差，并且由于轴尖存在着摩擦力，限制了仪表准确度和灵敏度的进一步提高。新型万用表（如 MF114ATB 型）开始采用内磁式张丝结构的表头，其显著优点是磁场集中、磁能利用率高、表头的体积小。此外，用张丝来代替轴尖和游丝，还可消除因摩擦而造成的测量误差，提高抗冲击、抗震性能，使表头的使用寿命超过 100 万次。

2. 按照外形分类

（1）便携式万用表

目前市售的万用表很多属于便携式仪表，典型产品有 500、MF10、MF14、MF18 型等。其优点是携带比较方便、仪表的刻度盘较大、读数准确。不足之处是体积较大。

（2）袖珍式万用表

袖珍式万用表的体积小巧，可放在手掌上，因此携带更加方便。典型产品有 MF30 型等。

（3）薄型万用表

近年来薄型万用表已成为一种流行款式。国产 MF99、MF99-1、MFl29、MF133、W003 型均实现了薄型化。例如，MF133、W003 型万用表的外形尺寸分别为 100mm × 64mm × 35mm、90mm × 60mm × 30mm，可装入上衣口袋内。MF133 型的质量仅为 100g。

（4）折叠式万用表

国产 MF140 型万用表采用折叠式结构，其外形像可以开启的香烟盒。

（5）卡装式万用表

国产 MF79 型万用表采用卡装式结构，产品质量符合 IEC50 国际标准。

3. 按照功能分类

（1）简易型万用表

简易型万用表的价格低廉，性能指标较差，主要用来测量电压、电流和电阻。

（2）多功能万用表

多功能万用表的测量功能较强，售价较高。所增加的功能主要有测量电容、电感、晶体管参数（如 h_{FE} 等）、小阻值电阻、电池带额定负载后的电压以及高压测试。有的万用表还能检查发光二极管（LED）的发光情况。

（3）模拟/数字混合式万用表

这是国外开发的一种新型万用表。它是在指针式万用表的基础上增加了数显装置，便于精确读数。

1.1.2 指针式万用表的键钮分布

1. 指针式万用表的基本结构

指针式万用表实质上是电压表、电流表、欧姆表的有机组合，使用时根据需要，通过功能转换开关进行转换便可实现不同的功能。因此，也有人将指针式万用表称为三用表。万用表的功能较多，各型号万用表的功能也不尽相同，但都包括以下基本功能：测量直流电流、测量直流电压、测量交流电压及测量电阻。许多万用表还具有以下派生功能：测量音频电平、测量电容、测量电感及测量晶体管直流参数等。

指针式万用表的基本结构由 5 部分组成，如图 1-2 所示。

（1）表头，用于指示测量结果。指针式万用表基本上都采用磁电式微安表头，其工作原理是：在马蹄形永久磁铁极掌间的强磁场中，放置一个线圈，当有电流通过该线圈时，电磁作用力使线圈顺时针偏转，偏转角度与通过该线圈的电流成正比。在线圈上垂直粘有一指针，即可准确指示出通过线圈的电流大小。为防止万用表在使用中用错挡位而烧毁表头，一般都设计有表头保护电路。

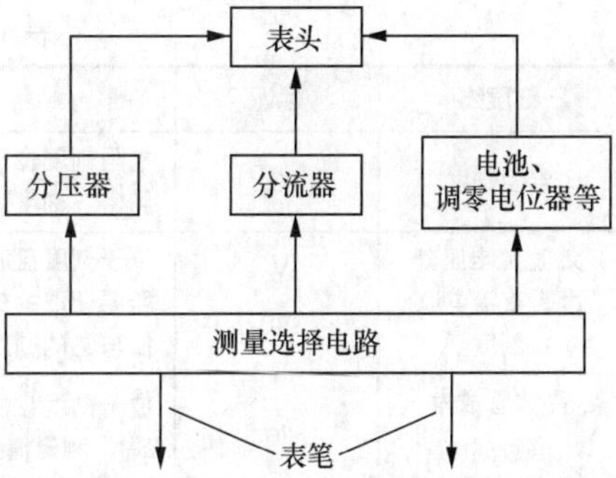

（2）分压器，主要用于测量交、直流电压。

（3）分流器，主要用于测量直流电流。

（4）电池、调零电位器等，用于供电和电阻测量。

（5）测量选择电路，用于选择挡位和量程。

表头
分压器
分流器
电池、调零电位器等
测量选择电路
表笔

图 1-2　指针式万用表的基本结构

2. 指针式万用表的键钮分布

指针式万用表主要由提把、表头、机械调零旋钮、欧姆调零旋钮、功能转换开关、晶体管测试插座、表笔插孔等部分组成。典型指针式万用表的键钮分布如图 1-3 所示。

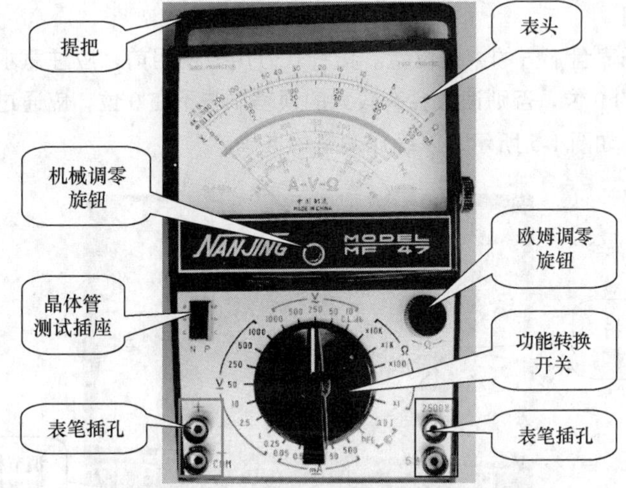

图 1-3　典型指针式万用表的键钮分布

（1）表头

由于指针式万用表具有多种测量功能，因此表头上通常有许多刻度线和刻度值，典型指针式万用表的刻度盘如图 1-4 所示。

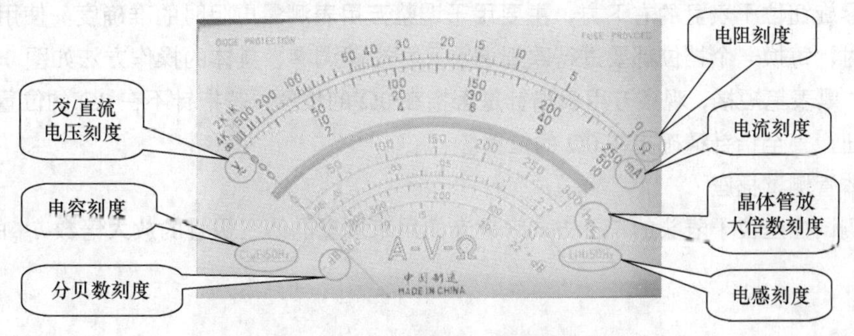

图 1-4　典型指针式万用表的刻度盘

图 1-4 所示刻度盘中有 6 条刻度线。这些刻度线是以同心的弧线方式排列的，每一条刻度线上还标识出了刻度值，如表 1-1 所示。

表 1-1　指针式万用表上的刻度线

刻度线	标识	特点	单位
电阻刻度	Ω	电阻刻度位于表盘的最上面（第 1 条线），呈指数分布，从右到左，由疏到密。刻度值最右侧为 0，最左侧为无穷大	Ω
交/直流电压刻度、直流电流刻度	V ≂ mA	位于刻度盘的第 2 条线。这条线是测量交流电压、直流电压和直流电流时所要读取的刻度，0 位在刻度盘的左侧，在这条刻度盘的下方有 3 排刻度值与它的刻度相对应	V/mA
晶体管放大倍数刻度	h_{FE}	位于刻度盘的第 3 条线，0 位在刻度盘的左侧，用于测量三极管放大倍数 h_{FE}，测量值为相应的指针读数	
电容刻度	C（μF）50 Hz	位于刻度盘的第 4 条线，在使用 50Hz 交流信号的条件下进行电容器的检测，方可通过该刻度盘进行读数	μF
电感刻度	L（H）50 Hz	位于刻度盘的第 5 条线，在使用 50Hz 交流信号的条件下进行电感器的检测，方可通过该刻度盘进行读数	H
分贝数刻度	dB	位于表盘最下面的第 6 条线，刻度线两端的“−10”和“22”表示其量程范围，只用于测量放大器的增益或衰减值	dB

（2）机械调零旋钮

表头校正旋钮位于表盘下方的中央位置。指针式万用表使用前，应注意水平放置，且表头指针要处于交/直流刻度线的 0 位，否则读数会有较大的误差。若不在 0 位，应通过调节机械调零旋钮使指针准确地指在 0 位，如图 1-5 所示，以确保测量的准确。

图 1-5　指针式万用表机械调零

（3）欧姆调零旋钮

欧姆调零旋钮位于表盘的右下方，主要用于调整万用表测量电阻时的准确度。使用指针式万用表测量电阻时，每换一个挡位都要进行欧姆调零又称短路调零，具体的操作方法如图 1-6 所示。将万用表的红、黑表笔短接，观察万用表指针是否指在 0Ω 的位置，若指针不在 0Ω 的位置，用手旋转欧姆调零旋钮，直至指针精确指在 0Ω 的位置。

（4）晶体管测试插座

晶体管测试插座位于表头的左下方，它是专门用来测量晶体三极管的放大倍数 h_{FE} 的，如图 1-7 所示。

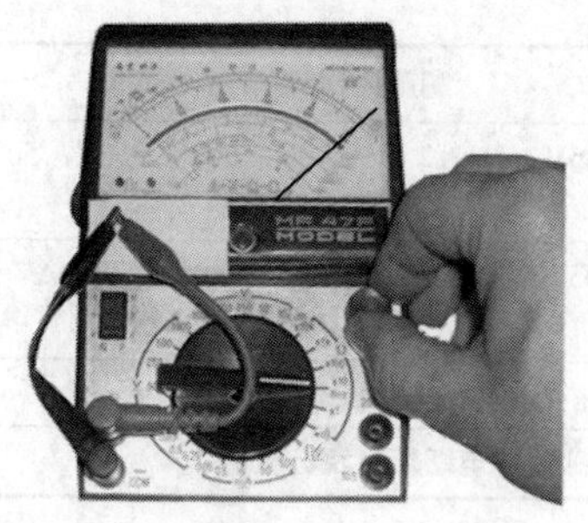

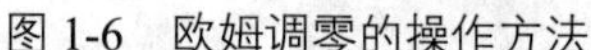

图 1-6　欧姆调零的操作方法

图 1-7　晶体管测试插座

晶体三极管有 3 个引脚，分别是集电极 c、基极 b、发射极 e，晶体三极管的类型可分为 NPN 型和 PNP 型两大类，因此晶体管测试插座设置了两组插孔，“c”“b”“e” 3 个字母标示出了三极管集电极、基极、发射极 3 个电极的插装位置，标有“N”字样的插孔用来测量 NPN 型三极管，标有“P”字样的插孔用来测量 PNP 型三极管。检测时，首先将万用表的功能转换开关置于“h_{FE}”挡位，然后将被测三极管的 3 个引脚按照相应类型插入 3 个测试插孔即可。

（5）功能转换开关

功能转换开关位于表头的正下方，在其四周标有测量功能和测量范围，如图 1-8 所示。通过功能转换开关可以选择不同的测量项目以及不同的测量量程。

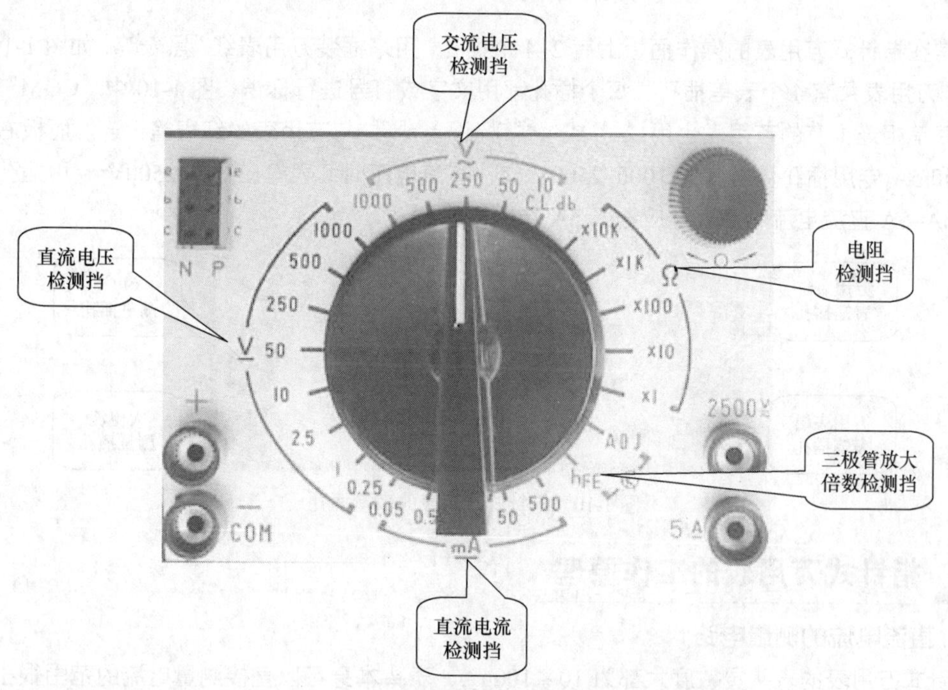

图 1-8　指针式万用表的功能转换开关

指针式万用表的测量项目和具体的测量量程如表 1-2 所示。

表 1-2　指针式万用表的测量项目和具体的测量量程

测量挡位	标识	测量量程
电阻检测挡	Ω	用于测量电阻值，共有“×1、×10、×100、×1k、×10k” 5 个倍率挡可供选择
交流电压检测挡	V̰	用于测量交流电压，共有“10V、50V、250V、500V、1000V”　5 个量程挡位可供选择

续表

测量挡位	标识	测量量程
直流电压检测挡	V	用于测量直流电压，共有“0.25V、1V、2.5V、10V、50V、250V、500V、1000V”8 个量程挡位可供选择
直流电流检测挡	mA	用于测量直流电流，共有“0.05mA、0.5mA、5mA、50mA、500mA”5 个量程挡位可供选择
三极管放大倍数检测挡	h_{FE}	用于测量三极管的放大倍数 h_{FE}
电容、电感、分贝检测挡	C.L. dB	用于测量电容器的电容量、电感器的电感量以及分贝值

（6）表笔及表笔插孔

指针式万用表的表笔分别使用红色和黑色标识，如图 1-9 所示，用于连接被测电路或元器件。

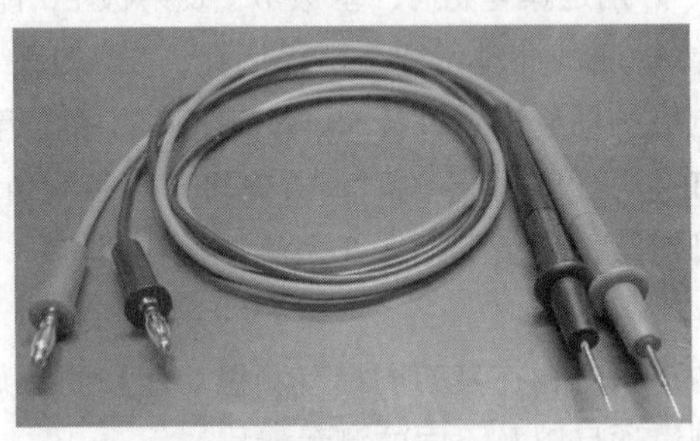

图 1-9　指针式万用表的表笔

通常在指针式万用表的操作面板上有 2~4 个插孔，用来插装万用表红、黑表笔，如图 1-10 所示，MF47 型万用表共有 4 个表笔插孔，每个插孔都用文字或符号进行标识，图 1-10 中“COM”与万用表的黑表笔相连（有的万用表也用“-”或“*”标识）；“+”与万用表的红表笔相连。面板右下角有 2500V 和 5A 专用插孔，当测量 1000~2500V 交、直流电压时红表笔应插入 2500V 专用插孔；当测量 500mA~5A 直流电流时红表笔应插入 5A 专用插孔。

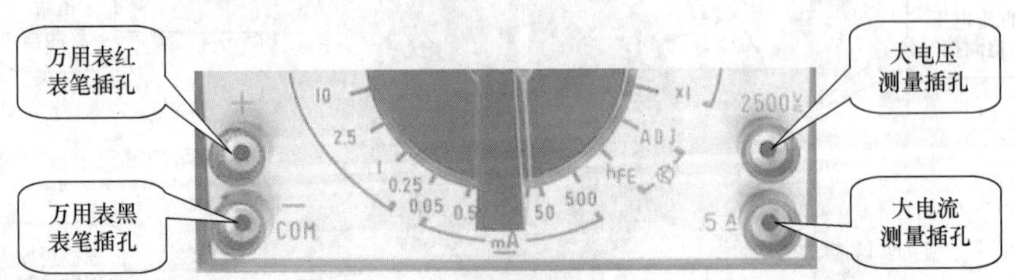

图 1-10　指针式万用表的表笔插孔

1.1.3　指针式万用表的工作原理

1. 直流电流的测量电路

指针式万用表的表头灵敏度大都为 10 ~ 100μA，表头本身可以直接测量电流的范围很小，所以采用分流器来扩大量程。所谓分流器，实际上就是一个与表头相并联的电阻器，工作时被测电流的大部分通过并联电阻器，从而起到分流作用。一般指针式万用表采用闭合回路抽头式环形分流电路，如图 1-11 所示。这种电路的分流回路始终是闭合的。在并联电路中，支路电流的大小与支路电阻的大小成反比。因此，改变 I_P 和 I_R 两条支路电阻值的大小，即可改变电流分配比例，功能转换开关换接到不同位置，就可以实现量程的转换。

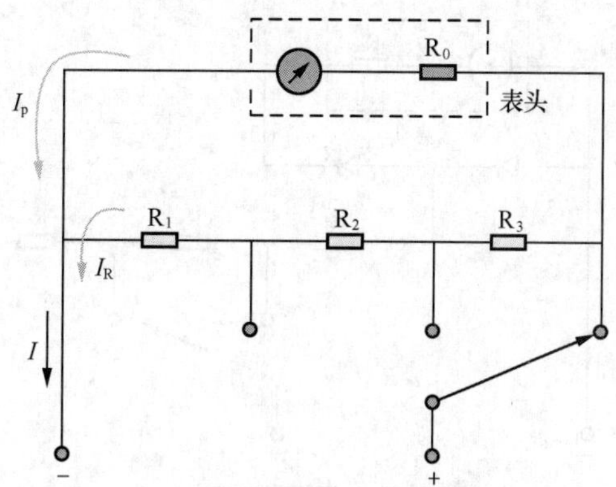

图 1-11　多量程直流电流表原理图

2. 直流电压的测量电路

万用表测量直流电压的电路与微安表头构成了一个多量程的直流电压表，如图 1-12 所示。不同电压量程的转换是通过转换开关接通电路中与表头串联的不同的附加电阻来实现的。被测电压大部分都落在附加电阻上，而落在表头上的电压只是很小的一部分，从而使流过表头的电流被限制在许可范围之内（不超过该表头的满偏电流），因此就扩大了电压的测量范围。这和电压表串联分压电阻扩大量程的原理是一样的。

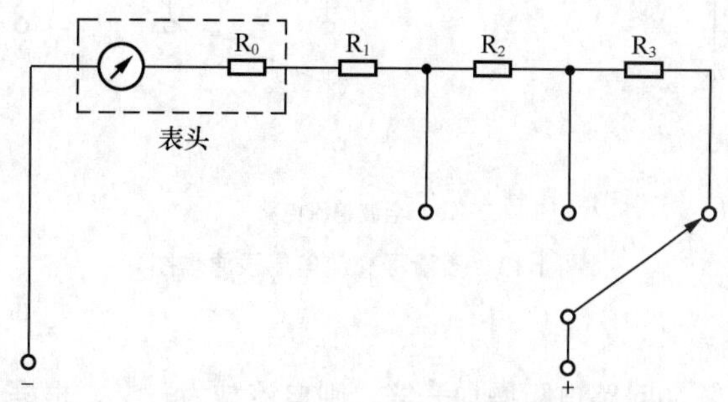

图 1-12　多量程直流电压表原理图

3. 交流电压的测量电路

磁电式微安表不能直接用来测量交流电，必须配以整流电路，把交流变为直流，才能加以测量。测量交流电压的电路是一种整流系电压表。整流电路有半波整流电路和全波整流电路两种，如图 1-13 所示。

整流电流是脉动直流，流经表头形成的转矩大小是随时变化的。由于表头指针的惯性，它来不及随电流及其产生的转矩而变化，指针的偏转角将正比于转矩或整流电流在一个周期内的平均值。流过表头的电流平均值 I_0 与被测正弦交流电流有效值 I 的关系为：

半波整流时　　　　$I=2.22I_0$

全波整流时　　　　$I=1.11I_0$

从以上两式可知，表头指针偏转角度与被测交流电流的有效值也是正比关系。整流系仪表的标尺是按正弦量有效值来设置刻度的，万用表测量交流电压时，其读数是正弦交流电压的有效值，它只能用来测量正弦交流电，如测量非正弦交流电，会产生很大的误差。

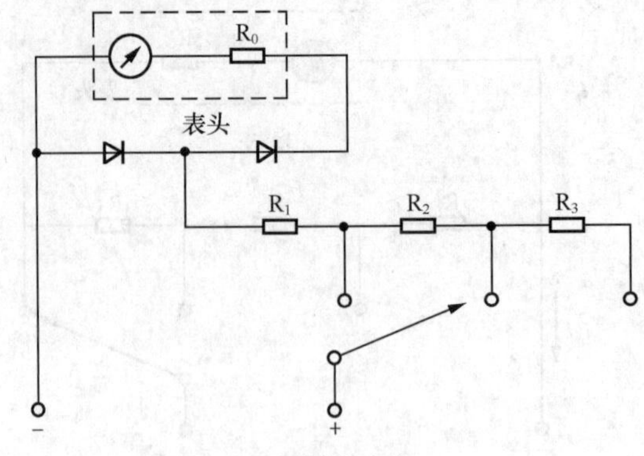

（a）半波整流电路

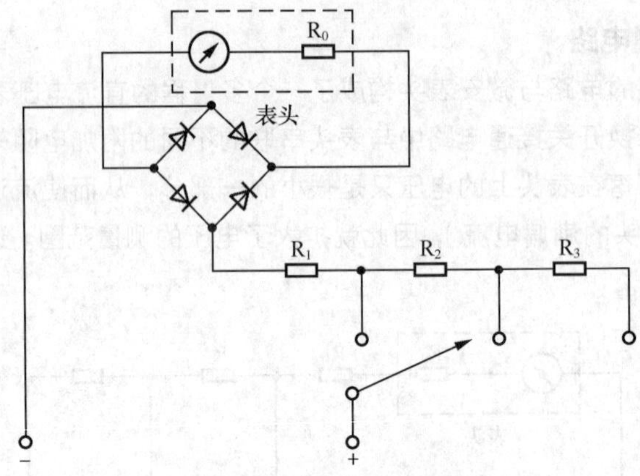

（b）全波整流电路

图 1-13 多量程交流电压表原理图

4. 电阻的测量电路

在电压不变的情况下，如回路电阻增加一倍，则电流减为一半，根据这个原理，就可制作一只欧姆表。万用表的电阻测量电路，就是一个多量程的欧姆表，其原理电路如图 1-14 所示。

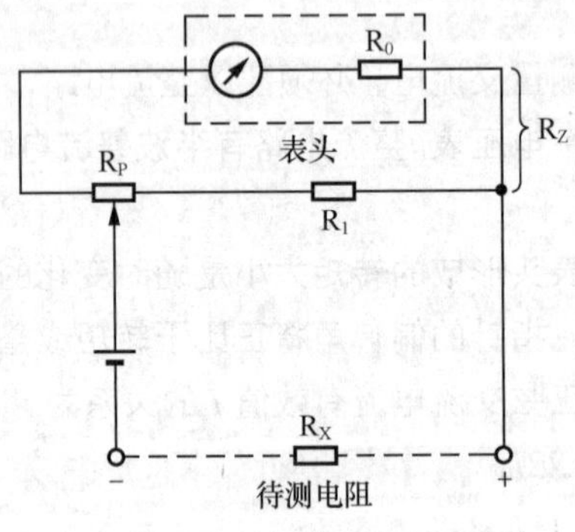

图 1-14 欧姆表原理电路

欧姆表电路由表头、分流电位器 R_1、调零电位器 R_P 和电池等组成。当正、负表笔短接时，电池回路包括表头和分流器 R_1 两个电流支路，调节 R_P 可使表头表针满偏，即为 0Ω。回路的总电阻 R_Z 等于表头支路电阻（R_0+R_P 左边电阻）并联分流器支路电阻（R_1+R_P 右边电阻）的电阻值。当正、负表笔接入被测电阻 R_X 时，此时 R_X 串入回路中，回路总电流将减小。R_X 越大，回路的总电流越小。回路总电流的大小能够反映 R_X 的大小，两者的关系是非线性的，欧姆标度为非等分的倒标度。当被测电阻等于欧姆表综合内阻时（即 $R_X=R_Z$），指针指在表盘中心位置。所以 R_Z 的数值又称为中心阻值。由于欧姆表的分度是不均匀的，在靠近欧姆中心值的一段范围内，分度较细，读数较准确，当 R_X 的值与 R_Z 较接近时，被测电阻值的相对误差较小。对于不同阻值的 R_X 值，应选择不同量程，使 R_X 与 R_Z 值相接近。

欧姆表测量电路量程的变换，实际上是 R_Z 和满偏电流 I 的变换。一般万用表中的欧姆挡量程有 R×1、R×10、R×100、R×1k、R×10k 等，其中 R×1 量程的 R_X 值，可以从欧姆标度上直接读得。

欧姆表量程转换原理如图 1-15 所示，实际上就是通过改变分流器的阻值来改变回路电阻 R_Z，从而改变欧姆中心值，也就改变了量程。量程改变时，保持电池电压不变，改变测量电路的分流电阻，虽然被测电阻 R_X 变大了，而通过表头的电流仍保持不变，同一指针位置所表示的电阻值相应变大。

电源干电池在使用中其内阻和电压都会发生变化，并使 R_Z 值和总电流 I 发生改变。I 值与电源电压成正比。电路中设置的调节电位器 R_P 能够弥补电源电压变化引起的测量误差。在使用欧姆挡量程时，应先将表笔短接，调节电位器 R_P，使指针满偏，指示在电阻值的零位。即进行“调零”后，再测量电阻值。

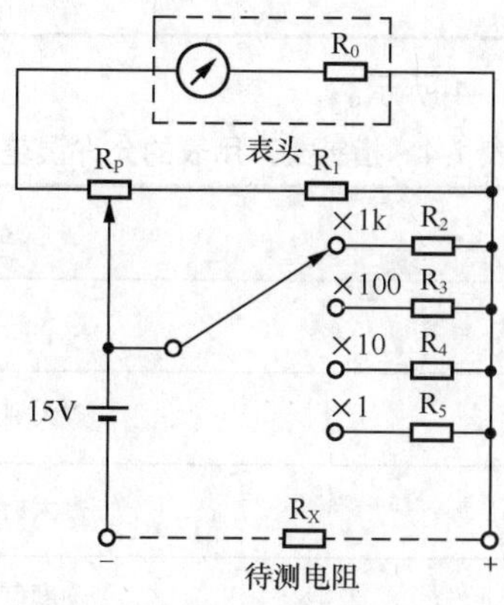

图 1-15　欧姆表量程转换原理

在 R×10k 量程上，由于 R_Z 很大，I 很小，当小于微安表的本身额定值时，就无法进行测量。因此在 R×10k 量程上，一般采用提高电源电压的方法来扩大其量程，如图 1-16 所示。

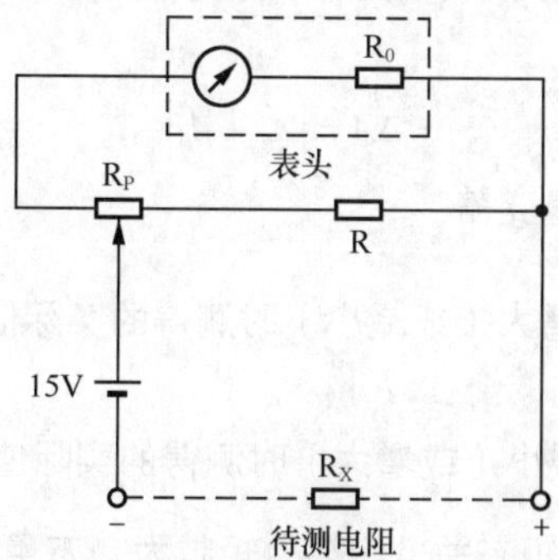

图 1-16　提高电源电压扩大量程

1.1.4　指针式万用表的性能参数

指针式万用表的性能通常在使用说明书中有简单介绍，性能参数有助于读者了解该指针式万用表的性能，从而根据测量需求选择和使用万用表。指针式万用表的性能参数可以从以下几个方面进行了解。

1. 显示特性

（1）最大刻度和允许误差

指针式万用表主要是以指针来指示出被测量的数值，通常以指针式万用表的最大刻度和允许误差来表示万用表的显示精度。指针式万用表的最大刻度值如表 1-3 所示。

表 1-3　指针式万用表的最大刻度值

序号	测量项目	最大刻度值
1	直流电压（V）	0.25、1、2.5、10、50、250、500、1000
2	交流电压（V）	10、50、250、500、1000
3	直流电流（A）	0.05、0.5、5、50、500
4	音频电平（ dB）	−10～+22（AC 10V 范围）
5	电阻（Ω）	×1、×10、×100、×1k、×10k

指针式万用表的允许误差如表 1-4 所示。

表 1-4　指针式万用表的允许误差

序号	测量项目	允许误差
1	直流电压	最大刻度值的 ± 3%
2	交流电压	最大刻度值的 ± 4%
3	直流电流	最大刻度值的 ± 3%
4	电阻	刻度盘长度的 ± 3%

（2）升降变差

万用表在工作时，通过万用表的被测量由零平稳地增大到上量程，然后平稳地减小到零时，对应于同一条分度线的向上（增大）、向下（减小）两次读数与被测量的实际值之差称为“示值的升降变差”，简称变差，即：

$$\Delta A = \left| A_0^{'} - A_0^{''} \right|$$

式中　ΔA——万用表指示值变差；

$A_0^{'}$——被测量平稳增大（或减小）时测得的实际值；

$A_0^{''}$——被测量平稳减小（或增大）时测得的实际值。

万用表的变差与表头的摩擦力矩有关，摩擦力矩越大，万用表的升降变差越大，反之则越小，当表头摩擦力矩很小时，$A_0^{'} \approx A_0^{''}$，升降变差 $\Delta A \approx 0$，可忽略不计。

2. 测量特性

（1）阻尼时间

阻尼时间是指阻碍或减小一个动作所需要的时间，对于指针式万用表来说，其动圈的阻尼时间在技术条件中规定不应超过 4s。

（2）灵敏度

指针式万用表的灵敏度是指对较小的测量值做出反应程度的大小。其灵敏度越高，测量数值越精确。指针式万用表的灵敏度可分为表头灵敏度和电压灵敏度（含直流电压灵敏度和交流电压灵敏度）两个指标。

万用表所用表头的满量程值 I_g 称作表头灵敏度，一般在 10~200μA 范围内，I_g 越小，表头灵敏度越高。高灵敏度表头一般小于 10μA，中灵敏度表头一般在 30~100μA 范围内，超过 100μA 的就属于低灵敏度表头。

表头灵敏度是设计万用表电路的依据，同时也决定着万用表的电压灵敏度。万用表的电压灵敏度 S_V 等于电压挡的等效内阻 R_V 与满量程电压 U_M 的比值，即：

$$S_V=R_V/U_M$$

其单位是 Ω/V 或 kΩ/V，简称每伏欧姆数。此值一般标在仪表盘上，如图 1-17 所示。MF500 型万用表的直流电压灵敏度为 20kΩ/V，MF10 型万用表的直流输入电压在 0~100V 时，电压灵敏度为 100kΩ/V；直流输入电压在 250~500V 时，电压灵敏度为 200kΩ/V。MF10 型万用表的交流电压灵敏度为 20kΩ/V。电压灵敏度越高，表明万用表的内阻（即仪表输入电阻）越高，这种仪表适用于电子测量，可以测量高内阻的信号电压。低灵敏度万用表仅适用于电工测量。

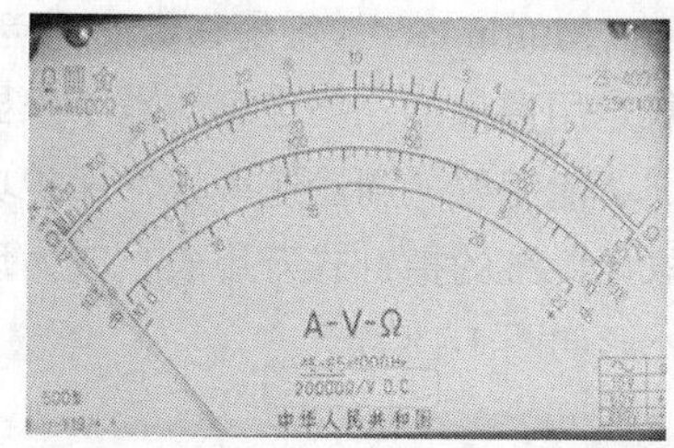

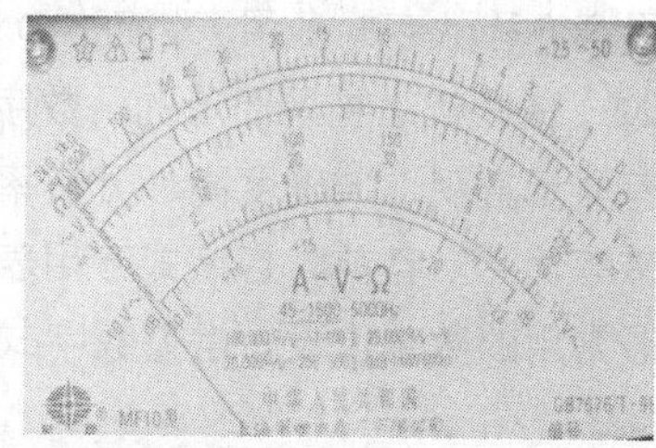

图 1-17　万用表电压灵敏度

3. 技术特性

（1）准确度和基本误差

万用表的精度一般用准确度表示，它反映了仪表基本误差的大小，准确度越高，测量误差越小。仪表的准确度分 7 个等级：0.1、0.2、0.5、1.0、1.5、2.5、5.0。近年来随着仪表工业的迅速发展，我国已能制造出 0.05 级的指示仪表。

准确度等级反映了仪表基本误差的大小。基本误差亦称固有误差，常用相对误差 γ_m 来表示。例如，2.5 级准确度即表示基本误差为 ± 2.5%。两者的对应关系见表 1-5。国产 MF18 型万用表测量直流电压（DCV）、直流电流（DCA）和电阻（Ω）的准确度都是 1.0 级，可供实验室使用。目前仍被广泛使用的 500 型万用表则属于 2.5 级仪表。需要指出，受分压器、分流器、整流器等电路的影响，同一块万用表各挡的基本误差也不尽相同。

表 1-5　准确度等级与基本误差的对应关系

准确度等级	0.1	0.2	0.5	1.0	1.5	2.5	5.0
基本误差 γ_m（%）	± 0.1	± 0.2	± 0.5	± 1.0	± 1.5	± 2.5	± 5.0

（2）倾斜误差

指针式万用表在使用过程中，从规定的使用部位向任意方向倾斜时所带来的误差，称之为倾斜误差。倾斜误差主要是由于表头转动部位不平衡造成的，但也与轴尖和轴承之间的间隙大小有关。另外，倾斜误差的大小也与指针长短有关，同样的不平衡与倾斜，小型万用表的倾斜误差小，大型万用表由于指针长并且轴尖与轴承间隙大从而造成倾斜误差大。在万用表技术条件中规定，当万用表自规定的工作位置向一方倾斜 30°时，指针位置应保持不变。

（3）调零

万用表的调零器主要是用来将指针式万用表的指针调节到刻度尺的零点上的。技术条件中规定，当旋转调零器时，指针自刻度尺零点位置向两边偏离应不小于刻度尺弧长的 2%，不大于弧长的 6%。

4．频率特性

万用表的工作频率较低，频率范围窄。便携式万用表一般为 45~2000Hz，袖珍式仪表大多为 45~1000Hz。某些万用表（如 MF10）的说明书中规定可以扩展频率范围，但基本误差亦随之增大。

1.2 数字式万用表

数字式万用表亦称数字式多用表，简称 DMM（Digital Multimeter）。它是在数字式电压表（Digital Voltmeter，DVM）的基础上扩展而成的。数字式万用表是用离散的、不连续的数字来显示被测量参数大小的，具有显示直观、准确度高、分辨率高、测试功能完善、测量速率快、保护功能完善、耗电省、便于携带等优点。目前，数字式万用表正逐步取代传统的指针式万用表，成为现代电子测量及维修工作中最常用的数字仪表。常见数字式万用表外形如图 1-18 所示。

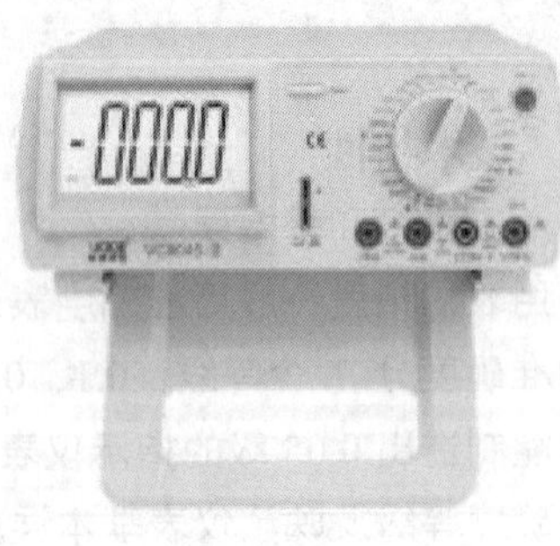

图 1-18　常见数字式万用表外形

1.2.1 数字式万用表的分类

1．按照量程转换方式分类

（1）手动量程

这种仪表的价格较低，但操作比较复杂，因为量程选择不合适很容易使仪表过载。

（2）自动量程

自动量程式数字式万用表可大大简化操作，有效地避免过载，并且能使仪表处于最佳量程，从而提高测量准确度与分辨率。

2．按照用途及功能分类

（1）普及型数字式万用表

普及型数字式万用表大多用分立电路来实现万用表的功能，它的主要特点是：实现的功能较少，内部电路相对复杂，测量精度较差和耗电量较大等。普及型数字式万用表能够实现的功能有：测量交/直流电压、测量交/直流电流和测量电阻，有些还能测量二极管和三极管的放大倍数。

最常见的普及型数字式万用表是“三位半（$3^1/_2$）”万用表，顾名思义，它虽然用 4 位液晶屏显示测量结果的数码，但所能显示的最大数字是 ± 1999，即它的最高位不能显示 2~9 中的所有数字，只能显示 1 或者根本不显示，因此把这一位叫做“半位”。

普及型数字式万用表一般采用 9V 叠层电池供电，整机功耗约 20mW。通常具有测量精度高、显示直观、可靠性好、功能全、体积小等优点。另外，还具有自动调零、显示极性、超量程显示及低电压指示等功能，装有快速熔丝管过流保护电路和过压保护元件。

（2）单片型数字式万用表

单片型数字式万用表是指采用单片机来实现万用表的功能，它的主要特点是：功能增多、内部电路简单、测量较准确和耗电量较少等。单片型数字式万用表能够实现的功能有：测量交/直流电压、测量交/直流电流、测量电阻、测量通断性、测量二极管和测量电容等。

（3）智能数字式万用表

智能型数字式万用表是指利用 DSP（数字信号处理）、ARM（嵌入式控制系统）等芯片来实现万用表的功能，它的主要特点是：实现的功能全面并可增设许多功能、内部电路复杂、测量精度高和耗电量低等。智能型数字式万用表属于高档数字式万用表系列。

（4）双显示及多重显示数字式万用表

双显示仪表的特点是在 $3^1/_2$ 位数显的基础上增加了模拟条图显示器。后者能迅速反应被测量的变化过程及变化趋势，典型产品有 DT960T、EDM81B 型数字式万用表。多重显示仪表是在双显示仪表的基础上发展而成的，它能同时显示三组或三组以上的数据（如最大值、最小值、即时值、平均值等），典型产品有 Fluke 公司生产的 87、88 型数字式万用表。

（5）专用数字式仪表

例如 DM6243 型数字式电感电容表、DM6902 型数字式温度计、3210 型数字式钳形表等。

3．按照形状大小分类

数字式万用表按照形状大小可分为便携式和台式两种。

1.2.2 数字式万用表的键钮分布

1．数字式万用表的基本结构

数字式万用表不采用模拟万用表的表头、指针及驱动表头的装置，由电子电路进行处理，用液晶显示屏显示数字，具体是由模拟/数字（A/D）转换器和数字电路构成的，此外还有为其供电的电源。数字式万用表的内部结构如图 1-19 所示。

（1）200mV 数字式电压表（数字表头），用于显示测量结果。

200mV 数字式电压表构成了数字式万用表的基本测量显示部件（相当于模拟万用表的表头），其电路原理如图 1-20 所示。该电压表由 A/D 转换器、译码驱动器和液晶显示屏（Liquid Crystal Disply，LCD）组成，其中 A/D 转换器是仪表的核心，典型产品有 ICL7106、ICL7136 型 $3^1/_2$ 位单片 A/D 转换器，ICL7135、ICL7129 型 $4^1/_2$ 位单片 A/D 转换器。被测电路由 IN 端输入，经 A/D 转换器将模拟电压转换成数字信号，该信号经译码器译码后驱动 LCD 显示测量结果，最大量程为 200mV。

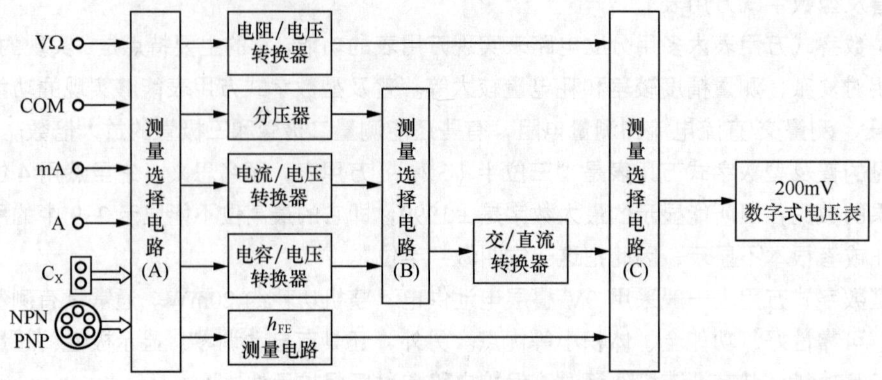

图 1-19　数字式万用表的内部结构

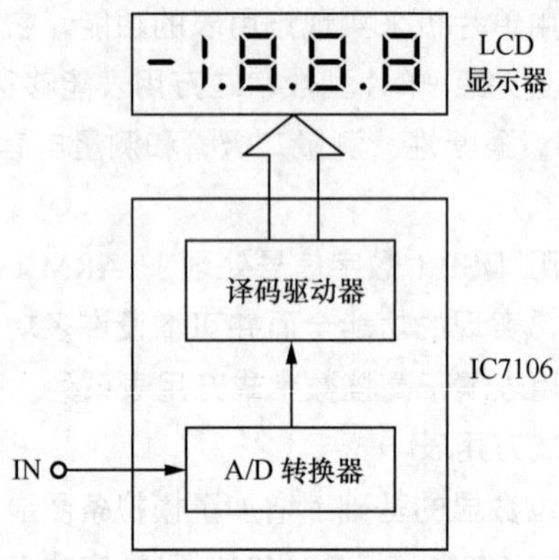

图 1-20　数字式电压表电路原理

（2）分压器，主要用于测量电压。

（3）电流/电压转换器，主要用于测量电流。

（4）交/直流转换器，用于测量交流电压和交流电流。

（5）电阻/电压转换器，用于测量电阻。

（6）电容/电压转换器，用于测量电容。

（7）h_{FE} 测量电路，用于测量晶体管参数。

（8）测量选择电路，用于选择挡位和量程。

数字式万用表采用数字毫伏表作为基本测量显示部件，属于电压型测量；而模拟万用表采用微安表作为基本测量显示部件，属于电流型测量。因此数字式万用表与模拟万用表相比具有更高的输入阻抗和灵敏度，对被测电路的影响更小，测量精度更高。

2．数字式万用表的键钮分布

数字式万用表主要由液晶显示屏、电源开关、保持开关、功能转换开关、晶体管测试插座、表笔插孔等部分组成。典型数字式万用表的键钮分布如图 1-21 所示。

（1）液晶显示屏

液晶显示屏用来显示仪表测量的数值、单位等信息。图 1-22 所示为检测直流电流时液晶显示屏的显示状态。

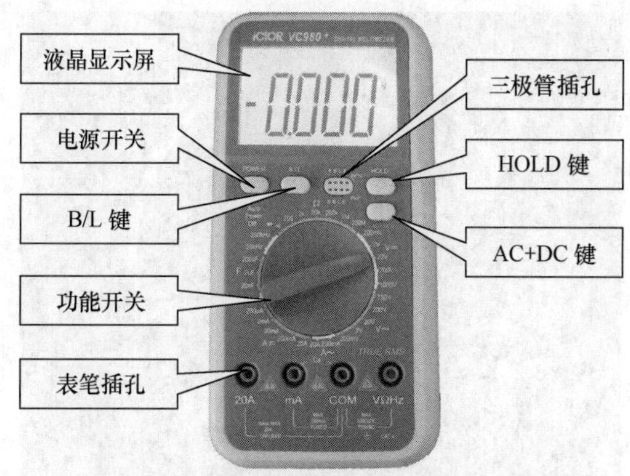

图 1-21　典型数字式万用表的键钮分布

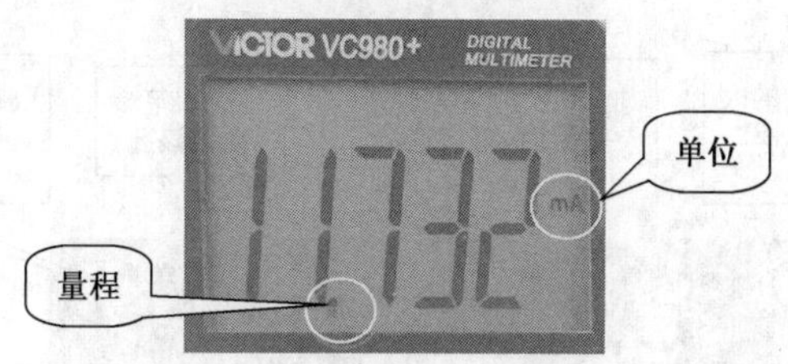

图 1-22　检测直流电流时液晶显示屏的显示状态

（2）电源开关

电源开关通常用“POWER”标识，用于开启或关断数字式万用表的供电电源。万用表使用完毕后应及时关断其供电电源。

（3）数值保持开关

数值保持开关通常用“HOLD”标识。检测过程中按下数值保持开关，可以在显示屏上保持所检测的数据，方便使用者读取和记录数据，如图 1-23 所示。读取记录后，再次按下数值保持开关即可恢复检测状态。

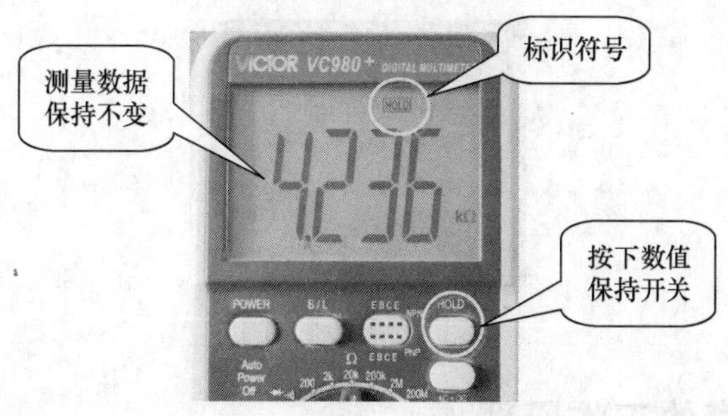

图 1-23　数值保持开关的使用

（4）功能开关

数字式万用表的功能开关承担了两个任务：一是选择测量对象，二是选择测量量程。其功能与指针式万用表的功能转换开关相似，测量的对象包括电压、电流、电阻、电容、晶体二极管、晶体三极管等，如图 1-24 所示。

（5）表笔插孔

数字式万用表的表笔插孔主要用于连接表笔的引线插头，表笔插孔的用法如图 1-25 所示。

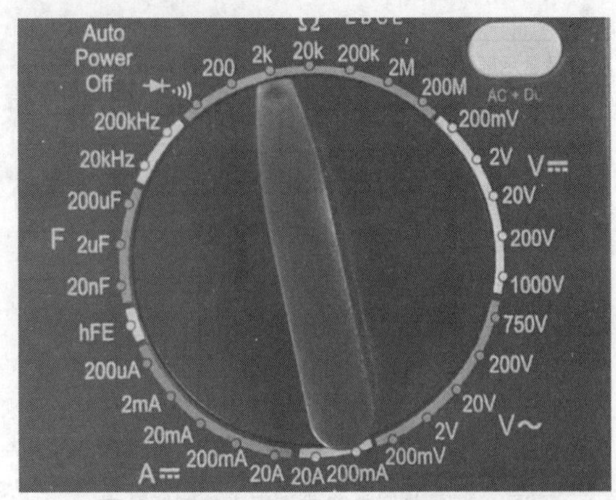

图 1-24　数字式万用表的功能开关

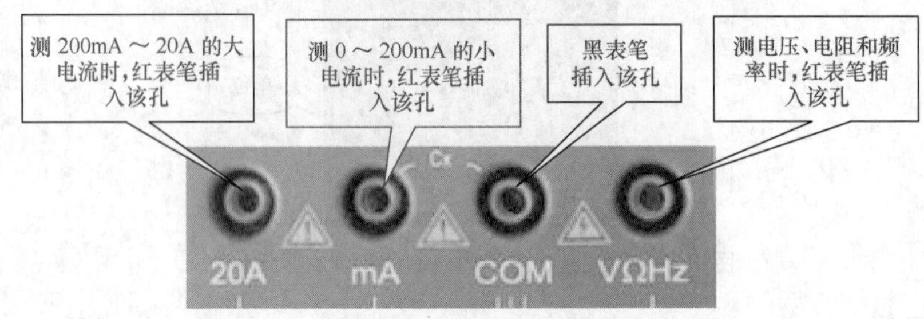

图 1-25　表笔插孔的用法

（6）三极管插孔

三极管插孔用于测量三极管的放大倍数，如图 1-26 所示，“C”“B”“E”三个字母标示出了三极管集电极、基极、发射极三个电极的插装位置，标有“NPN”字样的插孔用来测量 NPN 型三极管，标有“PNP”字样的插孔用来测量 PNP 型三极管。检测时，首先将万用表的功能转换开关置于“h_{FE}”挡位，然后将被测三极管的 3 个引脚按照相应类型插入 3 个测试插孔即可。

图 1-26　三极管插孔

1.2.3　数字式万用表的工作原理

1. 直流电压测量电路

数字式万用表的直流电压挡（DCV）一般用 200mV、2V、20V、200V 及 1000V 这 5 挡，基本量程设计为 200mV，其简化的电路原理图如图 1-27 所示。芯片 7106 的满量程电压为 200mV，所以在测量 200mV 电压时，输入电压直接连接到芯片的 31 引脚上。而在测量高于 200mV 的电压时，必须进行分压处理。R_1~R_5 构成精密电阻分压器，总电阻为 10MΩ，可将 0~1000V 的被测直流电压衰减到 200mV 以下，再送至 200mV 基本表进行测量。

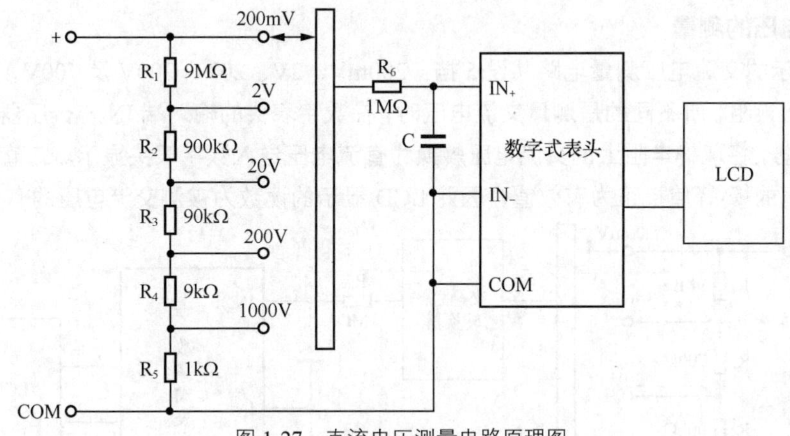

图 1-27　直流电压测量电路原理图

当测量 2V 的电压时，电阻 R_1 与电阻 R_2、R_3、R_4、R_5 组成分压电路，分压后的电压在电阻 R_2 的上端引入芯片 7106 的 31 引脚进行测量。在 2V 挡位时，如果输入电压为 2V，则第 31 引脚处的电压为 200mV。

由于取样电压的变化率为 10 的整数倍，由此只需相应移动 LCD 中显示数字的小数点位置，即可直观地显示出被测电压的实际数值。分压比的改变和小数点位置的移动，由测量选择开关根据不同量程同步控制。

2．直流电流测量电路

直流电流测量电路共设 7 挡：20μA、200μA、2mA、20mA、200mA、2A 和 20A，其中 20A 挡专用一个输入插孔。测量电路如图 1-28 所示。测量电流，实际上是在电流回路中引入测试电阻，取电阻上的电压再进行计算得到电流。R_1~R_7 组成分流器，总电阻为 10kΩ。其中，R_1~R_4 选用精密金属膜电阻，R_5 和 R_6 采用精密绕线电阻。因为 20A 插孔的工作电流很大，所以分流电阻 R_7 使用一根锰铜丝电阻（温度系数小）。

当测量 20mA 的电流时，经电阻 R_4、R_5、R_6、R_7 取样后的电压为 200mV，该电压被引入芯片 7106 的 31 引脚进行测量。各电流挡的满度压降均为 200mV，从而将电流的测量转换成电压的测量。

由于取样电压的变化率为 10 的整数倍，由此只需相应移动 LCD 显示屏中显示数字的小数点位置，即可直观地显示出被测电压的实际数值。分压比的改变和小数点位置的移动，由测量选择开关根据不同量程同步控制。

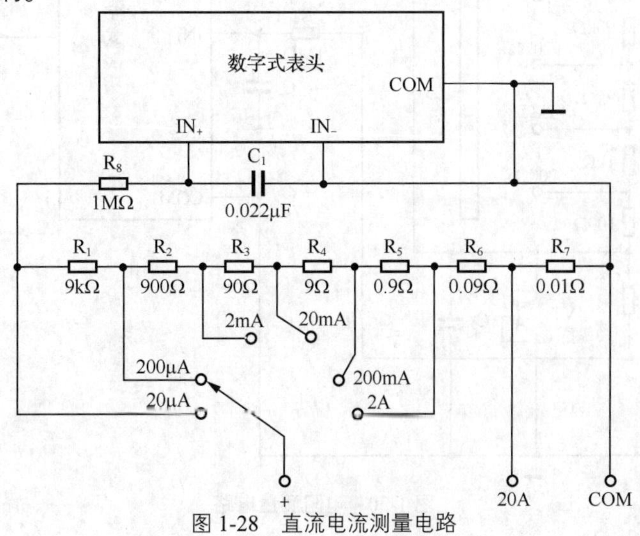

图 1-28　直流电流测量电路

3. 交流电压的测量

图 1-29 所示的交流电压测量电路共设 5 挡：200mV、2V、20V、200V 及 700V，它与直流电压挡共用一套分压电阻，所不同的是测量交流电压时，在数字表头的输入端 IN 与分压器之间增加了一个交/直流转换器，将取样电阻上的交流电压转换为直流电压送入数字表头显示。交/直流转换器同时能够将交流电压的峰-峰值校正为有效值，因此 LCD 显示的读数为被测交流电压的有效值。

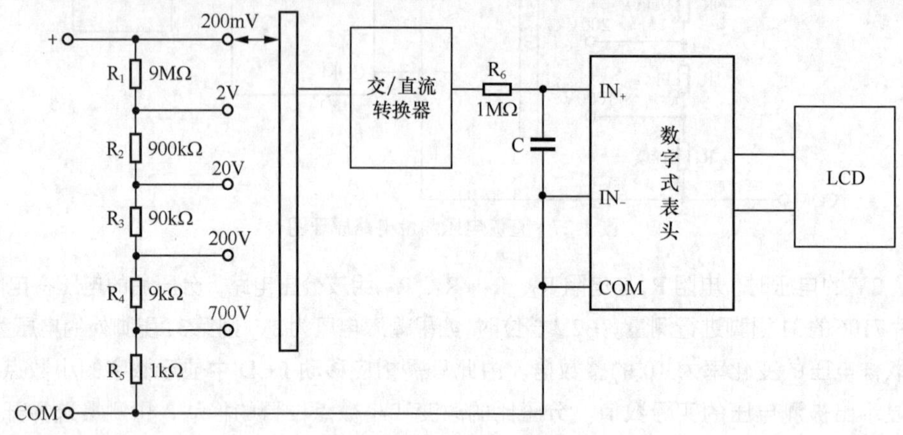

图 1-29 交流电压测量电路

4. 电阻测量电路

电阻测量电路如图 1-30 所示，该电路共设 6 个挡位：200Ω、2kΩ、20kΩ、200kΩ、2MΩ 以及 20MΩ。R_X 为被测电阻，R_1~R_6 为标准电阻。被测电阻 R_X 经过正温度系数（PTC）热敏电阻与标准电阻串联，使 U_{REF} 值随 R_X 发生变化，通过测量 R_X 上的压降 U_{IN} 即可测得被测电阻 R_X 的阻值。根据数字表头的特性，当被测电阻等于标准电阻时显示读数为 1000，合理设计标准电阻的取值，便可在 LCD 显示屏上直接显示被测电阻的阻值，改变标准电阻的阻值，即可改变量程。

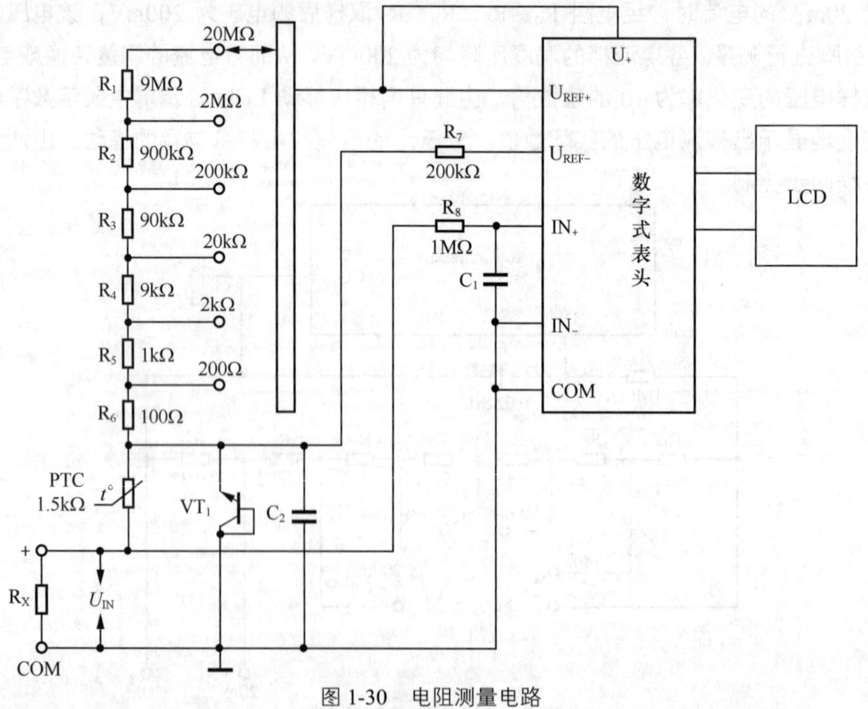

图 1-30 电阻测量电路

1.2.4 数字式万用表的性能参数

数字式万用表的型号不同，性能参数也略有不同，其主要性能参数包括显示特性、测量特性和技术特性，了解数字式万用表的参数有助于选择更合适的数字式万用表。下面选取 VC980+型数字式万用表来介绍数字式万用表选择过程中比较重要的性能参数。

1. 显示特性

万用表的显示特性主要包括显示方式和最大显示。VC980+型数字式万用表的显示特性如表 1-6 所示。

表 1-6 VC980+型数字式万用表的显示方式和最大显示

显示方式	液晶显示
最大显示	19999（$4^1/_2$）位自动极性显示

（1）显示方式

数字式万用表的显示方式是指万用表显示测量数据的方式，区别于指针式万用表，目前常见的数字式万用表采用液晶显示屏显示数据，这种方式直观、易于读取，但不能观察到检测数据的变化过程。

（2）最大显示

数字式万用表的最大显示是指该表的液晶显示屏所能显示数值的最大值的最大位数。

数字式万用表的显示位数通常为 3 $^1/_2$ 位～8 $^1/_2$ 位。判定数字式仪表的显示位数有两条原则：其一是，能显示从 0～9 中所有数字的位数是整位数；其二是，分数位的数值是以最大显示值中最高位数字为分子，如用满量程时计数值为 1999，这表明该仪表有 3 个整数位，而分数位的分子是 1，分母是 2，故称之为 3 $^1/_2$ 位，读作“三位半”，其最高位只能显示 0 或 1（0 通常不显示）。3 $^2/_3$ 位（读作“三又三分之二位”）数字式万用表的最高位只能显示 0～2 的数字，故最大显示值为±2999。

数字式万用表采用先进的数显技术，显示清晰直观、读数准确。它既能保证读数的客观性，又符合人们的读数习惯，还能够缩短读数或记录时间。这些优点是传统的模拟式（即指针式）万用表所不具备的。

2. 准确度（精度）

数字式万用表的准确度一般称为精度，表示测量结果的准确程度，即万用表的指示值与实际值之差。选择准确度高的万用表可以更准确地测量出数据，准确度的表示格式是：±（α%×读数+字数）。VC980+型数字式万用表的准确度如表 1-7 所示。

表 1-7 VC980+型数字式万用表的准确度

功能	量程	准确度
直流电压	200mV/2V/20V/200V	±（0.05%+3 字）
	1000V	±（0.1%+5 字）
交流电压	200mV/2V/20V/200V/750V	±（1.0%+25 字）
直流电流	20μA/2mA/20mA	±（0.5%+4 字）
	200mA	±（0.8%+6 字）
	20A	±（2.0%+15 字）
交流电流	200mA	±（1.5%+25 字）
	20A	±（2.5%+35 字）
电阻	200Ω	±（0.2%+10 字）
	2kΩ/20kΩ/200kΩ/2MΩ	±（0.2%+5 字）
	20MΩ	±[5%（读数－10.00）+30 字]

续表

功能	量程	准确度
电容	20nF/2μF/200μF	±（4.0%+50 字）
频率	20kHz/200kHz	±（1.5%+25 字）

数字式万用表的准确度远优于模拟指针式万用表。万用表的准确度是一个很重要的指标，它反应了万用表的质量和工艺能力，准确度差的万用表很难表达出真实的值，容易引起测量上的误判。

3. 测量速率

数字式万用表每秒钟对被测量的测量次数叫作测量速率，其单位是“次/s”。它主要取决于 A/D 转换器的转换速率。有的手持式数字式万用表用测量周期来表示测量的快慢。完成一次测量过程所需要的时间称为测量周期。

测量速率与准确度指标存在着矛盾，通常是准确度越高，测量速率越低，两者难以兼顾。解决这一矛盾可在同一块万用表上设置不同的显示位数或设置测量速度转换开关，增设快速测量挡，该挡用于测量速率较快的 A/D 转换器；通过降低显示位数来大幅度提高测量速率，此法应用广泛，可满足不同用户对测量速率的需要。

4. 输入阻抗

测量电压时，仪表应具有很高的输入阻抗，这样在测量过程中从被测电路中吸取的电流极少，不会影响被测电路或信号源的工作状态，能够减少测量误差。

测量电流时，仪表应该具有很低的输入阻抗，这样接入被测电路后，可尽量减小仪表对被测电路的影响，但是在使用万用表电流挡时，由于输入阻抗较小，容易烧坏仪表，请用户在使用时注意。

5. 功能

数字式万用表的功能是指数字式万用表可以检测的数值以及其他功能，如直流电压 DCV 表示该数字式万用表可以直观地测量直流电压。

通常情况下，数字式万用表都具有检测电压值、电流值、电阻值的功能，由于万用表的型号不同，其具有的功能也有差异。如 VC980+型数字式万用表还可以检测二极管的通断、三极管的放大倍数、电容量、频率，此外，该型号的万用表还具有背光显示和数值保持功能。

6. 分辨力

数字式万用表在最低电压量程上末位 1 个字所对应的电压值，称为分辨力，它反映出仪表灵敏度的高低。数字式仪表的分辨力随显示位数的增加而提高。不同位数的数字式万用表所能达到的最高分辨力指标不同。VC980+型数字式万用表的分辨力如表 1-8 所示。

表 1-8　VC980+型数字式万用表的分辨力

功能	量程	分辨力
直流电压	200mV	0.01mV
	2V	0.0001V
	20V	0.001V
	200V	0.01V
	1000V	0.1V
交流电压	200mV	0.1mV
	2V	1mV
	20V	10mV
	200V	100mV
	750V	1V

续表

功能	量程	分辨力
直流电流	20μA	0.01μA
	2mA	0.0001mA
	20mA	0.001mA
	200mA	0.01mA
	20A	0.001A
交流电流	200mA	0.1mA
	20A	10mA
电阻	200Ω	0.01Ω
	2kΩ	0.1Ω
	20kΩ	1Ω
	200kΩ	10Ω
	2MΩ	100Ω
	20MΩ	10kΩ
电容	20nF	10pF
	2μF	1000pF
	200μF	10nF
频率	20kHz	10Hz
	200kHz	100Hz

数字式万用表的分辨力指标亦可用分辨率来表示。分辨率是指仪表能显示的最小数字（零除外）与最大数字的百分比。需要指出，分辨率与准确度属于两个不同的概念。前者表征仪表的“灵敏性”，即对微小电压的“识别”能力；后者反映测量的“准确性”，即测量结果与真值的一致程度。两者无必然的联系，因此不能混为一谈，更不得将分辨力（或分辨率）误以为是类似于准确度从而取决于仪表内部 A/D 转换器、功能转换器的综合误差以及量化误差。从测量角度看，分辨力是“虚”指标（与测量误差无关），准确度才是“实”指标（它决定测量误差的大小）。因此，任意增加显示位数来提高仪表分辨力的方案是不可取的。

1.3 指针式万用表与数字式万用表的对比

1. 优缺点对比

指针式与数字式万用表各有优缺点。

指针式万用表是一种平均值式仪表，它具有直观、形象的读数指示（一般读数值与指针摆动角度密切相关，所以很直观）。

数字式万用表是瞬时取样式仪表。它采用 0.3s 取一次样来显示测量结果，有时每次取样结果只是十分相近，并不完全相同，这对于读取结果就不如指针式方便。指针式万用表一般内部没有放大器，所以内阻较小。

数字式万用表由于内部采用了运放电路，内阻可以做得很大，往往在 1MΩ或更大（即可以得到更高的灵敏度）。这使得对被测电路的影响可以更小，测量精度较高。

指针式万用表由于内阻较小，且多采用分立元件构成分流、分压电路，所以频率特性是不均匀的（相对于数字式万用表来说），而数字式万用表的频率特性相对好一点。指针式万用表内部结构简单，所以成本较低，功能较少，维护简单，过流、过压能力较强。

数字式万用表内部采用了多种振荡、放大、分频、保护等电路，所以功能较多。比如可以测量温度、频率（在一个较低的范围）、电容、电感等，有的还可作为信号发生器使用。

数字式万用表由于内部结构多用集成电路所以过载能力较差，损坏后一般也不易修复。数字式万用表输出电压较低（通常不超过 1V）。对于一些电压特性特殊的元件的测试不便（如可控硅、发光二极管等）。指针式万用表输出电压较高，电流也大，可以方便地测试可控硅、发光二极管等。

2. 选择原则

（1）指针表读取精度较差，但指针摆动的过程比较直观，其摆动速度、幅度有时也能比较客观地反映出被测量的大小（比如测电视机数据总线在传送数据时的轻微抖动）；数字表读数直观，但数字变化的过程看起来很杂乱，不太容易观看。

（2）指针表内一般有两块电池，一块是低电压的 1.5V，一块是高电压的 9V 或 15V，其黑表笔相对红表笔来说是正端。数字表则常用一块 6V 或 9V 的电池。在电阻挡，指针表的表笔输出电流相对数字表来说要大很多，用 R×1 挡可以使扬声器发出响亮的“哒”声，用 R×10k 挡甚至可以点亮发光二极管。

（3）在电压挡，指针表内阻相对数字表来说比较小，测量精度比较差。某些高电压微电流的场合甚至无法测准，因为其内阻会对被测电路造成影响（比如在测电视机显像管的加速级电压时测量值会比实际值低很多）。数字表电压挡的内阻很大，至少在兆欧级，对被测电路影响很小。但极高的输出阻抗使其易受感应电压的影响，在一些电磁干扰比较强的场合测出的数据可能是虚的。

相对来说，大电流、高电压的模拟电路测量适用指针表，如电视机、音响功放。在低电压、小电流的数字电路测量适用数字表，如家用电器、手机等。这并不是绝对的，可根据情况选用指针表和数字表。

第 2 章

万用表的使用方法

对于广大电工、家电维修人员、通信设备维修人员，尤其是电工、电子技术初学者和无线电爱好者来说，掌握万用表的使用方法和技巧，是最基本的技能。本章选取代表性的不同类型的万用表产品作为实际演示教具，分别对指针式万用表和数字式万用表的结构组成、键钮分布及使用方法等进行详细的讲解。

2.1 指针式万用表的使用方法

2.1.1 使用前的准备工作

1. 装入电池

由于电阻挡必须使用直流电源，因此使用前应给万用表装上电池。MF47 型万用表装入 1.5V 和 9V 两节电池，如图 2-1 所示。

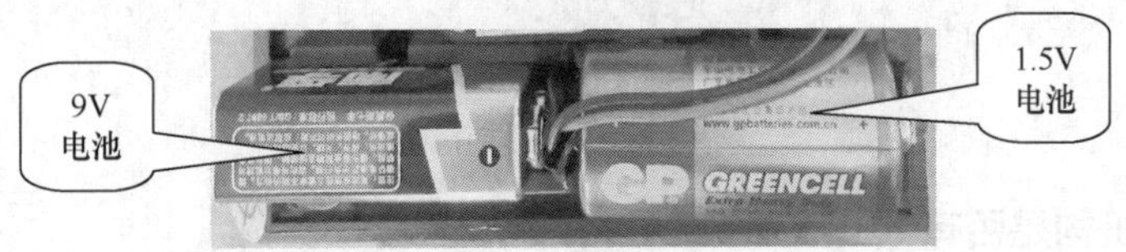

图 2-1 装入电池

2. 连接测量表笔

指针式万用表有红、黑两支测量表笔。使用前应将两支表笔对应插入相应的表笔插孔中，如图 2-2 所示。

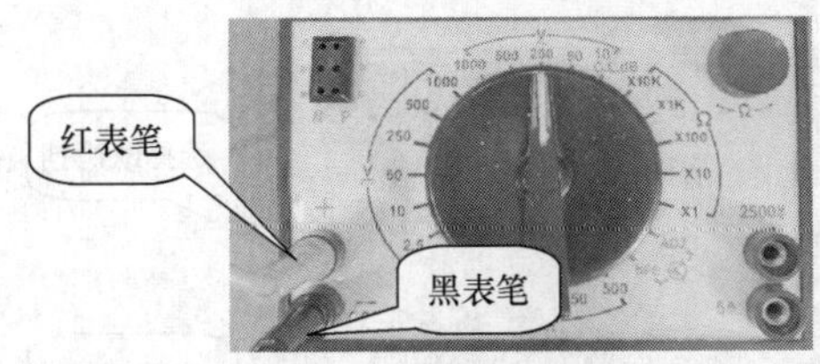

图 2-2 插入表笔

3. 表头校正（机械调零）

指针式万用表的表笔开路时，表的指针应指在零位，这就是使用指针式万用表测量前进行的表头校正，此调整又称机械调零。

指针式万用表使用前应水平放置，检查指针是否指在零位，若偏离零位，转动机械调零螺丝，使指针对准标度尺左边的 0 位线，如图 2-3 所示。

图 2-3　指针式万用表表头校正

4．选择挡位

万用表的挡位和量程如图 2-4 所示。使用万用表进行测量时，首先应根据测量对象选择相应的挡位，然后根据测量对象的估计大小选择合适的量程。例如，测量 220V 市电，可选择交流电压“250V”挡。如果无法估计测量对象的大小，则应先选择该挡位的最大量程，然后逐步减小，直到能够准确读数。

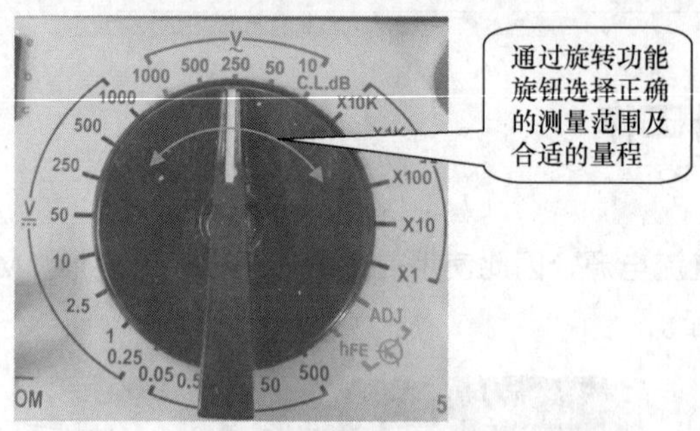

图 2-4　选择挡位

5．检查测量机构是否有效

使用欧姆挡，短时碰触两表笔，指针应偏转灵敏，如图 2-5 所示。

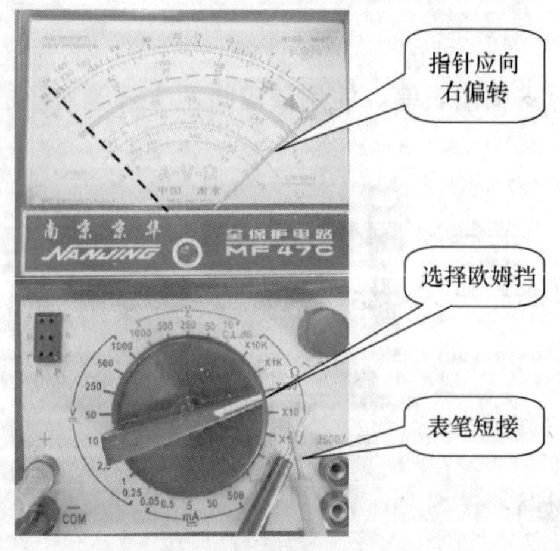

图 2-5　检查测量机构是否有效

2.1.2 指针式万用表测量电阻的方法

1. 正确插接表笔并选择挡位

将黑色表笔插入“*”插孔中，将红色表笔插入“Ω”插孔中，如果表盘上没有“Ω”符号的插孔，则将黑色表笔插入“*”（或“COM”）插孔中，将红色表笔插入“+”插孔中，如图 2-6 所示。功能开关调整至欧姆挡。

图 2-6 测量电阻时表笔的连接方法

2. 欧姆调零（短路调零）

使用指针式万用表测量电阻时，每换一个挡位都要进行欧姆调零，又称短路调零，具体的做法如图 2-7 所示。将万用表的红、黑表笔短接，观察万用表指针是否指在 0Ω 的位置，若指针不在 0Ω 的位置，用手旋转欧姆调零旋钮，直至指针精确指在 0Ω 的位置。

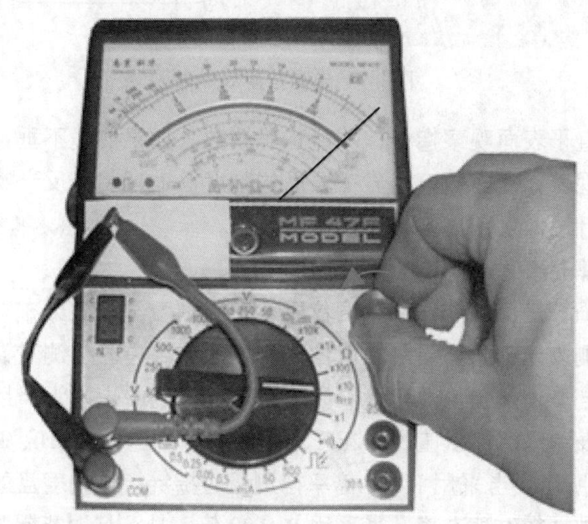

图 2-7 欧姆调零

注意：测量电阻时每次更换电阻倍率挡，都必须重新进行欧姆调零。

3. 测量方法

将表笔接至被测电阻两端或被测电路的端口处（表笔不分正、负）便可测量电阻值，如图 2-8 所示。

4. 正确使用刻度和读数

指针式万用表最终所测电阻的阻值为表头指针显示的读数乘以所选的挡位的倍率值。如图 2-9 所示。例如，测量某电阻时选择 R×100 挡进行测量，指针指示为 20，被测电阻的实测阻值为 20×100Ω=2.0kΩ。

图 2-8　指针式万用表测量电阻的方法

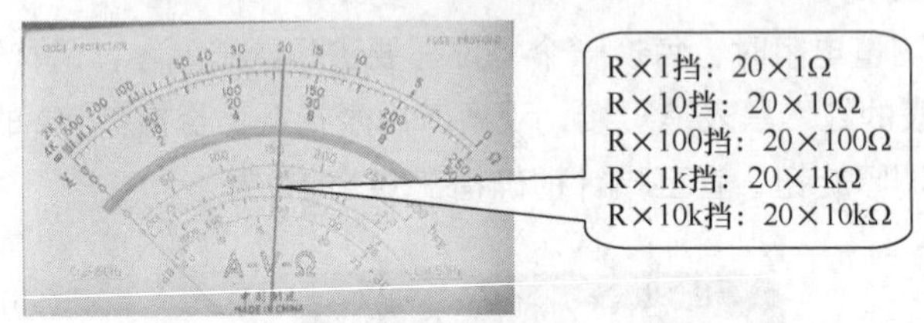

图 2-9　电阻挡读数方法

读数时，眼睛应垂直于表面观察指针，才能正确读数。如果视线不垂直，将会产生视差，使读数出现误差。为了消除视差，大多数万用表在表面的刻度盘上都装有反光镜，读数时，应移动视线使指针与反光镜中的指针镜像重合，这时的读数无误差。

5．选择合适的倍率挡位

指针式万用表的欧姆挡是反向非线性刻度仪表，电阻刻度呈指数分布，从右到左由疏到密。刻度值最右侧为 0，最左侧为无穷大。当测量值位于刻度尺的中央时，测量误差最小，因此在测量时要选择合适的欧姆倍率挡，使测量值尽可能位于表盘刻度尺的中央附近，以提高测量精度。例如，用 MF47 型指针式万用表测量标称阻值为 2.2kΩ 电阻时，分别选择 R×10、R×100 和 R×1k 倍率挡进行测量，结果如图 2-10 所示。当采用 R×10 倍率挡测量时指针指在刻度盘的左侧，指针附近一小格代表几十个单位，测量数据很难读准确。当采用 R×100 倍率挡测量时指针指在刻度盘的中间位置，指针附近一小格代表两个单位，读数较准确。当采用 R×1k 倍率挡测量时指针指在刻度盘的右侧，此处刻度盘上的刻度值间距较大，测量数据也很难读准确。显然用 R×100 倍率挡进行测量时，指针指在中间位置测量结果最准确。

当对未知电阻进行测量时，应先粗略估计所测电阻的阻值，再选择合适量程。如果不能估计被测电阻阻值，一般将开关置于 R×100 或 R×1k 的位置进行初测。为了保证测量精度，当示值过大或过小时要重新调整挡位，由于万用表欧姆挡的刻度线是不均匀的，要尽量使指针指示在电阻刻度的中部 1/3~2/3 区域。若指针指示不能处于刻度的中部，那就选择靠右边，尽量不要使指针靠左边。

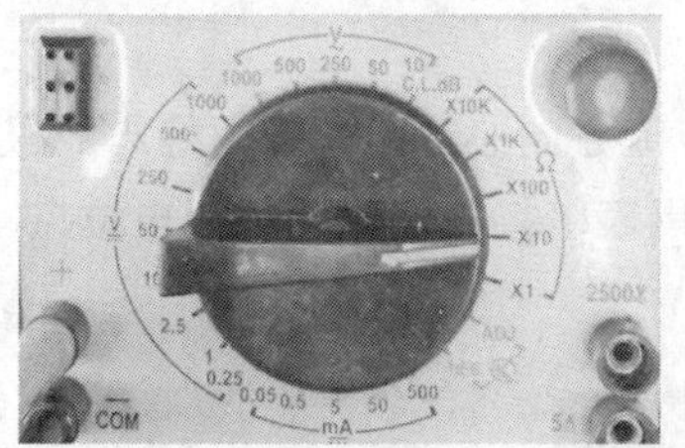
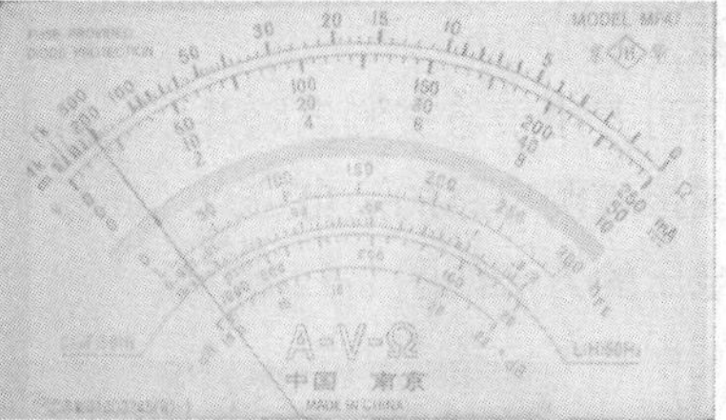

(a) R×10 挡测量结果

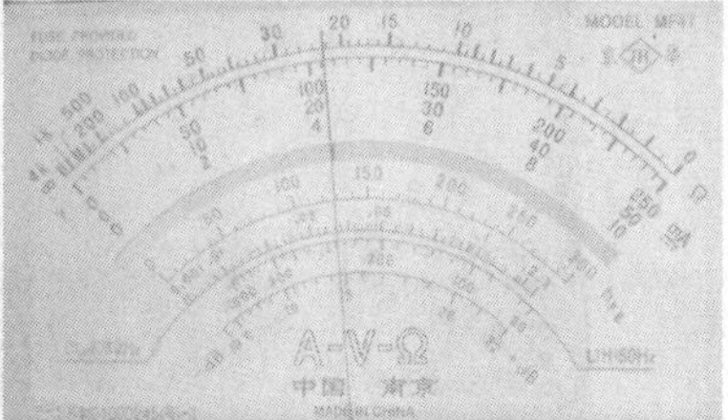

(b) R×100 挡测量结果

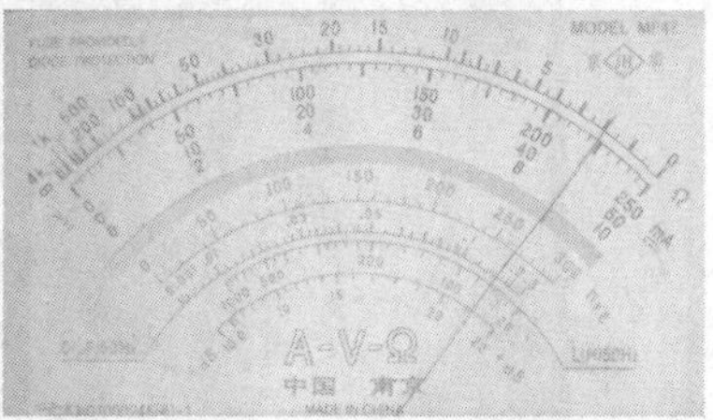

(c) R×1k 挡测量结果

图 2-10 不同倍率挡测量电阻

2.1.3 指针式万用表测量直流电压的方法

1. 正确插接表笔并选择挡位

将黑色表笔插入“COM”插孔中，将红色表笔插入“+”插孔中；功能选择开关调整至直流电压挡，如图 2-11 所示。

图 2-11 正确插接表笔并选择挡位

一般情况下，万用表中电压值的最大量程为 1000V，但在实际的应用中，有很多超过 1000V 的直流或交流电压，因此在有些万用表中，设有 2500V 直流、交流电压插孔，其标识一般为 2500 V，因此在测量超过 1000V 但不超过 2500V 的电压时，要将万用表的红表笔插在该孔上，选择相应的量程，再进行测量，以免损坏万用表。

2. 测量方法

测量直流电压时万用表与被测电路并联，此时电流方向必须与端钮上标志的极性一致，即测直流电压时红表笔要接被测电路的高电位点（正极），黑表笔接被测电路的低电位点（负极）。指针式万用表测量直流电压的方法如图 2-12 所示。

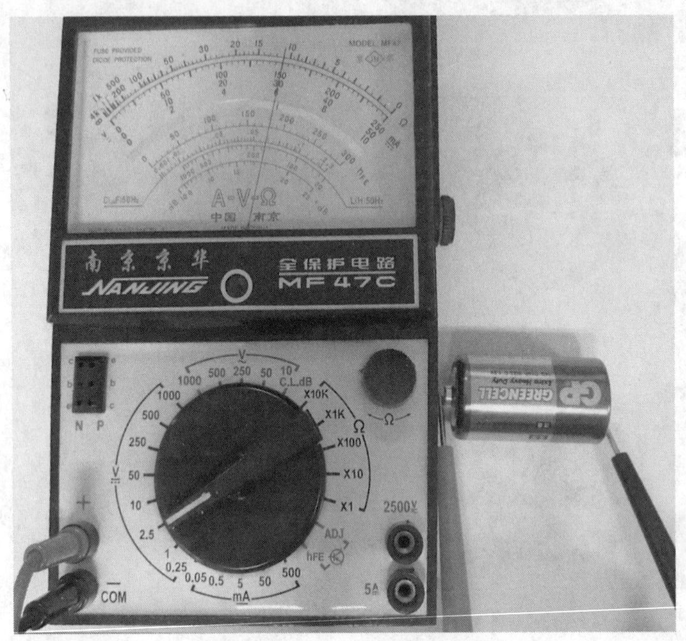

图 2-12　指针式万用表测量直流电压的方法

3. 正确使用刻度和读数

（1）找到所读电压刻度尺

仔细观察表盘，直流电压挡刻度线应是表盘中的第二条刻度线。表盘第二条刻度线下方有 V̰ 符号，表明该刻度线可用来读交/直流电压。

（2）选择合适的标度尺

在第二条刻度线的下方有 3 个不同的标度尺，根据所选用不同量程选择合适标度尺进行读数，如表 2-1 所示。

表 2-1　电压标度尺

序号	标度尺	最小刻度单位	适用量程
1	0—50—100—150—200—250	5	0.25V、2.5V、250V
2	0—10—20—30—40—50	2	50V、500V
3	0—2—4—6—8—10	0.2	1V、10V、1000V

（3）读出电压值大小

电压表指示的读数方法如下：刻度线最右侧的满刻度值等于所选量程挡位数，根据指针指示位置折算出测量结果。如图 2-13 所示，当功能选择开关置于 2.5V 电压挡时，指针指在第一条标度尺（0—50—100—150—200—250）的度数为 175，则所测电压值是 175/250×2.5V=1.75 V；如图 2-14 所示，当功能选择开关置于 500V 电压挡时，指针指在第二条标度尺（0—10—20—30—40—50）的读数为 35，则所测电压值是 35/50×500V=350V。如图 2-15 所示，当功能选择开关置于 1000V 电压挡时，指针指在第三条标度尺（0—2—4—6—8—10）的读数为 7，则所测电压值是 7/10×1000V=700V。

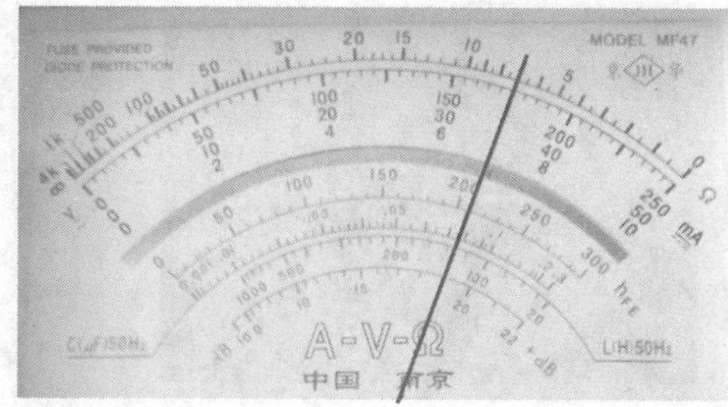

图 2-13 2.5V 电压挡测量结果

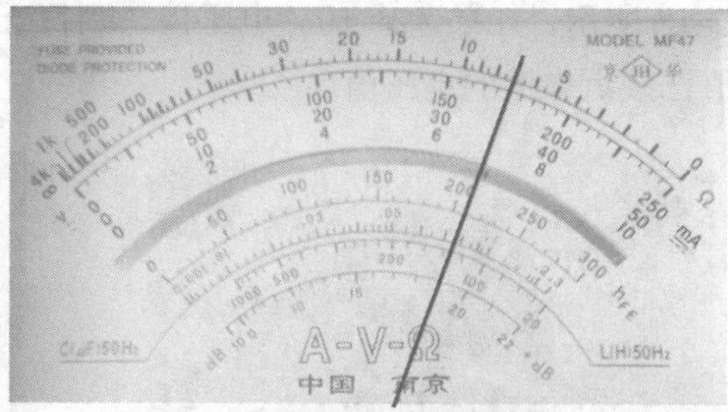

图 2-14 500V 电压挡测量结果

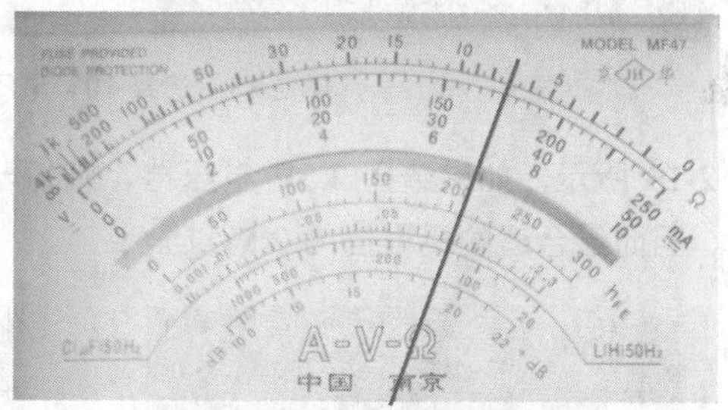

图 2-15 1000V 电压挡测量结果

（4）选择量程

使用指针式万用表测量直流电压时，根据被测量值选择合适的量程才能获得精确的测量结果，如果量程选择不当，会引起较大的误差。例如，5 号电池的标称值为 1.5V，如图 2-16 所示，当选择 250V 电压挡测量 5 号电池的电压时，则每一小格相当于 5V，表针微微摆动一点，很难准确读出所测电压值。

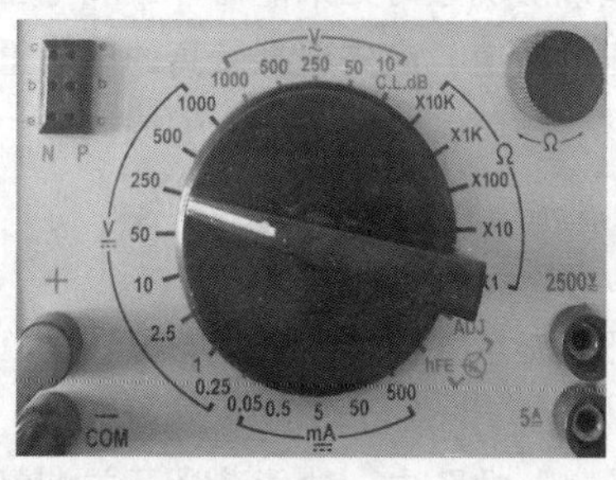

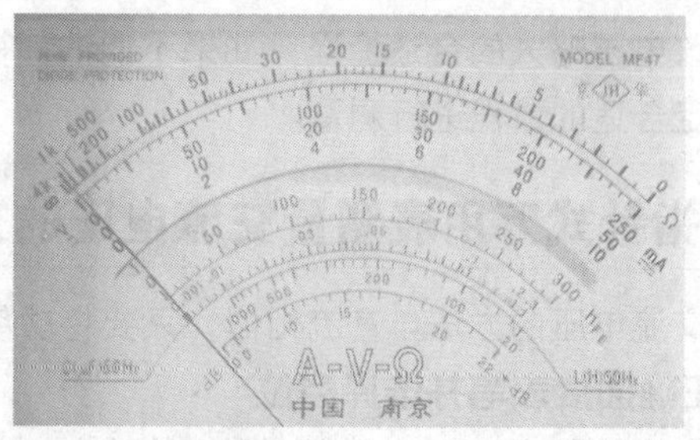

图 2-16 选择 250V 电压挡测量电池电压

如图 2-17 所示，如果选择 50V 挡，则每一小格相当于 1V，表针摆动接近 2V，测量值可判断在 1~2V 范围内，但不准确。

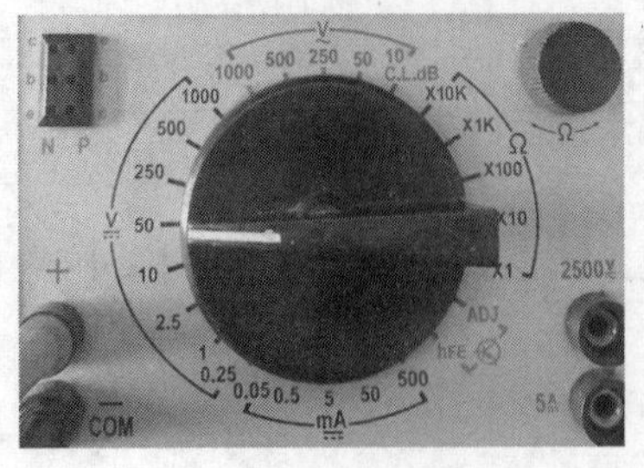

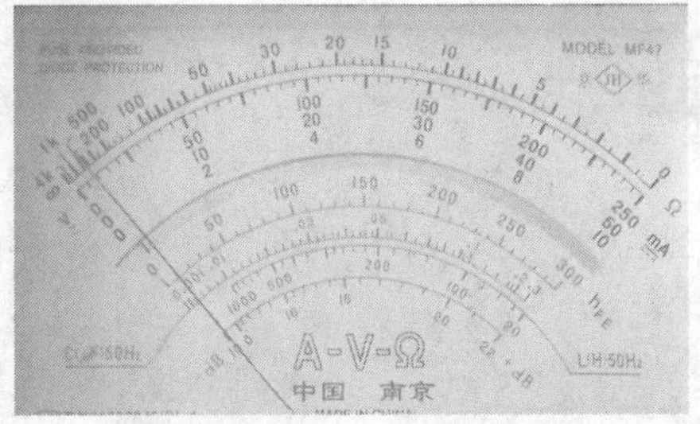

图 2-17 选择 50V 电压挡测量电池电压

如图 2-18 所示，如果选择 10V 电压挡，则每一小格相当于 0.2V，表针指在 1.4~1.6V 范围内的位置，此值已接近电池的电压值。

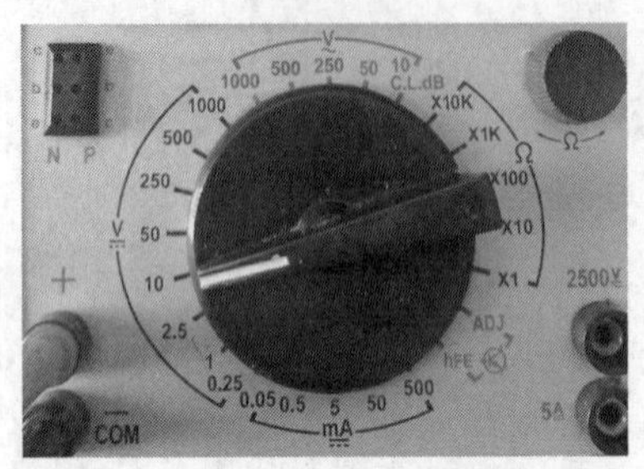

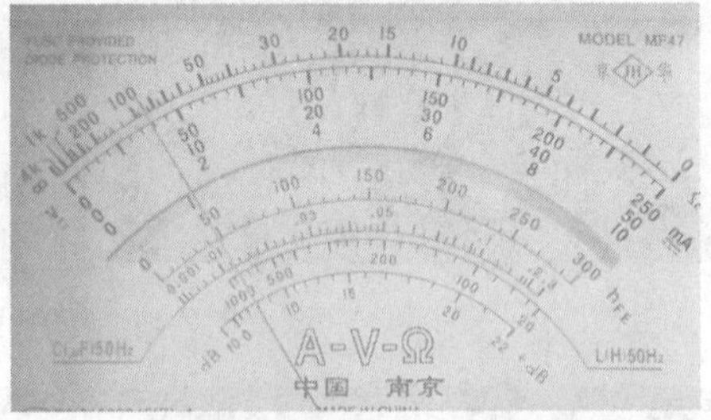

图 2-18 选择 10V 电压挡测量电池电压

如图 2-19 所示，如果选择 2.5V 电压挡，则每一小格相当于 0.05V，表针摆动接近 1.5V，此值最为精确。因而最合适的量程挡为 2.5V 挡。

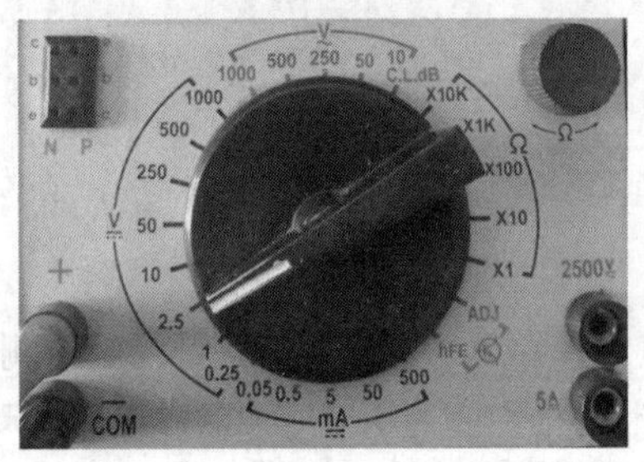

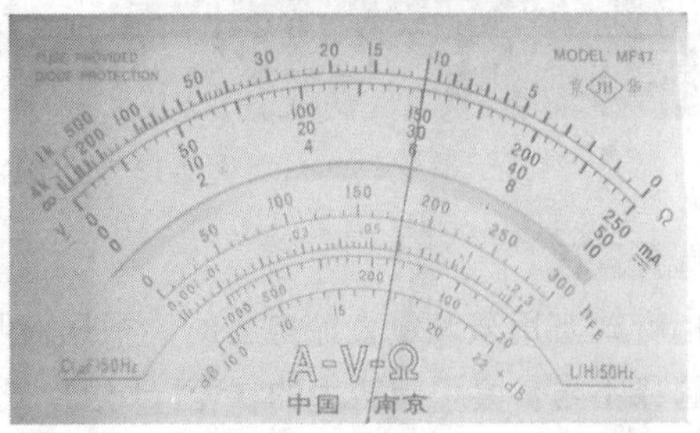

图 2-19 选择 2.5V 电压挡测量电池电压

显然测量时被测电压值越接近满量程值测量结果越精确。测量时如果能估计被测电压的数值，应选择比该电压略大的合适量程；如果不能估计被测电压的数值，应先选择最高的电压量程，经初测后再确定合适的量程进行测量。

2.1.4 指针式万用表测量交流电压的方法

测量交流电压的方法与直流相似，只要将功能选择开关旋至欲测量的交流电压量程上即可。

1. 正确插接表笔并选择挡位

将黑色表笔插入“COM”插孔中，将红色表笔插入“+”插孔中；功能选择开关调整至交流电压挡。超过 1000V 但不超过 2500V 的电压，要将万用表的红表笔插在大电压测量孔上，选择相适应的量程，再进行测量，以免损坏万用表。

2. 测量方法

万用表与被测电路并联，测量交流电压无须区分表笔。指针式万用表测量交流电压的方法如图 2-20 所示。

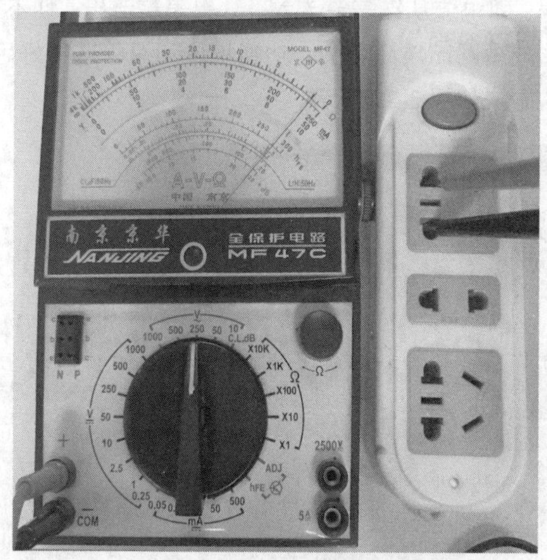

图 2-20　指针式万用表测量交流电压的方法

测量交流电压的额定频率为 45Hz~1.5kHz，其电压波形在任意瞬时值与基本正弦波差值不应超过±1%。为了取得准确的测试结果，仪表的公共极“COM”应与信号发生器的负极（接机壳端）相连，这是由于仪表机件对地的分布电容所致。如果接反了，则误差会增加很多。

3. 正确使用刻度和读数

使用万用表测量交流电压时选择表盘刻度线同测量直流电压时一样，都是第二条。其刻度特点、读数方法同测量直流电压时一样，如图 2-21 所示。

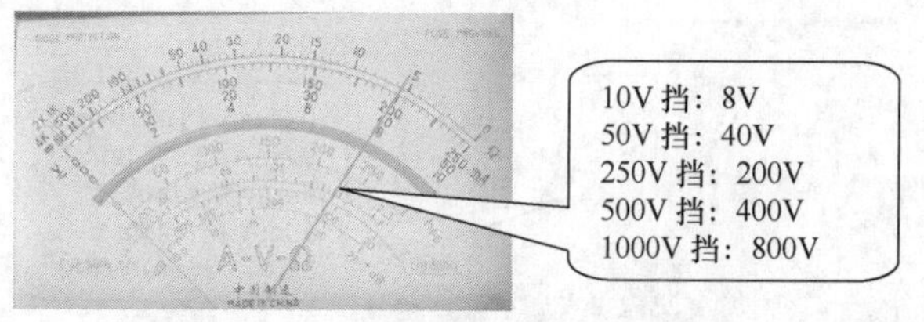

图 2-21　测量交流电压的读数方法

2.1.5　指针式万用表测量直流电流的方法

1. 正确插接表笔并选择挡位

将黑色表笔插入“COM”插孔中，将红色表笔插入“+”插孔中；功能选择开关调整至直流电流挡。超过 500mA 不超过 5A 的电流，要将万用表的红表笔插在大电流测量孔上，选择相适应的量程，再进行测量，以免损坏万用表。

根据待测电路中电源电流估计出被测直流电流的大小，选择合适的量程。若不清楚电流的大小，应先用最高电流挡测量，然后逐渐换用低电流挡，直到找到合适的电流挡（标准与测量电压时一样）。

2. 测量方法

首先将电路断电并选择合适的断路测量点，功能选择开关旋至直流电流“mA”范围内，并选择合适的电流量程（量程选择方法与测量电压时相同），在电路的断点处将万用表串联到被测电路中进行测量。

使用万用表电流挡测量电流时，应将万用表串联在被测电路中，将红表笔接在电路的高电位端，黑表笔接在电路的低电位端，即电流从红表笔流入，从黑表笔流出。切不可将电流表并联于电路中，否则因表头的内阻很小会造成短路而烧坏表头。功能挡位和量程选择好后，电路通电便可读数。指针式万用表测量直流电流的方法如图 2-22 所示。

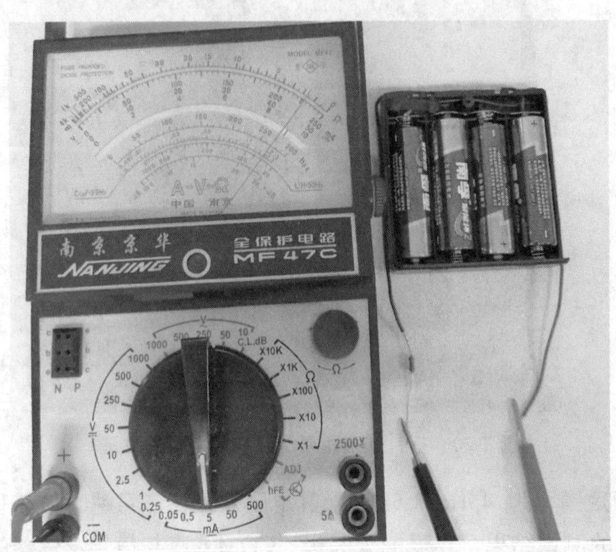

图 2-22　指针式万用表测量直流电流的方法

3. 正确使用刻度和读数

万用表测量直流电流时选择表盘刻度线同测量电压时一样，都是第二条（第二条刻度线的右边有 mA 符号）。其刻度特点、读数方法同测量电压时一样，如图 2-23 所示。

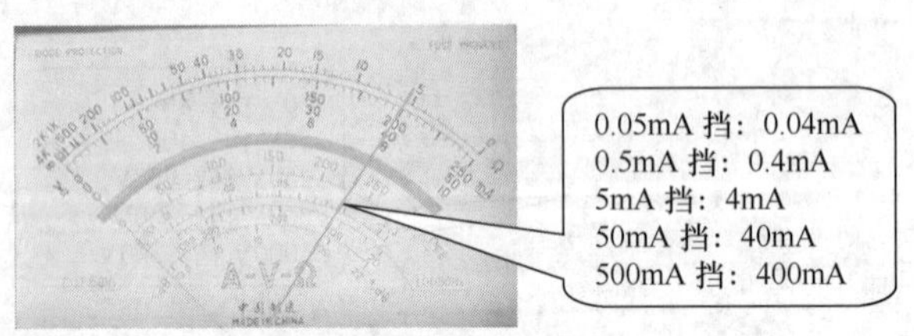

图 2-23　电流表的读数方法

2.1.6　指针式万用表使用注意事项

为了测量时能获得良好效果以及防止使用不慎而导致仪表损坏，仪表在使用时，应遵守下列注意事项。

（1）仪表在测量过程中，不能旋转开关旋钮，特别是高电压和大电流时，严禁带电转换量程。

（2）当被测量不能确定其大约数值时，应将量程转换开关旋到最大量程位置上，然后再选择合适的量程，使指针得到最大偏转。

（3）测量直流电流时，仪表应与被测电路串联，禁止将仪表直接跨接在被测电路的电压两端，以防止仪表过负荷而损坏。

（4）测量电路中的电阻阻值时，应将被测电路的电源断开，如果电路中有电容器，应先将其放电后再进行测量，切勿在电路带电情况下测量电阻。

（5）仪表在每次使用完毕时，最好将功能选择开关旋在交/直流电压 500V 的位置上，防止下一次使用时疏忽选择量程而致使仪表损坏。

（6）测量交/直流电压时，应将橡胶测试杆插入连有导线的绝缘管内，且不应暴露金属部分，并应谨慎小心。

（7）仪表应经常保持清洁和干燥，以免因受潮而损坏和影响准确度。长时间不用时，应取出表内干电池，以免流液腐蚀电表。

尽管指针式万用表品种型号很多，但其操作规则和使用方法都是基本一致的，只要多加练习、注意观察和区别，使用起来很方便。

2.2 数字式万用表的使用方法

2.2.1 使用前的准备工作

1. 检查供电电源

便携式万用表通常采用 9V 电池供电，台式万用表只需要接通交流电源即可，如图 2-24 所示。

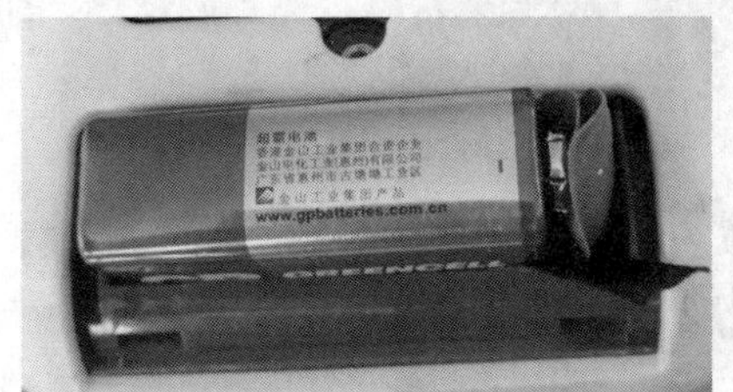

图 2-24　检查供电电源

2. 连接表笔

使用数字式万用表之前，应先了解数字式万用表的接口及功能，黑表笔可以作为公共端插入“COM”插孔中，其余三个插孔对应不同的功能，如图 2-25 所示。

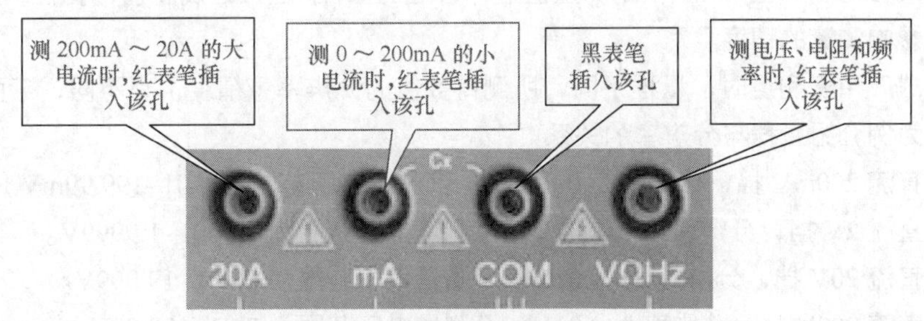

图 2-25　连接表笔

3. 量程设定

数字式万用表在使用前要根据测量的需求，调整数字式万用表的功能旋钮，将数字式万用表调整到相应的测量状态。

4. 开启电源开关

设定好具体的量程后，按下数字式万用表的电源开关，启动数字式万用表，电源开关通常位于液晶显示屏的下方、功能旋钮的上方，带有“POWER”标识。按下电源开关，液晶显示屏显示数字及标识，如图 2-26 所示。

图 2-26　按下电源开关

5. 读取测量结果

数字式万用表测量前的准备工作完成后就可以进行具体的测量。在读取测量值时，应注意数值和单位，同时还应读取功能显示以及提示信息。图 2-27 所示为测量电阻时万用表的读数，可以看到数字式万用表显示屏上的信息如下：显示测量值“.3359”，数值后面的单位为 kΩ，即所测电阻的阻值为 0.3359kΩ；小数点下方的“2”，表示当前量程为 2kΩ；“HOLD”符号表示万用表当前处于保持状态。

图 2-27　读取测量结果

6. 选择量程

使用数字式万用表测量时，应根据测量值选择合适的量程（越接近测量值的挡位，测量越准确），选择不当，会影响测量的精度。

使用数字式万用表测量时，量程不同，所测得数值的分辨率（精度）也不同，下面以 VC980+ 数字式万用表为例介绍量程与分辨率的关系。

量程选择直流 200mV 挡，分辨率为 0.01mV，可测量电压范围为 0.01~199.99mV。

量程选择直流 2V 挡，分辨率为 0.0001V，可测量电压范围为 0.0001~1.9999V。

量程选择直流 20V 挡，分辨率为 0.001V，可测量电压范围为 0.001~19.999V。

量程选择直流 200V 挡，分辨率为 0.01V，可测量电压范围为 0.01~199.99V。

量程选择直流 1000V 挡，分辨率为 0.1V，可测量电压范围为 0.1~999.9V。

以使用数字式万用表测量 5 号电池的电压值为例。5 号电池电压标称值为 1.5V。选择直流 1000V 电压挡测量 5 号电池电压如图 2-28 所示。测量结果只能显示小数点后 1 位数，测量结果为 1.5V。

选择直流 200V 电压挡测量 5 号电池电压如图 2-29 所示。该范围可以显示小数点后两位数，测得直流电压值为 1.55V。

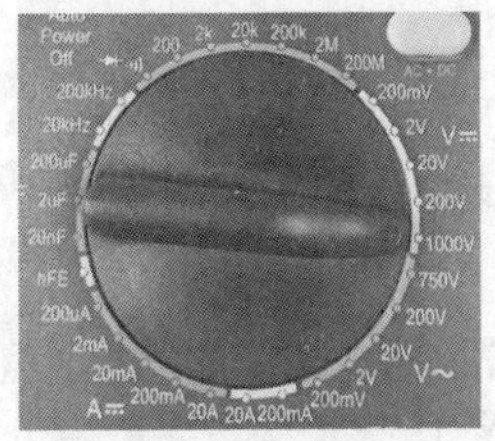

图 2-28　选择直流 1000V 电压挡测量 5 号电池电压

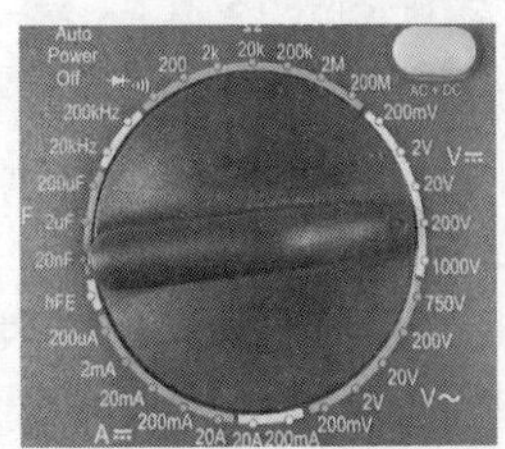

图 2-29　选择直流 200V 电压挡测量 5 号电池电压

选择直流 20V 电压挡测量 5 号电池电压如图 2-30 所示。该范围可以显示小数点后 3 位数，测得直流电压值为 1.545V。

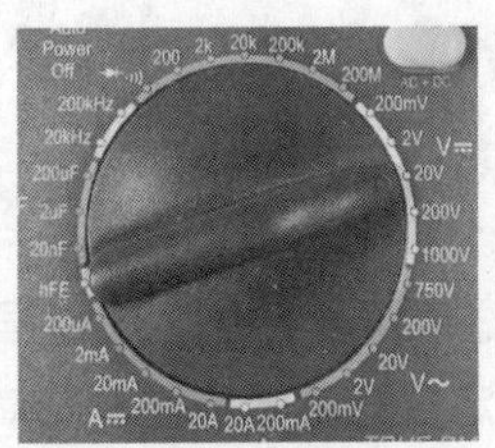

图 2-30　选择直流 20V 电压挡测量 5 号电池电压

选择直流 2V 电压挡测量 5 号电池电压如图 2-31 所示。该范围可以显示小数点后 4 位数，测得直流电压值为 1.5280V。显然选择该挡位测量结果更为准确。

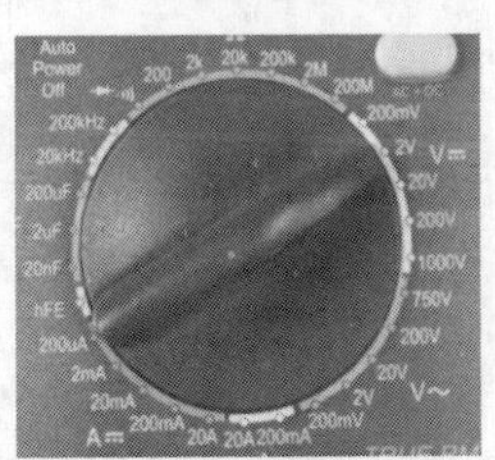
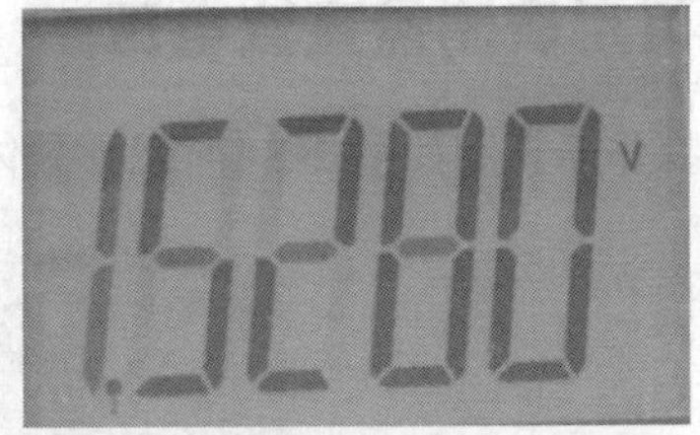

图 2-31　选择直流 2V 电压挡测量 5 号电池电压

选择直流 200mV 电压挡测量 5 号电池电压如图 2-32 所示。显示屏显示“1”（有的万用表显示“OL”），表明测量值已超量程，不能使用该挡进行测量。

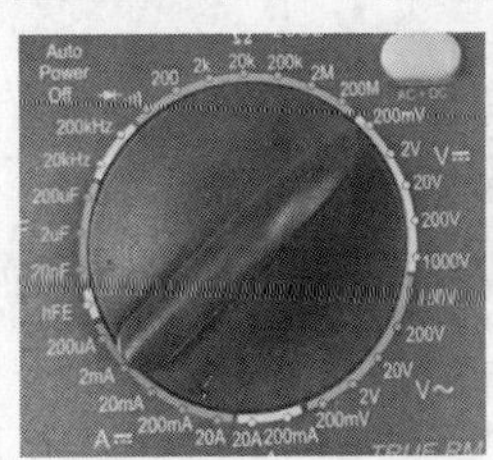

图 2-32　选择直流 200mV 电压挡测量 5 号电池电压

2.2.2 数字式万用表测量电阻的方法

电阻测量操作示意图如图 2-33 所示，具体步骤如下所示。

第 1 步：将黑表笔插入“COM”插孔，将红表笔插入“VΩHz”插孔。

第 2 步：将功能选择开关置于“Ω”部的适当量程处，若不知电阻值的大小，可将量程选大一些。

第 3 步：将红、黑表笔接触被测电阻两端（不分正、负）。

第 4 步：根据显示的测量数字，调整量程，读取电阻值。

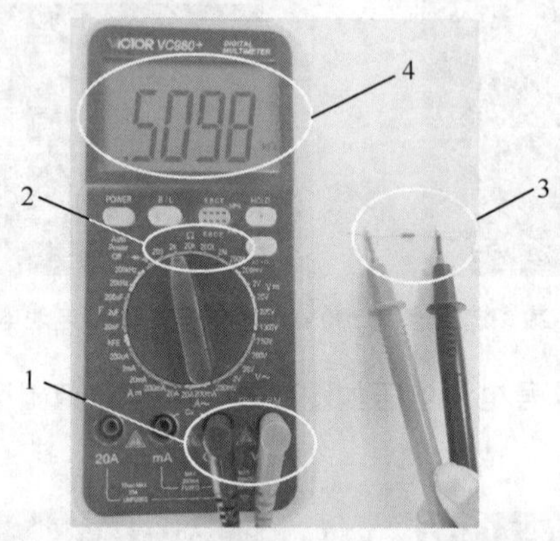

图 2-33　电阻测量操作示意图

注意事项

（1）如果电阻值超过所选的量程之最大值，则会显示过载符号“1”，将量程转高一挡；当测量电阻值为 1MΩ 或 1MΩ 以上时，该数值需几秒时间才能稳定，这种情况在测量高电阻时是正常的。

（2）当输入端开路时，则显示出过载情形。

（3）当测量在线电阻时，要确认被测电路所有电源已关闭且所有电容都已完全放电，才能保证测量值的正确性。

2.2.3 数字式万用表测量直流电压

直流电压测量操作示意图如图 2-34 所示，具体步骤如下所示。

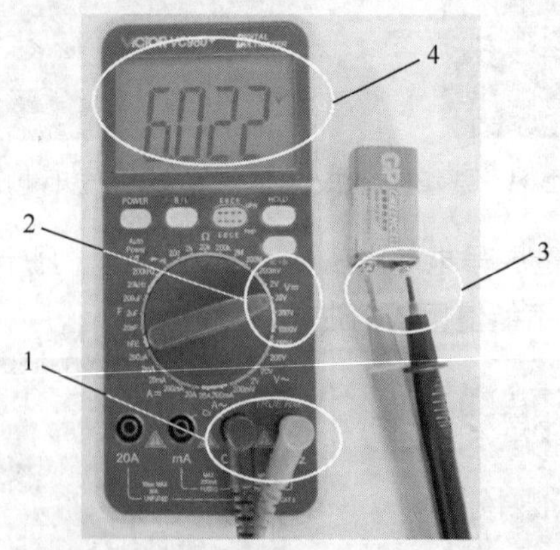

图 2-34　直流电压测量操作示意图

第 1 步：将黑表笔插入“COM”插孔中，将红表笔插入“VΩHz”插孔中。

第 2 步：将功能选择开关置于“V⎓”部的合适量程挡位，若对被测电压的大小无法估计，则要将量程置于最大位置，以防损坏仪器。

第 3 步：红表笔接被测电压的高电位端，黑表笔接被测电压的低电位端。

第 4 步：根据显示的测量数值，调整量程，读取直流电压值。若液晶显示屏数值前显示“-”则表明红、黑表笔接反。

2.2.4 数字式万用表测量交流电压

交流电压测量过程与直流电压的测量过程相似，其测量操作示意图如图 2-35 所示，具体步骤如下所示。

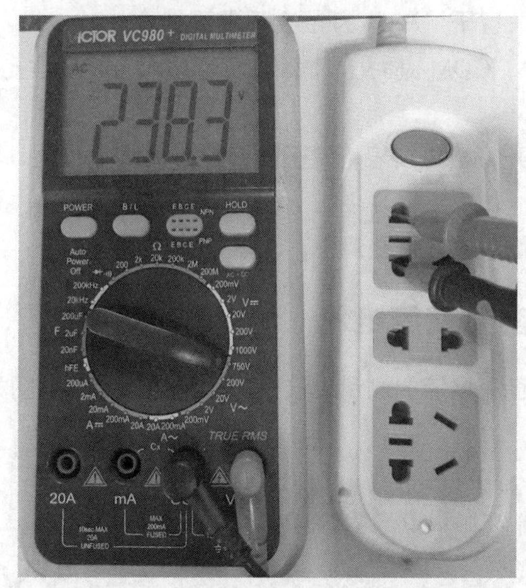

图 2-35 交流电压测量操作示意图

第 1 步：将黑表笔插入“COM”插孔，将红表笔插入“VΩHz”插孔。

第 2 步：将功能选择开关置于“V~”部的合适量程挡位。

第 3 步：将红、黑表笔接被测电压的两端（不分正负）。

第 4 步：根据显示的测量数值，调整量程，读取交流电压值。

注意事项

（1）测量电压时，不论是直流还是交流，都要选择合适的量程，当事先无法估计被测电压大小时，应先选择高量程挡位进行测试，然后再根据实际情况选择合适的量程。

（2）将万用表与被测电路并联。

（3）万用表具有自动转换并显示极性的功能，因此在测量直流电压时，也可不必考虑表笔接法。

（4）在测试高压电路时，千万小心避免触及高压电路。

（5）交/直流电压挡不能混用。

（6）如只在高位显示“1”，表明已过量程，须将量程开关置于较高量程挡位上。

2.2.5 数字式万用表测量直流电流

直流电流测量操作示意图如图 2-36 所示，具体步骤如下所示。

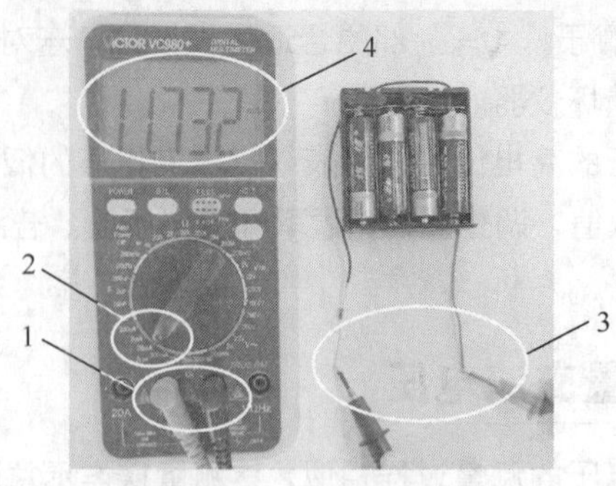

图 2-36　直流电流测量操作示意图

第 1 步：将功能选择开关置于“A⎓”部的合适量程挡位。

第 2 步：将黑色表笔插入“COM”插孔，将红色表笔插入“mA”插孔（最大到 2A）或置于“20A”插孔。

第 3 步：将被测电路断开，再将红表笔置于断开位置的高电位处，将黑表笔置于断开位置的低电位处。

第 4 步：根据显示的测量数值，调整量程，读取直流电流值。

2.2.6 数字式万用表测量交流电流

交流电流的测量过程与直流电流的测量过程相似，测量操作示意图如图 2-37 所示，具体步骤如下所示。

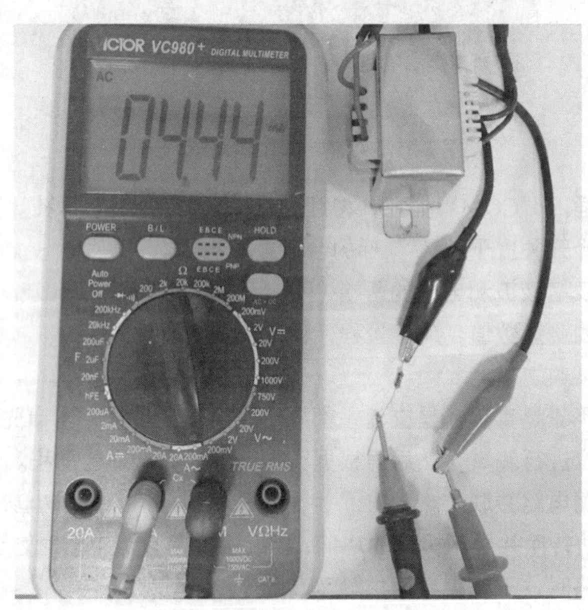

图 2-37　交流电流测量操作示意图

第 1 步：将黑色表笔插入“COM”插孔，将红色表笔插入“mA”插孔。

第 2 步：将功能选择开关置于“A~”部的合适量程挡位。

第 3 步：将数字式万用表串联到被测电路中。

第 4 步：根据显示的测量数值，调整量程，读取交流电流值。

注意事项

（1）测量电流时，应将万用表串联到被测电路中，可以不考虑表笔的极性，万用表可以显示被测电流的极性。

（2）如事先不知被测电流大小，先将量程置于高量程挡，按显示读数逐步降低量程，直到读数合适。

（3）测量电流时，如果显示屏显示溢出符号“1”，则表明被测电流已大于所选量程，这时应该改换更高的量程。

（4）“mA”挡最高输入电流为 2A，“20A”挡最高输入电流为 20A，过大的电流会将保险丝熔断，测量 20A 挡电流时要特别小心，过大电流将使电路发热，甚至损坏内部电路。

（5）在测量较大电流的过程中，不能拨动功能选择开关，以免造成功能选择开关的损坏。

2.2.7 数字式万用表测量二极管

二极管测量操作示意图如图 2-38 所示，具体步骤如下所示。

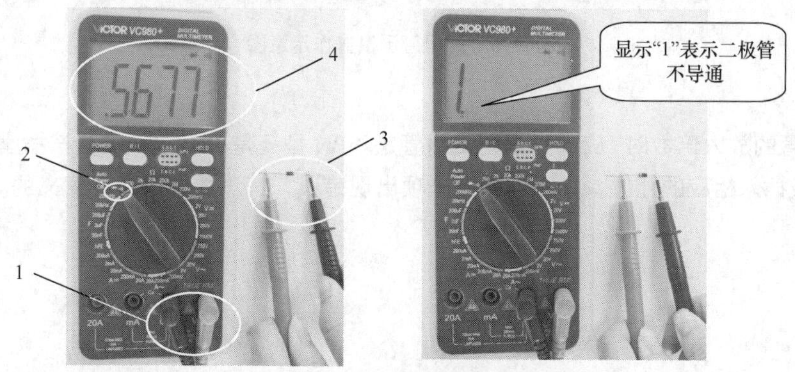

图 2-38 二极管测量操作示意图

第 1 步：将黑色表笔插入“COM”插孔，将红色表笔插入“VΩHz”插孔。

第 2 步：将功能选择开关置于“ ⯈⊢·))) ”挡。

第 3 步：将红、黑表笔的两端分别与二极管两端相接触，显示为“1”说明二极管未导通；显示“150~800”，说明二极管导通，显示屏上显示的数值即为二极管的正向导通压降，此时红表笔接的是二极管的正极，黑表笔接的是二极管的负极。

第 4 步：根据显示的测量数值，读取二极管的正向压降，其单位为 mV。

注意事项

（1）二极管测试电路的电流较小（为 1mA），故二极管挡适宜测量小功率二极管，在测量大功率二极管时，其读数明显低于典型工作值。

（2）当红表笔插入“VΩHz”插孔，黑表笔插入“COM”插孔时，红表笔带正电，黑表笔带负电；指针式万用表正好相反，使用时要特别注意。

（3）电子电路故障检测中，可以利用二极管挡检测电路的通断，通路则蜂鸣器发声，且屏幕上出现跳字或“0”；断路则显示“1”。

2.2.8 数字式万用表测量三极管放大倍数

三极管测量操作示意图如图 2-39 所示，具体步骤如下所示。

第 1 步：将功能选择开关置于"h_{FE}"挡。

第 2 步：将被测三极管按要求插入相应的孔位。

第 3 步：打开数字式万用表的电源开关，此时显示的数值为三极管的放大倍数。

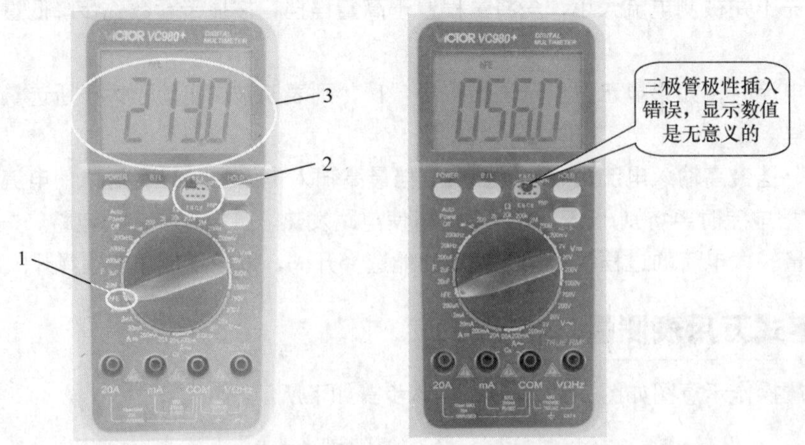

图 2-39　三极管测量操作示意图

注意事项

测量三极管的放大倍数时，应首先识别三极管是 NPN 型还是 PNP 型，然后按插座的标识，将 E、B、C 三个电极插入相应的孔位，如果其中有一项出现错误，其测量结果是无意义的。

第3章 万用表检测基本电子元器件

电子元器件是组成电子产品的基础，所有的电子产品都是由各种各样的电子元器件组成的。当电子电路出现故障时，很大程度是因为电子电路中某个或某些电子元器件出现了故障。了解电子元器件的分类和用途、性能参数以及检测方法，对所有从事电子技术工作的人员都是十分重要的。本章主要介绍电阻器、电容器、电感器、变压器、二极管、三极管、晶闸管、场效应管、开关及接插件的分类、命名规则及万用表的检测方法等内容。

3.1 万用表检测电阻器

物体对电流通过的阻碍作用称为电阻，利用这种阻碍作用制成的元件称为电阻器。

电阻器是电子电路中最基本、最常用的电子元件。在电路中，电阻器的主要作用是稳定和调节电路中的电流和电压，即起降压、分压、限流、分流、隔离、滤波等功能。

在电路分析中，为了表述方便，通常将电阻器简称为电阻。

3.1.1 电阻器的电路分类及电路符号

电阻器的种类繁多，根据电阻器在电路中工作时电阻值的变化规律，可分为固定电阻器、可变电阻器（电位器）和特殊电阻器（敏感电阻器）三大类。

1. 固定电阻器

在电阻器中，阻值大小固定的电阻器称为固定电阻器，也称为普通型电阻器。固定电阻器在电路图中用字母 R 表示。

依据制造工艺和功能的不同，常见的固定电阻器有线绕电阻器、碳膜电阻器、金属膜电阻器、水泥电阻器等。

固定电阻器中功率比较大的电阻器常采用线绕形式，通常该类电阻器采用镍铬合金、锰铜合金等电阻丝绕在绝缘支架上，其外部会涂有耐热的铀绝缘层。常见固定电阻器的实物外形及符号如图 3-1 所示。

2. 可变电阻器

可变电阻器是指阻值可调的电阻器，通常其阻值可在一定的范围内连续调整。

可变电阻器通常都有三个端子，其中两个端子之间的电阻值固定不变，第三个端子与两个固定值端子之间的电阻值是可变的，常见的实物外形及符号如图 3-2 所示。

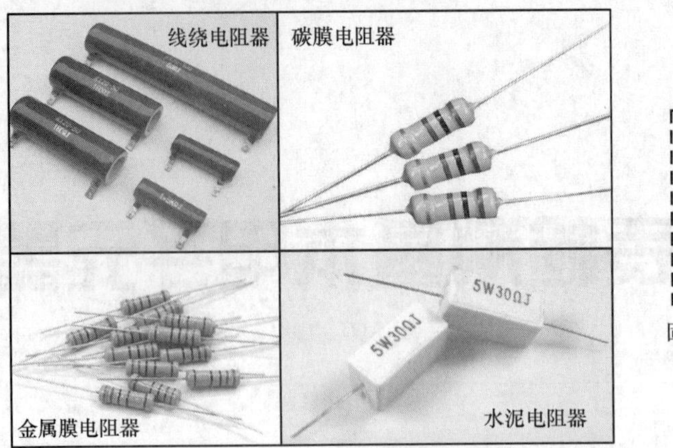

图 3-1　固定电阻器的实物外形及符号

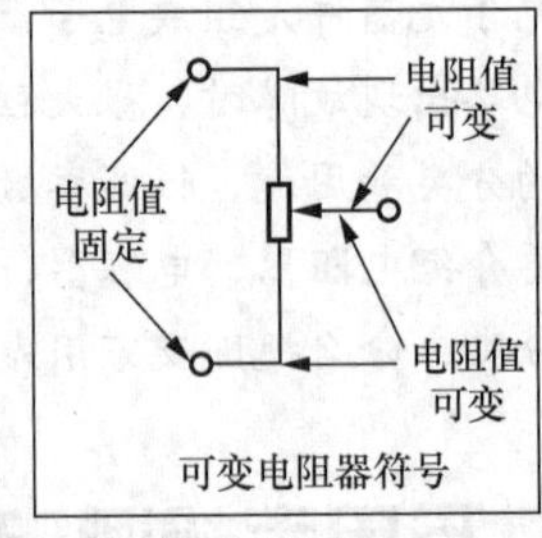

图 3-2　可变电阻器的实物外形及符号

3. 特殊电阻器

特殊电阻器是指具有特殊的功能的电阻器，如能根据温度的高低、光线的强弱、压力的大小改变电阻阻值，这种电阻通常用于传感器中。

特殊电阻器根据材料的不同，其阻值变化的条件也不同。常见的特殊电阻器（也可称为敏感电阻器）有压敏电阻器、光敏电阻器、热敏电阻器等，如图 3-3 所示。光敏电阻器的电阻值随入射光线的强弱发生变化，即当入射光线增强时，其阻值会明显减小；当入射光线减弱时，其阻值会显著增大。热敏电阻器的阻值随环境温度的变化而变化。

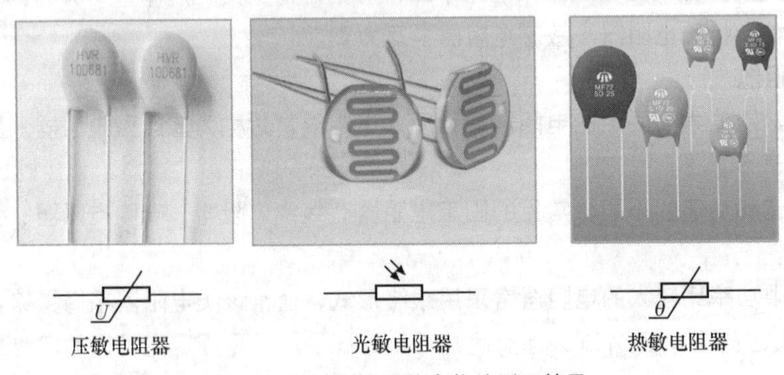

图 3-3　特殊电阻器的实物外形及符号

3.1.2　电阻器的主要参数

（1）标称阻值。即电阻器上所标示的阻值。电阻值的基本单位为欧姆，用符号 Ω 表示，辅助单位有 kΩ、MΩ 和 GΩ 等，进率为 10^3。

表 3-1 列出了普通电阻器的标称系列阻值。

表 3-1 普通电阻器的标称系列阻值

系列	允许偏差	电阻器的标称系列阻值
E24	±5%（Ⅰ级）	1.0，1.1，1.2，1.3，1.5，1.6，1.8，2.0，2.2，2.4，2.7，3.0，3.3，3.6，3.9，4.3，4.7，5.1，5.6，6.2，6.8，7.5，8.2，9.1
E12	±10%（Ⅱ级）	1.0，1.2，1.5，1.8，2.2，2.7，3.3，3.9，4.7，5.6，6.8，8.2
E6	±20%（Ⅲ级）	1.0，1.5，2.2，3.3，4.7，6.8

（2）允许偏差。标称阻值与实际阻值的差值，与标称阻值之比的百分数称为阻值偏差，也称为允许误差，它表示电阻器的精度。

（3）额定功率。电阻器的额定功率是指在一定的环境温度下，电阻器能够长期负荷而不改变其性能所允许的功率。功率用 P 表示，单位为瓦特（W）。

3.1.3 电阻器的型号命名规则

虽然电阻器的种类很多，但其型号的命名规则相同，都是由名称、材料、类型、序号、阻值及允许偏差 6 部分构成的，如图 3-4 所示，型号中的各个数字或字母均代表不同的含义。其中，名称、材料、类型及允许偏差中字母所代表的含义见表 3-2~表 3-5。

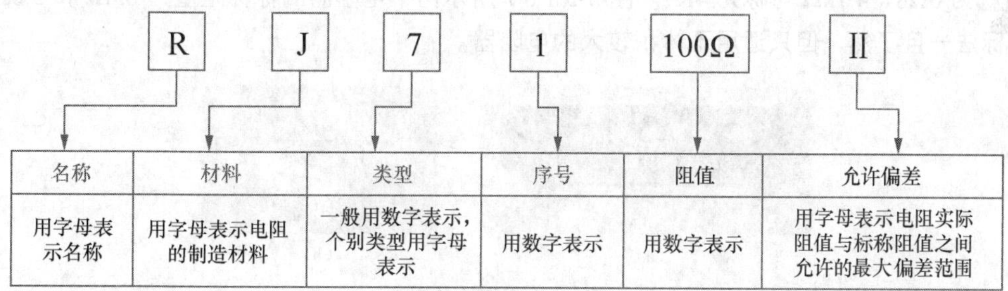

图 3-4 固定电阻器的型号命名规则

表 3-2 电阻器名称部分的含义对照

符号	含义	符号	含义	符号	含义	符号	含义
R	普通电阻器	MY	压敏电阻	MZ	正温度系数热敏电阻	MQ	气敏电阻
W	电位器	ML	力敏电阻	MF	负温度系数热敏电阻	MC	磁敏电阻
		MG	光敏电阻	MS	湿敏电阻		

表 3-3 电阻器材料部分的含义对照

符号	含义	符号	含义	符号	含义	符号	含义
T	碳膜	J	金属膜	S	有机实心	I	玻璃釉膜
H	合成膜	Y	氧化膜	N	无机实心	X	线绕

表 3-4 电阻器类型部分的含义对照

符号	含义	符号	含义	符号	含义	符号	含义
1	普通	5	高温	G	高功率	B	不燃性
2	普通或阻燃	6	精密	T	可调	Y	被釉

续表

符号	含义	符号	含义	符号	含义	符号	含义
3	超高频	7	高压	X	小型	L	测量
4	高阻	8	特殊	C	防潮		

表 3-5　电阻器允许偏差部分的含义对照

符号	含义	符号	含义	符号	含义	符号	含义
Y	±0.001%	P	±0.02%	D	±0.5%	K	±10%
X	±0.002%	W	±0.05%	F	±1%	M	±20%
E	±0.05%	B	±0.1%	G	±2%	N	±30%
L	±0.01%	C	±0.25%	J	±5%		

3.1.4　电阻器的标注方法

电阻器的阻值和允许偏差的标注方法有 3 种：直标法、数码法和色标法。

1. 直标法

在电阻器的表面直接标出电阻值大小和允许偏差。如图 3-5（a）所示，该电阻是一个标称阻值为 5Ω，额定功率为 30W 的线绕电阻器。直标法中可以用单位符号代替小数点，如 0.22Ω 可标为 Ω22，6.8Ω 可标为 6Ω8，4.7kΩ 可标为 4K7。图 3-5（b）所示两个电阻器的标称阻值为 6.8Ω 和 5.6Ω。

直标法一目了然，但只适用于体积较大的电阻器。

（a）

（b）

图 3-5　直标法示例

2. 数码法

当电阻值大于等于 10Ω 时，用三位数字表示电阻器的标称值，如图 3-6 所示。从左至右，前两位表示有效数字，第三位为零的个数，即前两位数乘以 10^n（n=0～9），单位为 Ω。图 3-6（a）中的示例表示电阻值为 22×10^{3}Ω，即 22kΩ。若阻值小于 10Ω 时，数值中的小数点用 R 表示，如 1Ω 可标为 1R0。图 3-6（b）中的示例表示电阻值为 8.20Ω。

（a）　　（b）

图 3-6　数码法示例

3. 色标法

色标法也称为色环表示法。即用不同颜色的色环来表示电阻器的阻值和允许偏差。表 3-6 所示列出了各种色环颜色所代表的含义。色标法表示的电阻值单位一律是欧姆。

表 3-6　各种色环颜色所代表的含义

颜色 含义	黑	棕	红	橙	黄	绿	蓝	紫	灰	白	金	银	无色
有效数字	0	1	2	3	4	5	6	7	8	9			
倍率（10^n）	0	1	2	3	4	5	6	7	8	9	-1	-2	
允许偏差（±x%）		1	2			0.5	0.25	0.1			5	10	20
字母代号		F	G			D	C	B			J	K	M

用色标法表示的电阻主要有四环电阻（一般电阻）和五环电阻（精密电阻）两种。色标法的标注规则如图 3-7 所示。

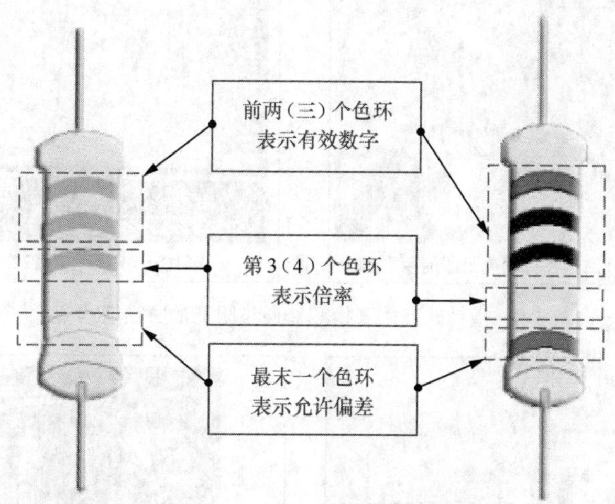

图 3-7　色环电阻的标注规则

图 3-7 中的四环电阻器的色环排列为：橙、橙、橙、银，因此该电阻器的标称阻值为 $33\times10^3\Omega$，允许偏差为±10%；五环电阻器的色环排列为：棕、黑、黑、黄、棕，因此该电阻器的标称阻值为 $100\times10^4\Omega$，允许偏差为±1%。

3.1.5　电阻器的检测方法

1. 普通电阻器的检测

普通电阻器的好坏，主要通过万用表测量其阻值来判断。正常情况下，万用表的读数应与标称阻值大体符合；如果万用表的读数与标称阻值相差很大，则表明该电阻器已经损坏。

（1）指针式万用表检测普通电阻器

图 3-8 所示为指针式万用表检测普通电阻器的方法及步骤。

（2）数字式万用表检测普通电阻器

图 3-9 所示为数字式万用表检测普通电阻器的方法及步骤。

（3）测量时应注意的问题

① 合理选择指针式万用表的电阻挡：对于指针式万用表，要尽可能使表针指在刻度线中央附近，从而使阻值可以接近其欧姆中心值 R_0（欧姆挡倍率与刻度线中心值的乘积）；对于数字式万用表应尽可能使读数接近满量程。这样可保证测量的精确度较高。

② 使用指针式万用表测量电阻时，每换一次挡位，都要重新调零，需要精确测量时更要注意这一点。

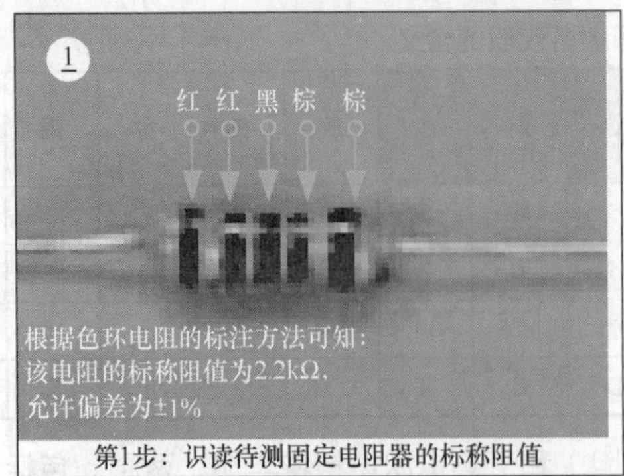

第1步：识读待测固定电阻器的标称阻值

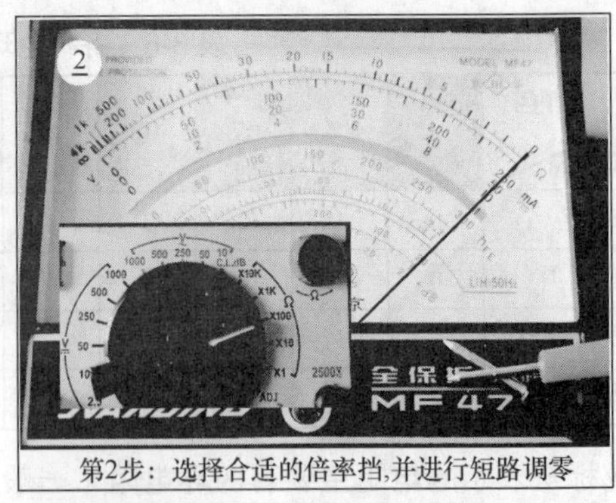

第2步：选择合适的倍率挡,并进行短路调零

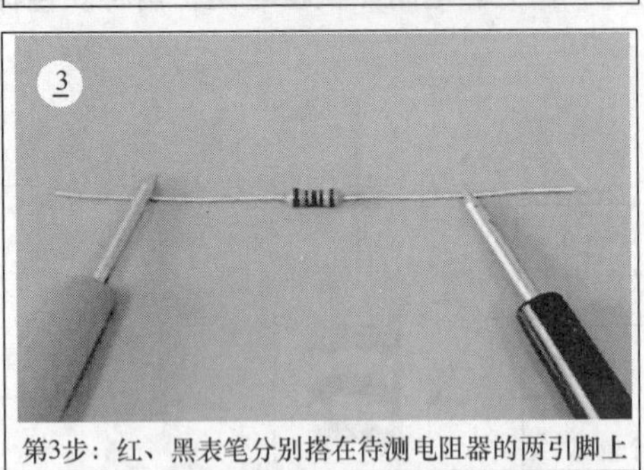

第3步：红、黑表笔分别搭在待测电阻器的两引脚上

第4步：识读测量值22×100Ω=2.2kΩ

图 3-8 指针式万用表检测普通电阻器的方法及步骤

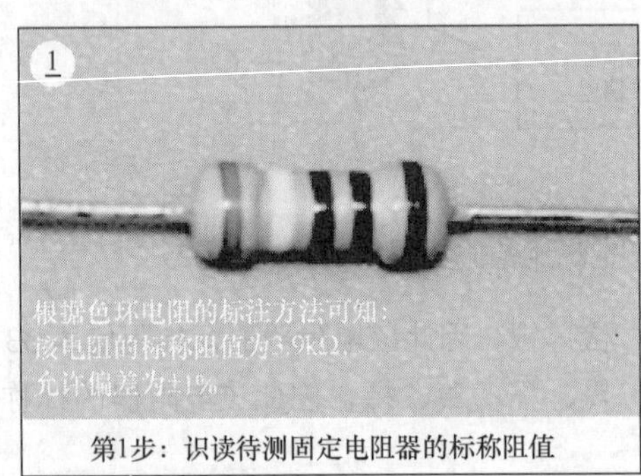

第1步：识读待测固定电阻器的标称阻值

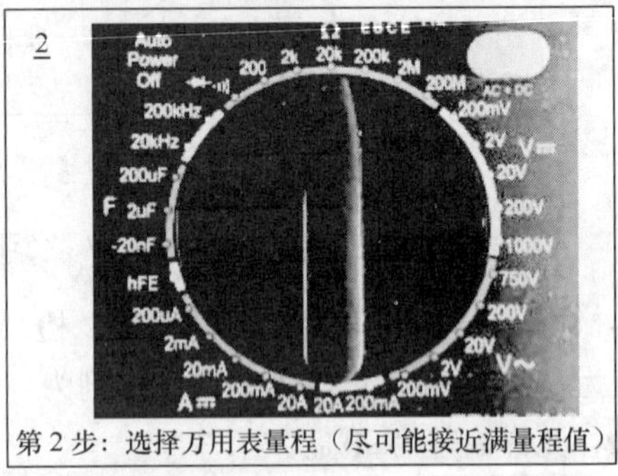

第 2 步：选择万用表量程（尽可能接近满量程值）

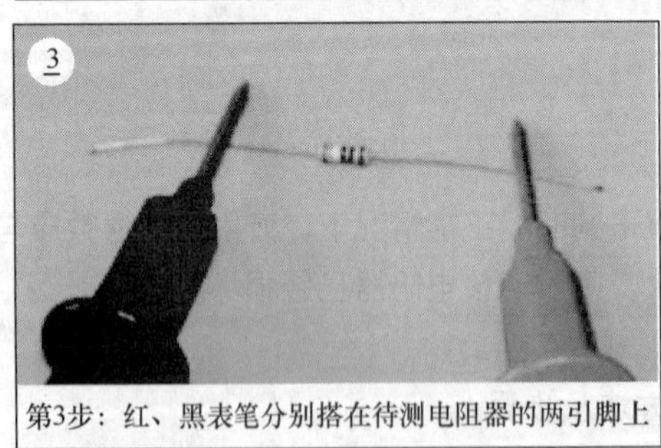

第3步：红、黑表笔分别搭在待测电阻器的两引脚上

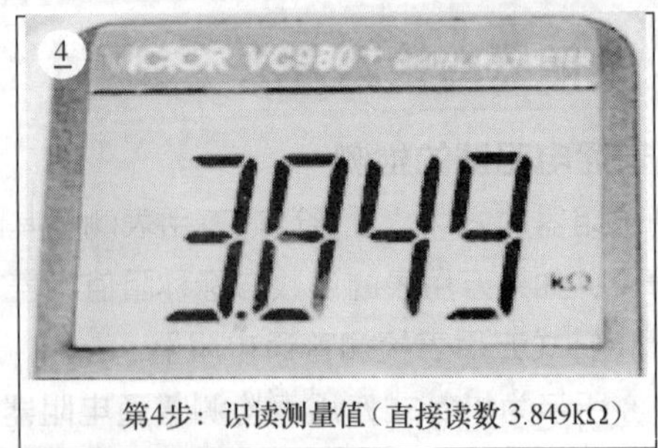

第4步：识读测量值（直接读数 3.849kΩ）

图 3-9 数字式万用表检测普通电阻器的方法及步骤

③ 被测电阻应从电路上拆下或断开一端再进行测量，以消除其他电路的串、并联效应影响。在路电阻需要断电测量，否则不但不准确，而且容易使万用表发生电流倒灌，烧坏万用表。

④ 测试时应单手操作，不能让人体同时接触电阻器的两端，防止因人体电阻的并联效应影响测量的准确性。在测量高值电阻时尤其要注意这一点。

⑤ 测量电位器时，不仅要测量其阻值范围而且还要测量其阻值随滑动端位置的变化而变化的情况。

2. 敏感电阻器的检测

（1）热敏电阻器的检测方法

检测热敏电阻器，可以使用万用表检测不同温度下的热敏电阻器的阻值，根据检测结果判断热敏电阻器是否工作正常。热敏电阻的检测步骤如下所示。

第 1 步：识读热敏电阻器上的基本标识，作为检测结果的对照依据。

第 2 步：将指针式万用表置于合适的倍率挡，红、黑表笔短接进行短路调零。

第 3 步：在常温下，测量热敏电阻器的阻值，若测量阻值接近其标称阻值或与其标称阻值相等，则表明该热敏电阻器在常温下正常。

第 4 步：保持红、黑表笔不动，使用电烙铁或吹风机对热敏电阻器进行加热，同时观察万用表指针的变化，若指针随温度的升高而摆动，则表明热敏电阻器基本正常；若温度变化，阻值基本不变，则说明热敏电阻器性能不良。若测试过程中，热敏电阻器的阻值随温度的升高而增大，则该电阻器为正温度系数热敏电阻器（PTC）；若测试过程中，热敏电阻器的阻值随温度的升高而减小，则该电阻器为负温度系数热敏电阻器（NTC）。

热敏电阻器的检测步骤如图 3-10 所示。

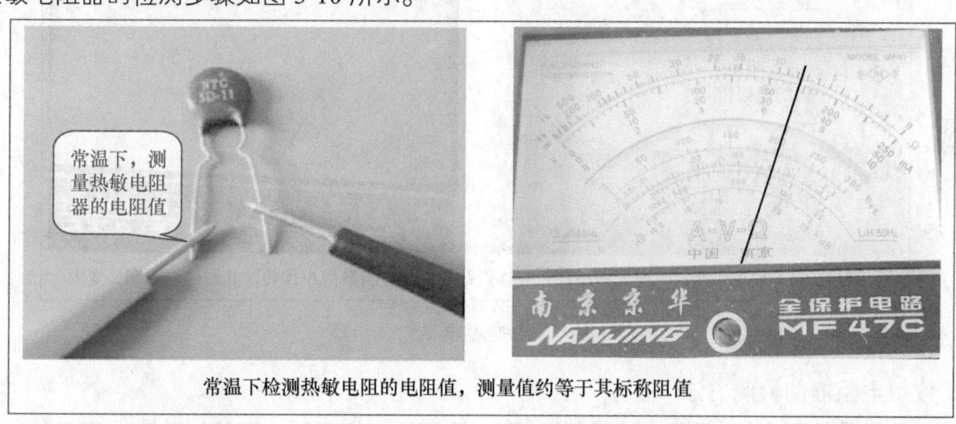

常温下检测热敏电阻的电阻值，测量值约等于其标称阻值

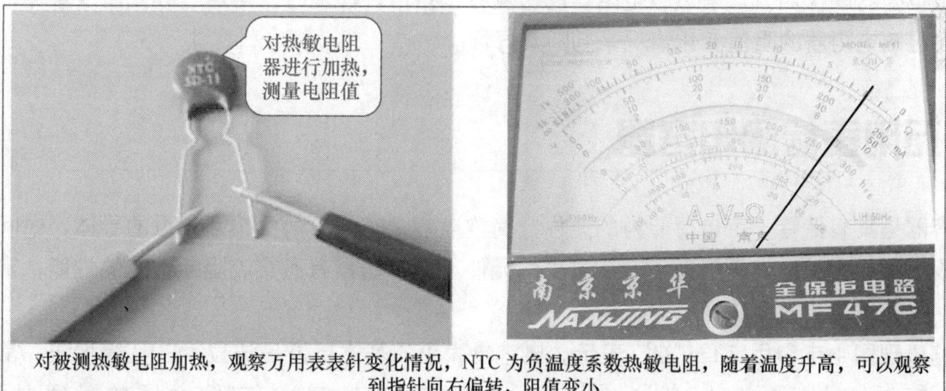

对被测热敏电阻加热，观察万用表表针变化情况，NTC 为负温度系数热敏电阻，随着温度升高，可以观察到指针向右偏转，阻值变小

图 3-10 热敏电阻器的检测步骤

（2）光敏电阻器的检测方法

光敏电阻器的阻值会随外界光照强度的变化而变化。检测光敏电阻器，可以使用万用表测量待测光敏电阻器在不同光线下的阻值来判断光敏电阻器是否损坏。光敏电阻器的检测步骤如图 3-11 所示。

第 1 步：将指针式万用表置于合适的倍率挡，红、黑表笔短接进行短路调零。

第 2 步：在光亮条件下测量光敏电阻器的电阻值。

第 3 步：保持红、黑表笔不动，使用物体遮住光敏电阻器改变其光照条件，若光敏电阻器的电阻值随着光照条件的变化而发生变化，表明待测光敏电阻器性能正常。若光照条件变化时，光敏电阻器的阻值无变化或变化不明显，则多为光敏电阻器感应光线变化的灵敏度低或本身性能不良。

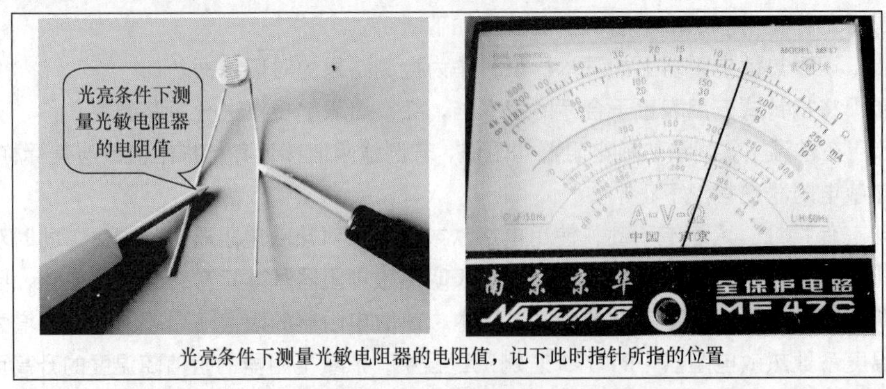

光亮条件下测量光敏电阻器的电阻值，记下此时指针所指的位置

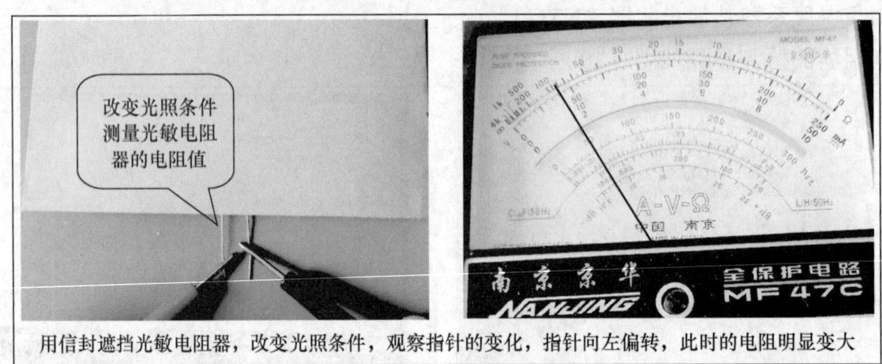

用信封遮挡光敏电阻器，改变光照条件，观察指针的变化，指针向左偏转，此时的电阻明显变大

图 3-11　光敏电阻器的检测步骤

（3）湿敏电阻器的检测方法

湿敏电阻器的检测方法与热敏电阻器的检测方法相似，检测时，可通过改变湿度条件，使用万用表检测湿敏电阻器的阻值变化情况来判断其好坏。

3.2 万用表检测电容器

电容器是具有储存一定电荷能力的元件，简称电容，它是由两个相互靠近的导体，中间夹着一层绝缘物质构成的，是电子产品中必不可少的元件。电容器具有通交流阻断直流的性能，常用于信号耦合、平滑滤波或谐振选频电路。

电路原理图中电容用字母“C”表示。电容量大小的基本单位是法拉（F），简称法。常用单位还有毫法（mF）、微法（μF）、纳法（nF）、皮法（pF），它们之间的换算关系是：$1F=10^3mF=10^6\mu F=10^9nF=10^{12}pF$。

3.2.1 电容器的分类及电路符号

常见的电容器有无极性电容器、有极性电容器以及可变电容器三类。

1. 无极性电容器

无极性电容器的两个金属电极没有正、负极性之分，使用时两极可以进行交换连接。无极性电容器种类很多，常见的有独石电容器、涤纶电容器、瓷介电容器等，常见的无极性电容器的实物外形及电路符号如图 3-12 所示。

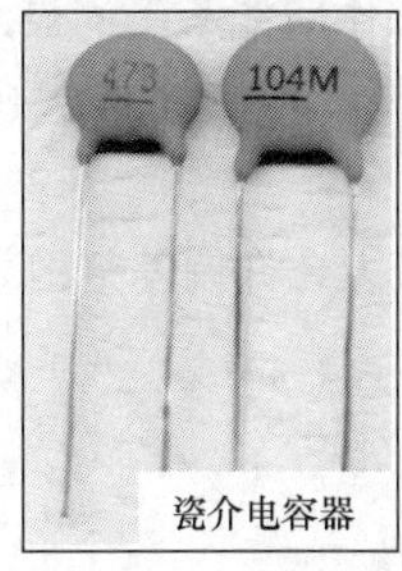

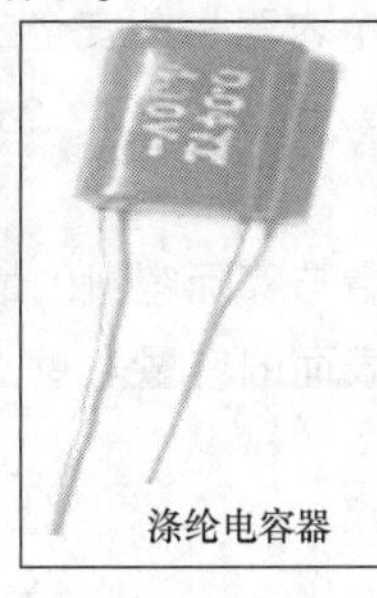

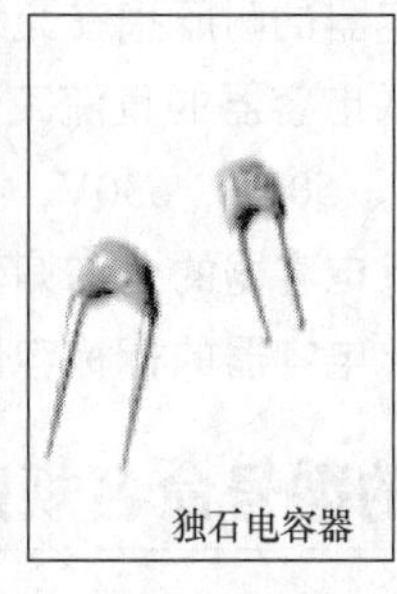

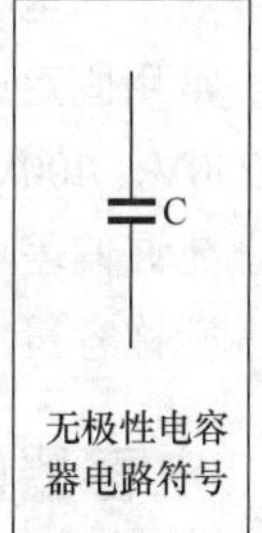

图 3-12　常见的无极性电容器的实物外形及电路符号

2. 有极性电容器

有极性电容器也称为电解电容器，其两个金属电极有正、负极性之分，使用时要使正极端连接电路的高电位，负极端连接电路的低电位，否则有可能引起电容器的损坏。

常见的有极性电容器有铝电解电容器和钽电解电容器，如图 3-13 所示，其中铝电解电容器具有体积小、容量大等特点，适用于低频、低压电路中；钽电解电容器具有体积小、容量大、寿命长、误差小等特点，但成本较高。

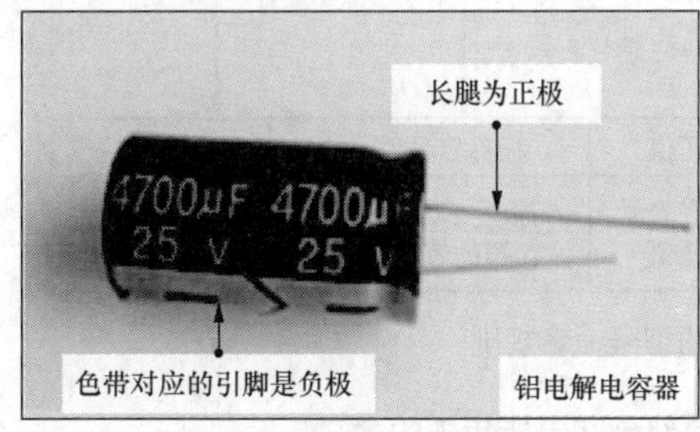

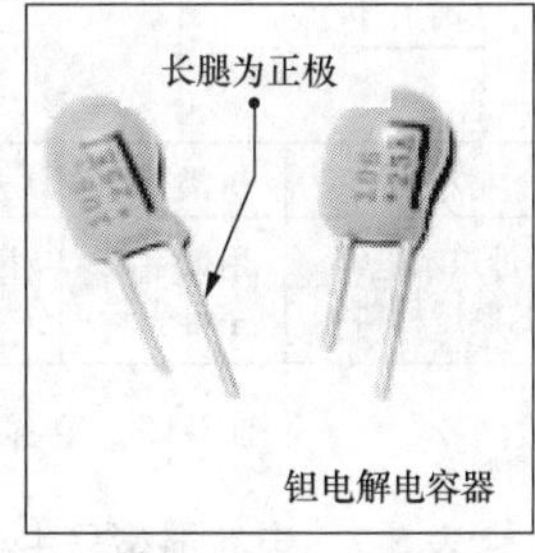

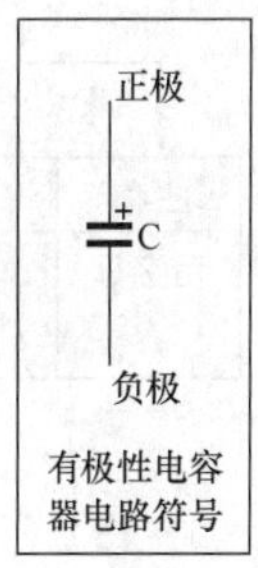

图 3-13　常见的有极性电容器的实物外形及电路符号

3. 可变电容器

在电容器中，其电容量可以调整的电容器被称为可变电容器。可变电容器可以根据需要调节其电容量，主要应用在接收电路中，作为选择信号（调谐）时使用。

常见的可变电容器有单联可变电容器、双联可变电容器以及微调电容器，如图 3-14 所示。

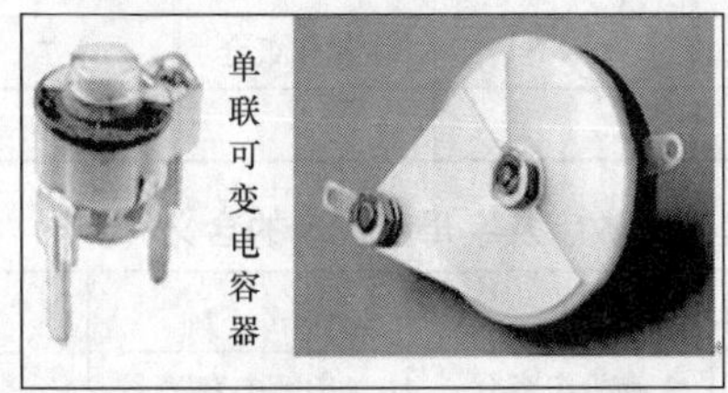

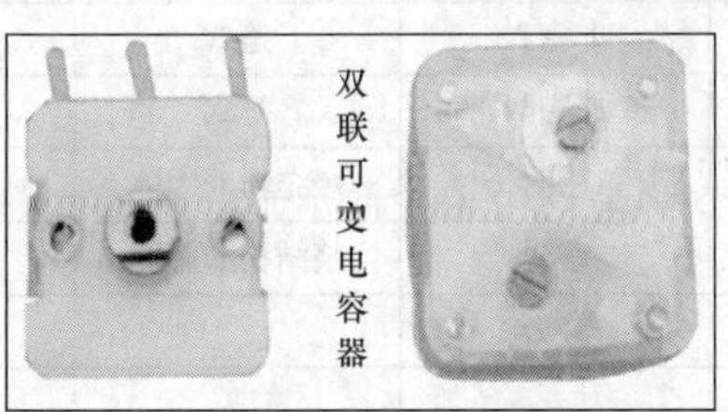

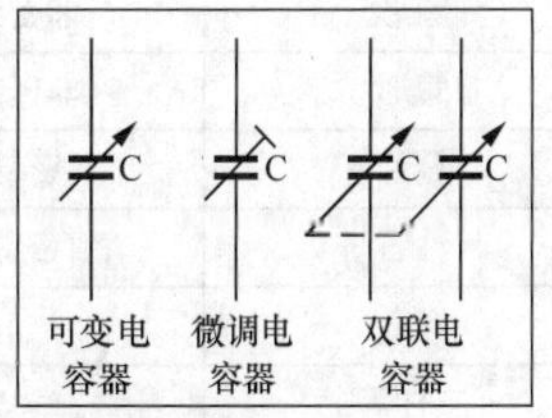

图 3-14　常见的可变电容器的实物外形及电路符号

3.2.2 电容器的主要参数

（1）耐压：电容器的耐压指在允许环境温度范围内，电容器长期安全工作所能承受的最大电压有效值。常用固定式电容器的直流工作电压系列为：6.3V、10V、16V、25V、40V、63V、100V、160V、250V、400V、500V、630V、1000V。

（2）允许偏差：电容器的允许偏差是电容器的标称容量与实际容量的最大允许偏差范围。

（3）标称容量：电容器的标称容量是指标示在电容器表面的容量。

3.2.3 电容器的型号命名规则

虽然电容器的种类很多，但其型号的命名规则相同，都是由名称、材料、类型、耐压值、标称容量及允许偏差 6 部分构成的，如图 3-15 所示，型号中的各个数字或字母均代表不同的含义。其中材料、类别、允许偏差中字母所代表的含义见表 3-7、表 3-8 和表 3-9。

例如：CCX250V0.22μFK 表示耐压值为 250V、标称容量为 0.22μF、允许偏差为±10%的高频磁介电容器。

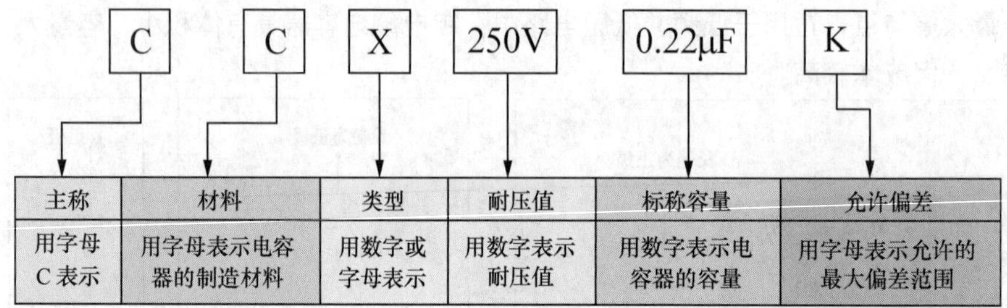

图 3-15 电容器的型号命名规则

表 3-7 电容器型号中材料部分字母所代表的含义

字母	材料	字母	材料	字母	材料	字母	材料
A	钽电解	N	铌电解	G	合金电解	V	云母纸
B	聚苯乙烯等非极性有机薄膜	L	聚酯等极性有机薄膜	H	纸膜复合	Y	云母
C	高频瓷介	O	玻璃膜	I	玻璃釉	Z	纸介
D	铝电解	Q	漆膜	J	金属化纸介	T	低频陶瓷
E	其他材料电解	T	低频陶瓷				

表 3-8 电容器型号中类型部分数字及字母所代表的含义

数字代号	类别				字母	含义
	瓷介电容器	云母电容器	有机电容器	电解电容器		
1	圆形	非密封	非密封	箔式	G	高功率
2	管形	非密封	非密封	箔式	J	金属化型
3	叠片	密封	密封	烧结粉非固体	Y	高压型
4	独石	密封	密封	烧结粉非固体	W	微调型
5	穿心		穿心			
6	支柱等					

续表

数字代号	类别				字母	含义
	瓷介电容器	云母电容器	有机电容器	电解电容器		
7				无极性		
8	高压	高压	高压			
9			特殊	特殊		

表 3-9　电容器型号中允许偏差部分字母所代表的含义

字母	允许偏差	字母	允许偏差	字母	允许偏差
Y	±0.001%	D	±0.5%	H	+100% ~ 0
X	±0.002%	F	±1%	R	+100% ~ −10%
E	±0.005%	G	±2%	T	+50% ~ −10%
L	±0.01%	J	±5%	Q	+30% ~ −10%
P	±0.02%	K	±10%	S	+50% ~ −20%
W	±0.05%	M	±20%	Z	+80% ~ −20%
B	±0.1%	N	±30%	C	±0.25%

3.2.4 电容器的标注方法

电容器的品种、类型很多，为了使用方便，应统一标识各种类型电容器的容量、允许偏差、工作电压、等级等参数。电容器常用的规格标识方法有直标法、数码法和色标法。

1. 直标法

直标法是指在电容器表面直接标出其主要参数和技术指标的一种标识方法. 可以用阿拉伯数字、字母和文字符号标出。直标法示例如图 3-16 所示。

图 3-16　直标法示例

（1）直接用数字和字母结合标识，例如：100nF 用 100n 表示；33μF 用 33μ 表示；10mF 用 10m 表示；3300pF 用 3300p 标识等。

（2）用有规律组合的文字及数字符号作为标识，例如：3.3pF 用 3p3 表示；4.7μF 用 4μ7 标识等。

2. 数码法

数码法示例如图 3-17 所示。即用 3 位数字直接标识电容器的容量，其中第一、第二位数为容量的有效数值，第三位表示有效数字后边零的个数。当第 3 位数字为 9 时，表示的倍数为 10^{-1}，电容量的单位为 pF。例如：225 表示 22×10^{5}pF 为 2.2μF；101 表示 100pF；339 表示 33×10^{-1}pF 等。

3. 色标法

色标法是指用不同颜色的色带和色点在电容器表面上标出其主要参数的标识方法。电容器的标称值、允许误差及工作电压均可用颜色标识，各种颜色代表的数字含义与色环电阻标识的方法相同，其单位为 pF。例如：如图 3-18 所示电容器的色环排列为黄、紫、橙、银，则表示电容器的标称容量为 47000pF（0.047μF），允许偏差为 ± 10%。

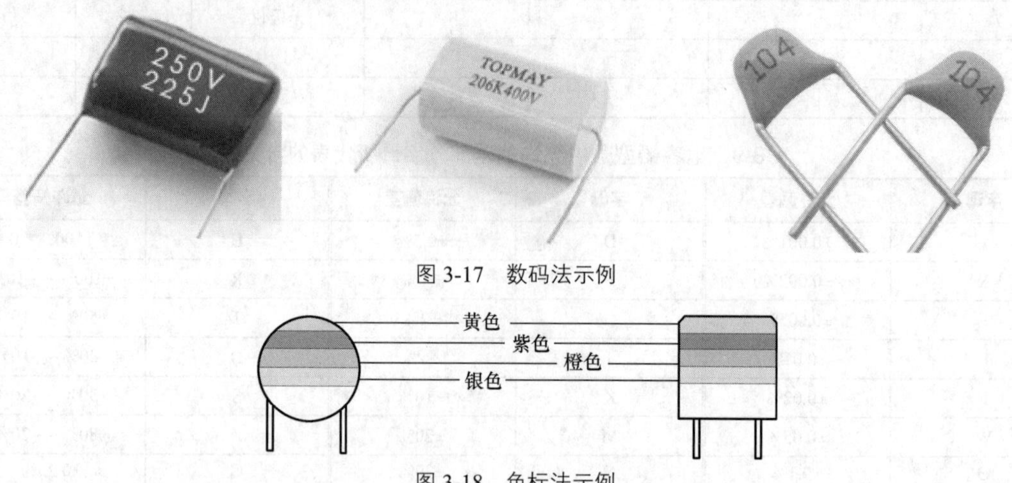

图 3-17　数码法示例

图 3-18　色标法示例

此外，颜色还可以用来表示电容器的耐压值，各种颜色所表示的电容器耐压值见表 3-10。

表 3-10　各种颜色所表示的电容器耐压值

颜色	黑	棕	红	橙	黄	绿	蓝	紫	灰
耐压值	4 V	6.3V	10V	16V	25V	32V	40V	50V	63V

3.2.5　电容器的检测方法

1. 指针式万用表检测电容器

指针式万用表检测电容器的基本原理是通过观察电容器的充电现象或测量电容器的绝缘电阻来判断电容器的好坏。

测量之前必须对电容器进行短路放电，然后再用万用表 R×1k 或 R×10k 挡接在电容器两端，表头指针应向低电阻值一侧摆动一定角度后返回无穷大（由于万用表精度所限，测量该类电容器时指针最后都应指向无穷大）。若指针没有任何变动，则表明该电容器已开路；若指针最后不能返回无穷大，则表明该电容器漏电较严重；若为 0Ω，则表明该电容器已击穿。用指针式万用表检测电容器的方法如表 3-11 所示。

表 3-11　指针式万用表检测电容器的方法

表针指示	说明
∞　0　10k	指针先迅速向右偏转（容量越大偏转角度越大），当达到最右端后开始向左偏转回到无穷大处，则表明该电容器质量良好
∞　0　10k	如果指针向右摆动到“0”位，则表明该电容器漏电损坏或击穿

续表

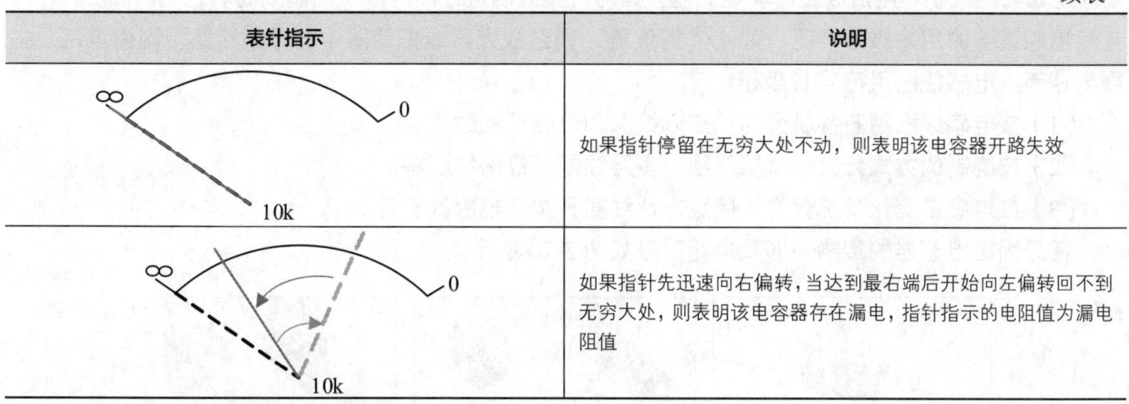

表针指示	说明
∞ 0 10k	如果指针停留在无穷大处不动，则表明该电容器开路失效
∞ 0 10k	如果指针先迅速向右偏转，当达到最右端后开始向左偏转回不到无穷大处，则表明该电容器存在漏电，指针指示的电阻值为漏电阻值

测量电容器时要注意以下几点。

（1）每次测量电容器前都必须先放电后测量。

（2）测量电解电容器时一般选用 R×1k 或 R×10k 挡，但 47μF 以上的电容器一般不再选用 R×10k 挡。

（3）选用电阻挡时要注意万用表内电池的电压（一般最高电阻挡使用 9～22.5V 的电池，其余挡位使用 1.5V 或 3V 电池）不应高于电容器的额定直流工作电压，否则测量出来的结果误差较大。

2．数字式万用表检测电容器

检测普通电容器，通常可以使用数字式万用表粗略测量电容器的电容量，然后将实测结果与电容器的标称电容量相比较，即可判断待测电容器的性能状态，具体测试步骤如下所示。

第 1 步：识读电容器上的基本标识，作为检测结果的对照依据。

第 2 步：将万用表转换开关置于合适的电容测试量程上。

第 3 步：红、黑表笔分别接在电容器的两个电极上（检测普通电容器时表笔不分正、负，检测电解电容器时红表笔接电容器的正极，黑表笔接负极），在万用表显示屏上直接读取测量数据即可。数字式万用表检测电容器示例如图 3-19 所示。

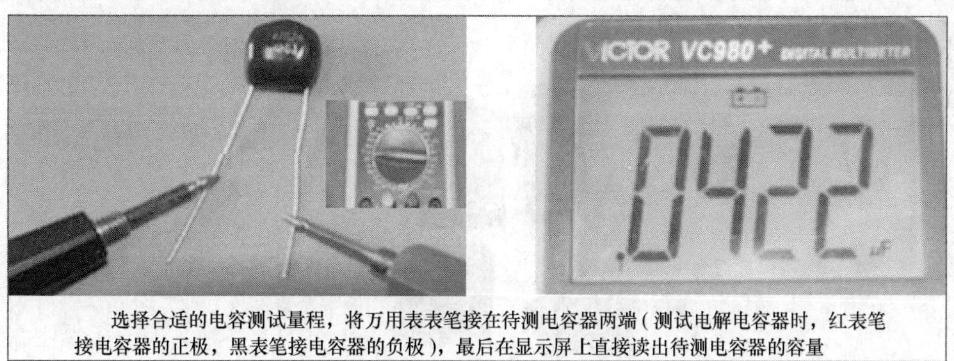

选择合适的电容测试量程，将万用表表笔接在待测电容器两端（测试电解电容器时，红表笔接电容器的正极，黑表笔接电容器的负极），最后在显示屏上直接读出待测电容器的容量

图 3-19　数字式万用表检测电容器示例

3.3 万用表检测电感器

3.3.1 电感器的分类及电路符号

电感器是一种储能元件，它可以把电能转换成磁场能并储存起来，当电流通过导体时会产生电磁

场，电磁场的大小与电流成正比。电感器就是将导线绕制成线圈的形状而制成的。

电感线圈的用途极为广泛，如 LC 滤波器、调谐放大器或振荡器中的谐振回路、均衡电路、去耦电路等。电感线圈用符号 L 表示。

（1）按电感线圈圈芯性质分为：空心线圈和带磁芯的线圈。

（2）按绕制的方式分为：单层线圈、多层线圈、蜂房线圈等。

（3）按电感量变化情况分为：固定电感线圈和微调电感线圈等。

常见固定电感器的实物外形及电路符号如图 3-20 所示。

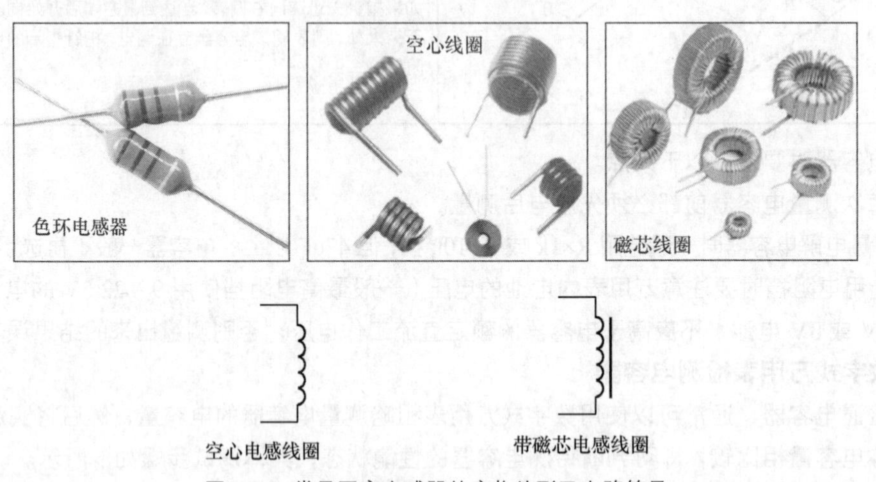

图 3-20　常见固定电感器的实物外形及电路符号

可调式电感器的磁芯是螺纹式的，可以旋到线圈骨架内，整体用金属外壳屏蔽起来，以增加机械强度，在磁芯帽上设有凹槽可方便调整其电感量。

可调式电感器都有一个可插入的磁芯，用工具调节即可改变磁芯在线圈中的位置，从而调整电感量的大小，如图 3-21 所示。值得注意的是，在调整电感器的磁芯时要使用无感螺丝刀，即由非铁磁性金属材料如塑料或竹片等制成的螺丝刀。

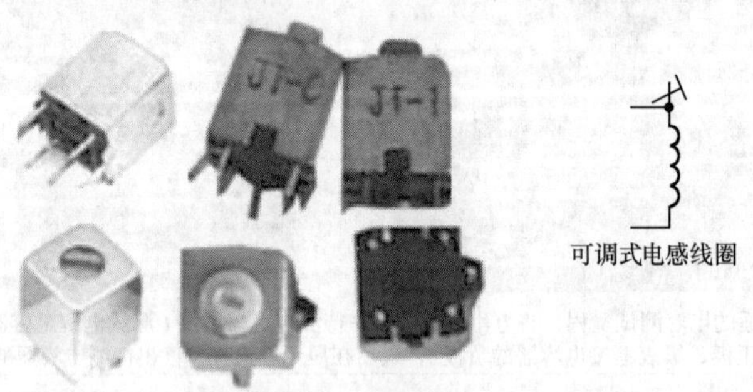

图 3-21　可调式电感器的实物外形及电路符号

3.3.2　电感器的主要参数

1. 电感量

穿过线圈中导磁介质的磁通量和线圈中的电流成正比，其比例常数简称电感。电感的电路符号为 L，基本单位是 H（亨利），实际常用单位有 mH（毫亨，即 10^{-3}H）、μH（微亨，即 10^{-6}H）、nH（纳亨，即 10^{-9}H）和 pH（皮亨，10^{-12}H）。

2. 电感量的允许偏差

与电阻器、电容器一样，电感器的标称电感量也有一定的误差。常用电感器的误差为 I 级、II 级和 III 级，分别表示误差为±5%、±10%和±20%。精度要求较高的振荡线圈，其误差为±0.2%～±0.5%。

3.3.3 电感器的型号命名规则

固定式电感器型号的命名根据不同的厂家其规则也有所区别，但大多数电感器型号均是由产品名称、电感量和允许偏差 3 部分构成的，如图 3-22 所示。

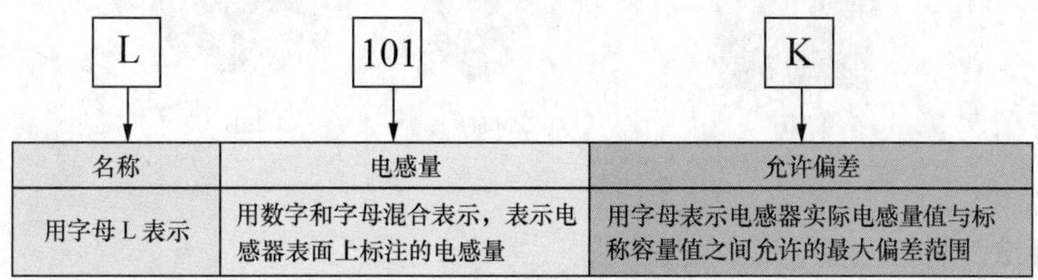

图 3-22 电感器的型号命名规则

例如：L101K 表示标称值为 100μH、允许偏差为±10%的电感器。

3.3.4 电感器的标注方法

为了便于生产和使用，常将小型固定电感器的主要参数标识在其外壳上，标识方法有直标法、数码法、文字符号法和色标法 4 种。

1. 直标法

在小型固定电感线圈外壳上直接用文字标出电感线圈的电感量、允许偏差和最大直流工作电流等主要参数。直标法示例如图 3-23 所示。

图 3-23 直标法示例

2. 数码法

数码法一般用于标识电感器的容量，由 3 位数字组成，前两位数字表示电感量的有效数字，第 3 位数字表示有效数字后零的个数，单位为 μH。数码法示例如图 3-24 所示。

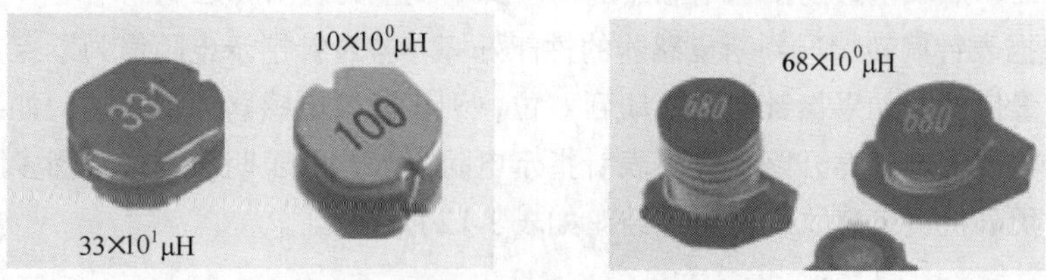

图 3-24 数码法示例

3. 文字符号法

文字符号法是将电感的标称值和允许偏差值用数字和文字符号按一定的规律组合标示在电感体上。采用文字符号法表示的电感器通常是一些小功率电感器，单位通常为 nH 或 μH。用“μH”作为单位时，“R”表示小数点；用“nH”作为单位时，“N”表示小数点。文字符号法示例如图 3-25 所示。

图 3-25　文字符号法示例

4. 色标法

色标法是在电感线圈的外壳涂上各种不同颜色的色环来表示其主要参数。第 1 条色环表示电感量的第 1 位有效数字；第 2 条色环表示电感量的第 2 位有效数字；第 3 条色环表示乘以 10 的次数；第 4 条色环表示允许误差。数字与颜色的对应关系与色环电阻器的标识法相同，可参阅电阻器部分的色标法，其单位为 μH。色标法示例如图 3-26 所示。

图 3-26　色标法示例

3.3.5　电感器的检测方法

在电感器常见故障中，如线圈和铁芯松脱或铁芯断裂，一般细心观察就能判断出来。

若电感器开路，即两端电阻为无穷大，用万用表就能很容易测量出来，因为所有电感器都有一定的阻值，一般电感线圈的直流电阻值应很小（为零点几欧至几欧），可以利用万用表的欧姆挡粗略地检测电感器是否能正常工作。指针式万用表检测电感线圈的具体步骤如下所示。

第 1 步：选择合适的欧姆倍率挡（一般使用万用表的 R×1 挡）并进行欧姆调零。

第 2 步：将红、黑表笔分别接触电感器的两引脚，测量其两引脚之间的电阻。

第 3 步：根据表针偏转情况判断电感器的性能好坏。若表针指示电阻值为零点几欧到几欧，则表明该电感器质量良好；如果指针向右摆动到 0 位，则表明该电感器内部短路；如果指针停留在无穷大处不动，则表明该电感器开路；如果表针指示电阻很大，则表明该电感线圈多股线中有几股断线。用指针式万用表检测电感器的现象及结论如表 3-12 所示。

表 3-12　指针式万用表检测电感器的现象及结论

表针指示	说明
∞ 0 ×1	表针指示电阻值为零点几欧到几欧，则表明该电感器质量良好。直流电阻值的大小与绕制电感器线圈所用的漆包线直径、绕制圈数有直接关系，只要能测出电阻值，则可认为被测电感器是正常的
∞ 0 ×1	如果指针向右摆动到 0 位，则表明该电感器内部短路
∞ 0 ×1	如果指针停留在无穷大处不动，则表明该电感器开路
∞ 0 ×1	如果表针指示电阻很大，则表明该电感线圈多股线中有几股断线

注意，在测量时线圈应与外电路断开，以避免外电路对线圈的并联作用造成错误的判断。

3.4 万用表检测变压器

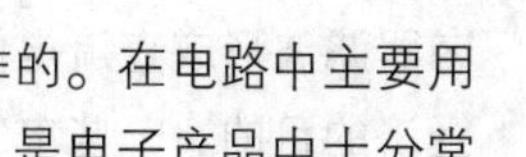

变压器也是一种电感器，它是利用两个电感线圈靠近时的互感应现象工作的。在电路中主要用于交流电压变换、电流变换、功率传送、频率选择、阻抗变换和缓冲隔离等，是电子产品中十分常见的元件。

3.4.1 变压器的分类及电路符号

变压器在电子设备中应用非常广泛，凡采用交流供电的设备，几乎都离不开它。变压器由铁芯和绕在绝缘骨架上的漆包铜线制作而成。绝缘铜线绕在塑料骨架上，每个骨架需绕制输入和输出两组线圈。线圈中间用绝缘纸隔离。绕好后，将一定数量的薄硅钢片（0.3 ~ 0.5mm）插在塑料骨架的中间，这样就能够使线圈的电感量显著增大。

1. 变压器的作用

变压器是利用电磁感应原理从它的一个绕组向另一个绕组传输电能或信号的一种电器。输送电能的多少由用电器的功率决定。变压器在电路中具有重要的电气工作特性，其主要作用有以下几种。

（1）耦合交流信号而阻断直流信号。

（2）实现阻抗匹配。

（3）无畸变地传送信号电压和信号功率。

常用变压器的外形如图 3-27 所示。

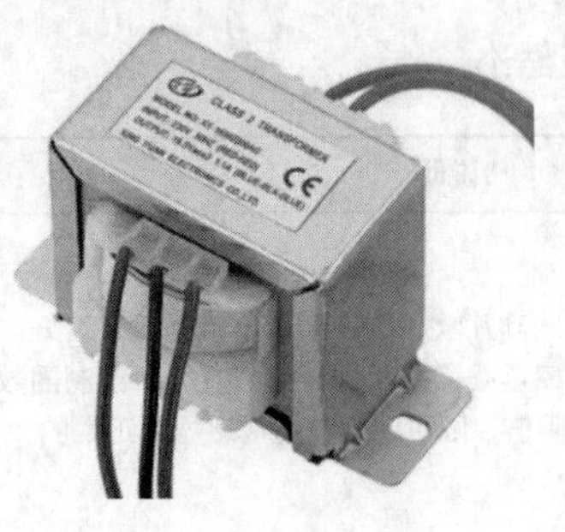

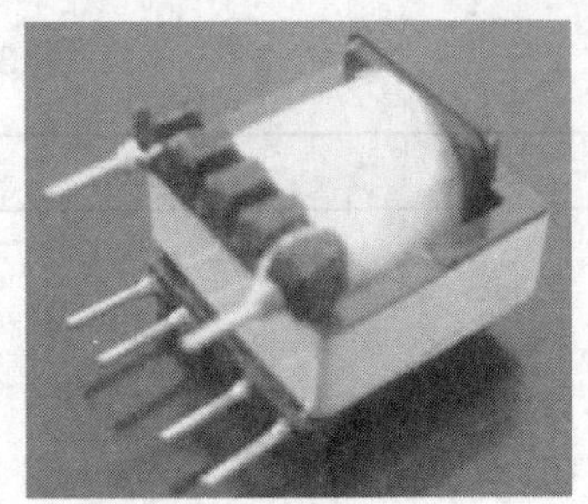

图 3-27　常用变压器的外形

2. 变压器的分类及符号

实用变压器种类很多，可以按照以下不同方式进行分类。

按照用途可以分为输入和输出变压器、级间耦合变压器等。它们通常用于收音机各种放大电路和测量设备中。

按照变压器的铁芯和线圈可以分为芯式变压器、壳式变压器、环形变压器、自耦变压器。它们通常用于电力系统中。

按照频率可以分为高频变压器、音频变压器、工频变压器。

按照功能可以分为开关变压器、脉冲变压器、耦合变压器、转换变压器、逆变变压器、隔离变压器、整流变压器、回扫变压器、降压变压器、升压变压器、DC/AC 变换变压器。

按照结构形式可以分为表面贴装形式、卧式插针形式、立式插针形式、支架或螺钉安装形式、其他或特殊安装形式变压器。

下面介绍几种常见的变压器。

（1）电源变压器

在日常生活中，各种家用电器的电源类型和工作电压值各不相同。许多家用电器都是使用低压直流电源工作的，需要用电源变压器把 220V 交流市电变换成低压交流电，再通过二极管整流、电容器滤波形成直流电供电器工作。而且在这个转换过程中，自身的能量损耗较小，从而达到了方便、经济的目的。一些电气设备中上万伏的工作电压一般都是由变压器提供的。

针对电子设备的种类繁多，所需要的电压值和所要求输送的功率不同以及安装的位置和整机内部的空间大小不同的特点，变压器的外形也相应不同。常见电源变压器的外形如图 3-28 所示。

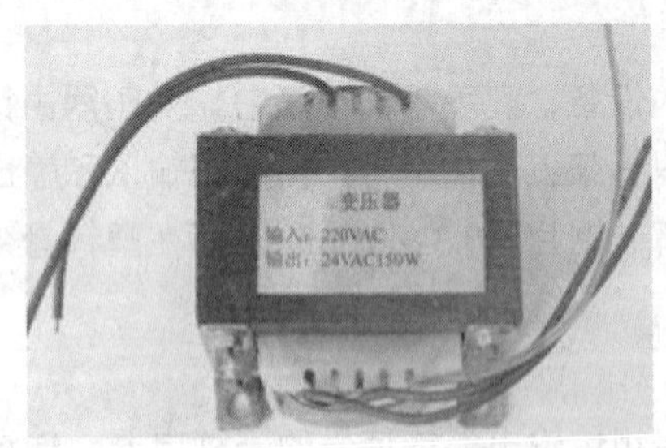

图 3-28　常见电源变压器的外形

（2）中频变压器

在调幅收音机中，一般有多个中频变压器。中频变压器的磁芯上分别涂有红、白、绿等不同颜色并且可以用无感螺丝刀轻轻旋动调节。晶体管收音机中采用的中频变压器有单调谐回路和双调谐回路两种，其外形和电路符号如图 3-29 所示。

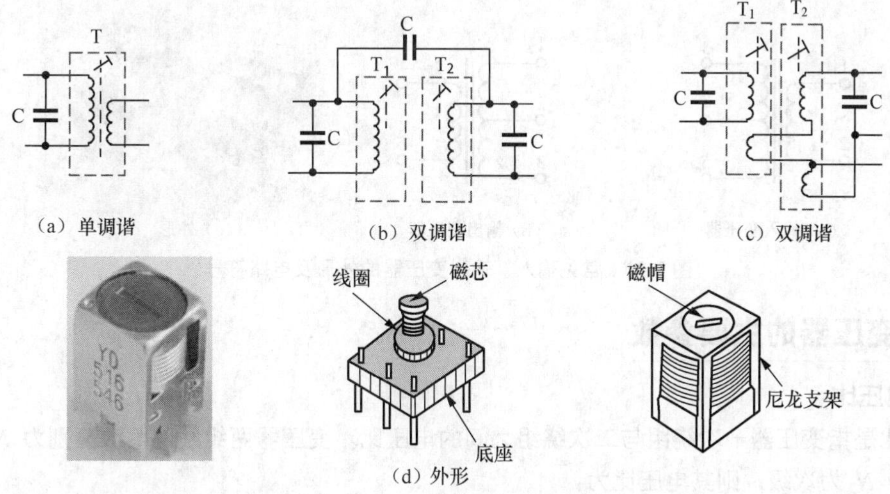

图 3-29　中频变压器的外形和电路符号

中频变压器主要在收音机中用作选频、级间耦合。选频就是指从多种不同频率的信号中选出有用的信号频率，并把有用的信号传送到下一级。在调幅收音机中，就是通过中频变压器来选出 465kHz 的有用信号，并耦合到下一级去放大；同时抑制 465kHz 以外的信号，使它无法传送到下一级放大电路中。

（3）开关电源变压器

开关电源变压器是开关稳压电源中的重要元件，它是一种脉冲变压器，其作用是进行功率传送，为工作电路提供所需的电源电压以及实现输入与输出的可靠电隔离。常见开关电源变压器的外形及电路符号如图 3-30 所示。

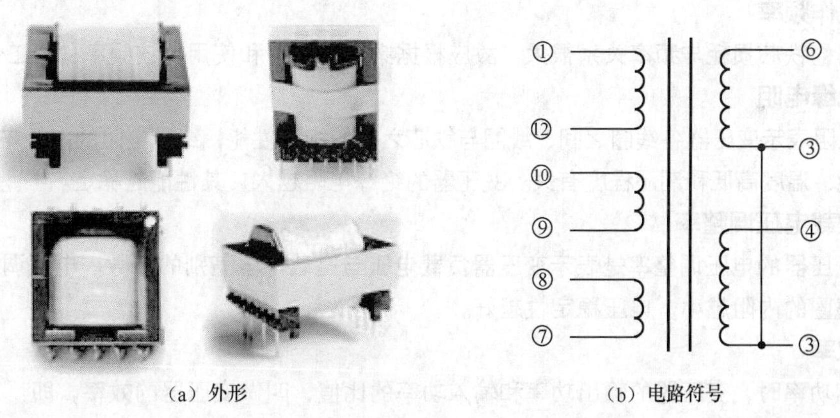

图 3-30　常见开关电源变压器的外形及电路符号

（4）输入、输出变压器

输入、输出变压器的主要作用是：实现阻抗匹配、无畸变地传送信号电压和信号功率；对直流具有隔离作用。常见输入、输出变压器的外形及电路符号如图 3-31 所示。

输入、输出变压器的用途是：输出变压器把晶体管收音机末级功率放大器的输出功率耦合到扬声器，使功率放大管的最佳负载和扬声器的音圈阻抗匹配。在录音机和电视机中，功率管和扬声器的耦合也离不开它。输入变压器通常用作低频电路中末前级和末级之间的耦合变压器。

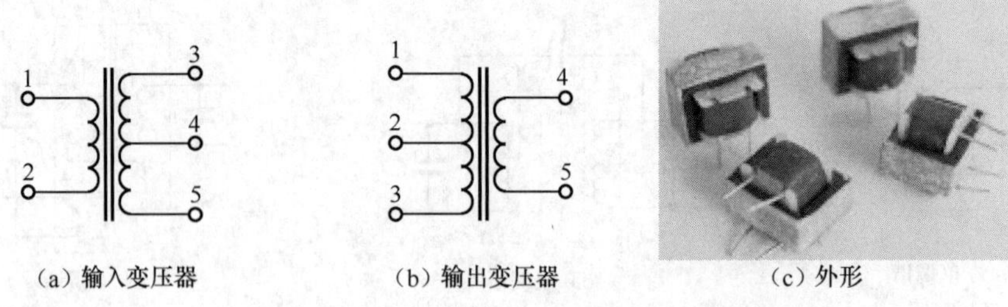

（a）输入变压器　（b）输出变压器　（c）外形

图 3-31　常见输入、输出变压器的外形及电路符号

3.4.2　变压器的主要参数

1. 电压比

电压比是指变压器一次绕组与二次绕组之间的电压比。变压器两组线圈圈数分别为 N_1 和 N_2，N_1 为初级，N_2 为次级，则其电压比为：

$$n=N_1/N_2$$

在初级线圈上加一交流电压，在次级线圈两端就会产生感应电动势。当 $N_2>N_1$ 时，其感应电动势要比初级所加的电压还要高，这种变压器称为升压变压器；当 $N_2<N_1$ 时，其感应电动势要比初级所加的电压要低，这种变压器称为降压变压器。

2. 额定功率

额定功率是指变压器长期安全稳定工作所允许负载的最大功率，次级绕组的额定电压和额定电流的乘积称为变压器的容量，即为变压器的额定功率，一般用 P 表示。变压器的额定功率为一定值，由变压器的铁芯大小、导线横截面积这两个因素决定。铁芯越大、导线横截面积越大，变压器的功率也就越大。

3. 工作频率

变压器的铁芯损耗与频率关系很大，故应根据频率来设计和使用，该频率称为工作频率。

4. 绝缘电阻

绝缘电阻表示变压器各线圈之间、线圈与铁芯之间的绝缘性能，绝缘电阻的高低与所使用的绝缘材料的性能、温度高低和潮湿程度有关。变压器的绝缘电阻越大，其性能越稳定。

5. 空载电压调整率

电源变压器的电压调整率是表示变压器负载电压与空载电压差别的参数。电压调整率越小，表明变压器线圈的内阻越小，电压稳定性越好。

6. 效率

在额定功率时，变压器的输出功率和输入功率的比值，叫做变压器的效率，即：

$$\eta=(P_2\div P_1)\times 100\%$$

式中，η 为变压器的效率；P_1 为输入功率；P_2 为输出功率。当变压器的输出功率 P_2 等于输入功率 P_1 时，效率 η 等于 100%，变压器将不产生任何损耗。但实际上这种变压器是不存在的。变压器传输电能时总要产生损耗，这种损耗主要有铜损和铁损。

铜损是指变压器线圈电阻所引起的损耗。当电流通过线圈而发热时，一部分电能就转变为热能而损耗。由于线圈一般都由带绝缘的铜线缠绕而成，因此称为铜损。

变压器的铁损包括两个方面：一方面是磁滞损耗，当交流电流通过变压器时，通过变压器硅钢片的磁力线其方向和大小随之变化，使得硅钢片内部分子相互摩擦，产生热能，从而损耗了一部分电能，这就是磁滞损耗；另一方面是涡流损耗，当变压器工作时，铁芯中有磁力线穿过，在与磁力线垂直的平面上就会产生感应电流，由于此电流自成闭合回路形成环流，且成旋涡状，故称为涡流。涡流的存在使铁芯发热，消耗能量，这种损耗称为涡流损耗。

变压器的效率与变压器的功率等级有密切关系，通常功率越大，损耗与输出功率就越小，效率也就越高。反之，功率越小，效率也就越低。

3.4.3 变压器的型号命名规则

1. 低频变压器的型号命名方法

低频变压器包括电源变压器和音频输入、输出变压器，其型号命名规则如图 3-32 所示。

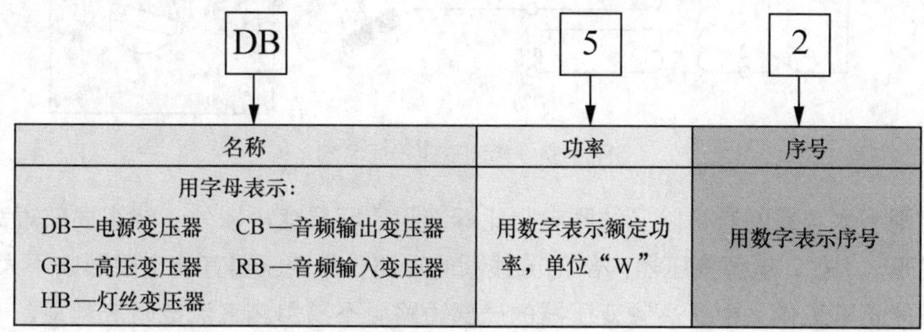

图 3-32 低频变压器的型号命名规则

例如：DB5-2 表示第二次设计的 5W 电源变压器。

2. 中频变压器的型号命名方法

晶体管调幅收音机内的中频变压器的型号命名由三部分组成，如图 3-33 所示。

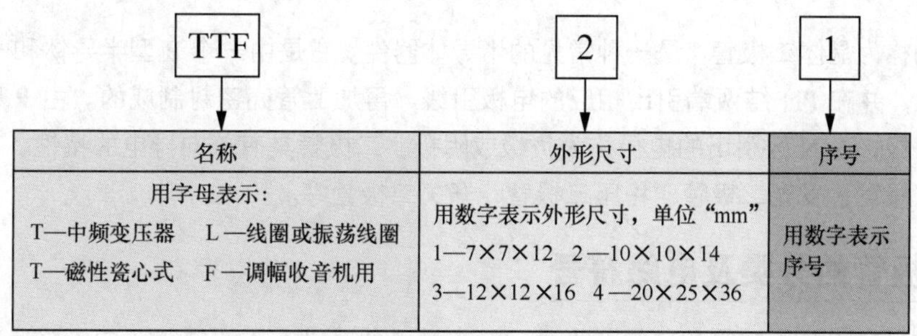

图 3-33 中频变压器的型号命名

例如：TTF-2-1 表示调幅收音机的磁性瓷芯式中频变压器，其外形尺寸为 10mm × 10mm × 14mm。

3.4.4 变压器的检测方法

1. 变压器同名端的检测

如图 3-34 所示，一般阻值较小的绕组可直接与电池相接。当开关闭合的一瞬间，万用表指针正偏，则说明 1、4 脚为同名端；若反偏，则说明 1、3 脚为同名端。

2. 电源变压器一次绕组与二次绕组的区分

由于降压电源变压器一次绕组接于交流 220V，匝数较多、直流电阻较大，而二次侧为降压输出，匝数较少，直流电阻也小，利用这一特性可以用万用表欧姆挡判断出一次和二次绕组。

3. 变压器性能的检测

变压器常见的故障有开路和短路两种。变压器开路是由线圈内部断线或引出端断线引起的。引出端断线是常见的故障，仔细观察即可发现。用万用表欧姆挡很容易检查变压器的开路故障，其测量结果与实际阻值相差甚远。一般中、高频变压器的线圈匝数不多，其直流电阻应很小，在零点几欧姆至几欧姆之间，根据变压器具体规格而异。音频和电源变压器由于线圈匝数较多，直流电阻可达几百欧姆甚至几千欧姆以上。

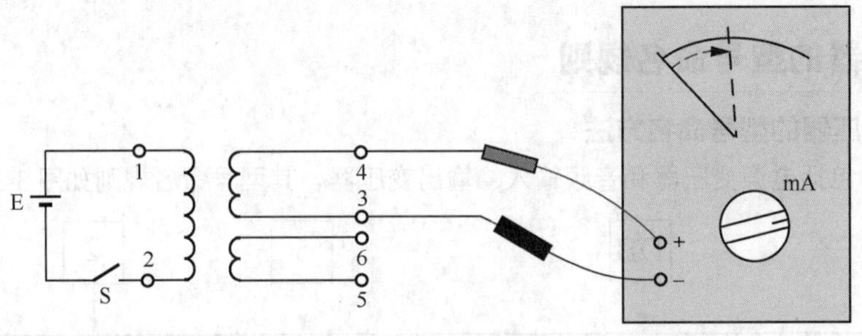

图 3-34　检测变压器同名端

短路故障则不太容易判断，除了线圈电阻比标准阻值明显变小以外，绕组局部短路很难用万用表准确检查出来。例如，电源变压器内部部分线圈的短路，对变压器直流电阻影响不大，不易测出，但变压器已不能正常工作。中、高频变压器的局部短路更不易用测直流电阻法判别，一般要用专门测量仪器才能判别，其表现为 Q 值下降、整机特性变差。若变压器匝间短路，可用万用表测量其直流电阻，并与好的同型号变压器进行比较才能做出准确判断。

3.5 万用表检测二极管

二极管又称为晶体二极管，是一种常见的半导体器件。它是由一个 P 型半导体和一个 N 型半导体形成 PN 结，并在 PN 结两端引出相应的电极引线，再加上管壳密封制成的。由 P 区引出的电极称为正极或阳极，由 N 区引出的电极称为负极或阴极。二极管具有单向导电的特性。常见的二极管主要有整流二极管、发光二极管、稳压二极管、开关二极管等。

3.5.1 二极管的分类及电路符号

二极管按材料可分为锗管和硅管两大类。两者性能的区别在于：锗管正向压降比硅管小；锗管的反向漏电流比硅管大；锗管的 PN 结可以承受的温度比硅管低。

二极管按用途分可以分为普通二极管和特殊二极管。普通二极管包括检波二极管、整流二极管、开关二极管和稳压二极管；特殊二极管包括变容二极管、光电二极管和发光二极管。

下面介绍几种常见的二极管，主要有整流二极管、稳压二极管、开关二极管、发光二极管等。

1. 整流二极管

整流二极管是一种将交流电流转变成直流电流的半导体器件，通常包含一个 PN 结，有正、负两个端子。

整流二极管的外壳常采用金属外壳封装、塑料封装和玻璃封装等几种封装形式，如图 3-35 所示。由于整流二极管的正向电流较大，所以整流二极管多为面接触型晶体二极管，结面积大、结电容大，但工作频率低，主要用于整流电路中。

2. 稳压二极管

稳压二极管是一种特殊的面接触型硅二极管，具有反向击穿时两端电压基本不随电流大小变化的特性，因此一般工作于反向击穿状态，应用于稳压、限幅等场合。

稳压二极管与普通小功率二极管相似，主要有塑料封装、金属封装和玻璃封装等几种封装形式，其实物外形及电路符号如图 3-36 所示。

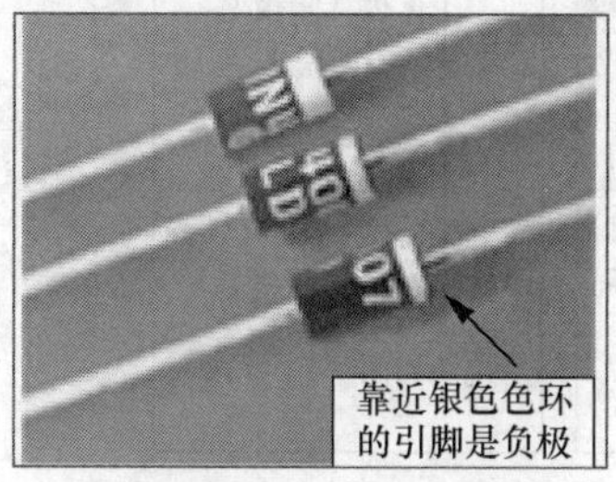

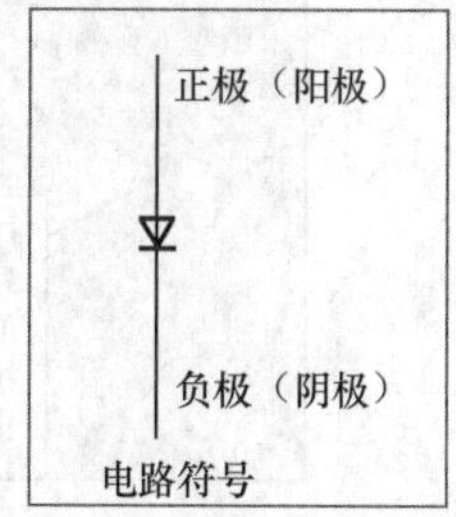

图 3-35　整流二极管的实物外形及电路符号

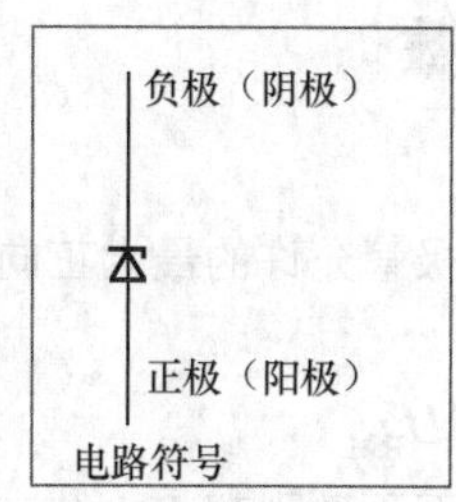

图 3-36　稳压二极管的实物外形及电路符号

3. 开关二极管

开关二极管与普通二极管的性能相同，只是这种二极管导通、截止速度非常快，能满足高频和超高频电路的需要。

开关二极管一般采用玻璃或陶瓷外壳进行封装，从而减小管壳的电容量，其实物外形及电路符号如图 3-37 所示。开关二极管的开关时间很短，是一种非常理想的无触点电子开关，具有开关速度快、体积小、寿命长、可靠性高等特点，主要应用于脉冲和开关电路中。

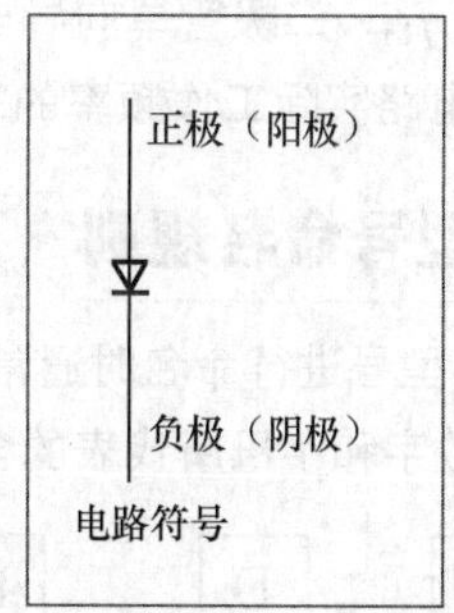

图 3-37　开关二极管的实物外形及电路符号

4. 发光二极管

发光二极管（LED）是一种将电能转换为光能的器件，是用磷化镓、磷砷化镓、砷化镓等材料制成的。当正向电压高于开启电压、PN 结有一定强度的正向电流通过时，发光二极管能发出可见光或不可见光（红外光）。发光二极管发出的光颜色主要取决于制造材料及其所掺杂质，常见发光颜色有红、黄、绿和蓝等。常见发光二极管的实物外形及电路符号如图 3-38 所示。

发光二极管的种类很多，可分为普通单色发光二极管、高亮度发光二极管、超高亮度发光二极管、变色发光二极管、闪烁发光二极管、电压控制型发光二极管、红外发光二极管和负阻发光二极管等。

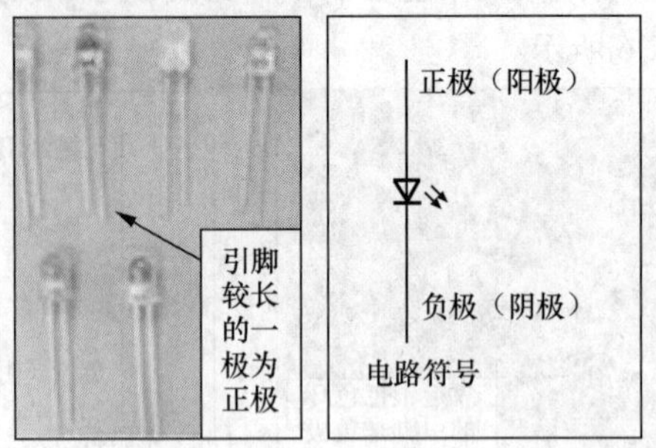

图 3-38 常见发光二极管的实物外形及电路符号

3.5.2 二极管主要参数

1. 最大整流电流 I_F

在正常工作情况下，二极管允许的最大正向平均电流称为最大整流电流 I_F，使用时二极管的平均电流不能超过这个数值。

2. 反向工作峰值电压 U_{RM}

反向加在二极管两端，而不致引起 PN 结击穿的最大电压称为最高反向电压 U_{RM}，工作电压仅为击穿电压的 1/2 ~ 1/3，工作电压的峰值不能超过 U_{RM}。

3. 反向峰值电流 I_{RM}

二极管加反向电压 U_{RM} 时的反向电流值，I_{RM} 越小二极管的单向导电性越好。I_{RM} 受温度影响很大，使用时要加以注意。硅管的反向电流较小，一般在几微安以下，锗管的反向电流较大，为硅管的几十到几百倍。

4. 最高工作频率 f_M

由于 PN 结结电容的影响，二极管的工作频率有一个上限。f_M 是指二极管能正常工作的最高频率，如果信号频率超过 f_M，二极管单向导电性将变差，甚至不复存在。在用于检波或高频整流时，应选用 f_M 至少两倍于电路实际工作频率的二极管，否则不能正常工作。

3.5.3 二极管的型号命名规则

国产二极管在对其型号进行命名时通常包括 5 部分，即名称、材料、类型、序号以及规格，如图 3-39 所示。不同的数字和字母所代表的含义也有所不相同，见表 3-13 和表 3-14。

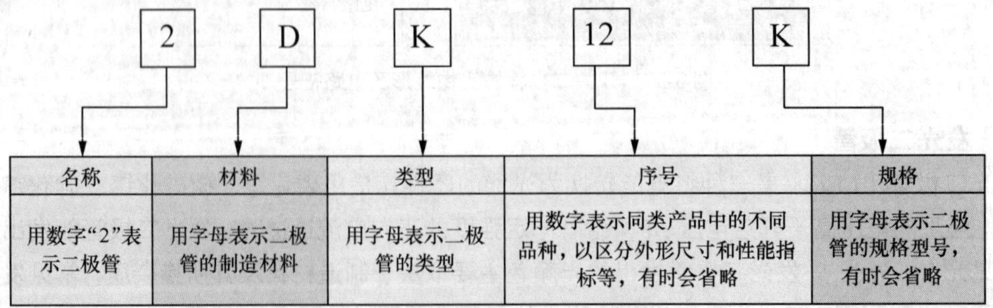

图 3-39 二极管的型号命名规则

表 3-13　国产二极管类型含义对照

符号	含义	符号	含义	符号	含义	符号	含义
P	普通管	Z	整流管	U	光电管	H	恒流管
V	微波管	L	整流堆	K	开关管	B	变容管
W	稳压管	S	隧道管	JD	激光管	BF	发光二极管
C	参量管	N	阻尼管	CM	磁敏管		

表 3-14　国产二极管材料含义对照

符号	含义	符号	含义	符号	含义
A	N 型锗材料	C	N 型硅材料	E	化合物材料
B	P 型锗材料	D	P 型硅材料		

3.5.4　二极管的检测方法

1. 检测整流二极管

（1）指针式万用表检测二极管

二极管由一个 PN 结构成，具有单向导电特性。当正、负电极之间加正向电压时，正向电阻较小，二极管导通；加反向电压时，反向电阻较大，二极管截止。利用这一特性，采用指针式万用表测试二极管的正、反向电阻可以快速判断二极管的正、负极性和好坏。

将指针式万用表置于 R×100 或 R×1k 挡测量二极管的正、反向电阻，两次测得的电阻值相差较大（一次表针偏转幅度大，一次基本不动）说明二极管功能正常，看电阻值小的那一次表笔的位置，黑表笔所接的电极为二极管的正极，红表笔所接的电极为负极。检测过程如图 3-40 所示。

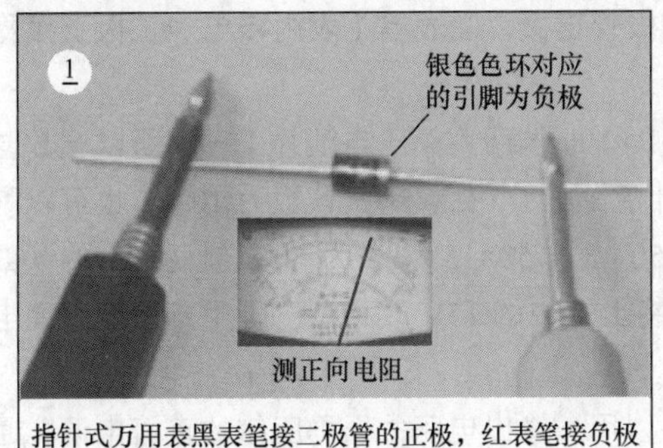

指针式万用表黑表笔接二极管的正极，红表笔接负极

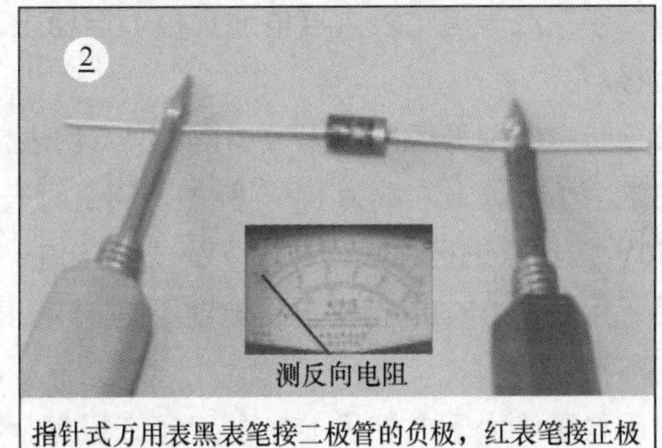

指针式万用表黑表笔接二极管的负极，红表笔接正极

图 3-40　指针式万用表检测二极管过程

正常情况下，普通二极管的正向电阻值为 5kΩ 左右（R×1k 挡），反向电阻值为无穷大。

若正向测试和反向测试时二极管的电阻值均为 0，则说明该二极管已击穿。

若正向测试和反向测试时二极管的电阻值均为无穷大，则说明该二极管已开路。

若正向电阻和反向电阻比较接近，则说明该二极管失效。

（2）数字式万用表检测二极管

普通二极管正向导通时有一定的导通压降，根据这一特点可以用数字式万用表测试二极管的正、负极性、材料及好坏。检测过程如图 3-41 所示。

将数字式万用表的量程开关置于二极管挡，红表笔固定连接某个引脚，用黑表笔接触另一个引脚，然后再交换表笔测量，两次测量值一次小于 1V，另一次则超量程，则说明该二极管功能正常，且测试值小于 1V 时，红表笔所接引脚为二极管的正极，黑表笔接触的电极为负极。

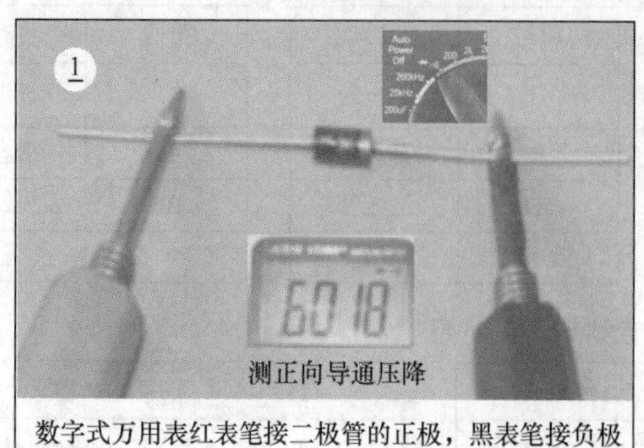

数字式万用表红表笔接二极管的正极，黑表笔接负极

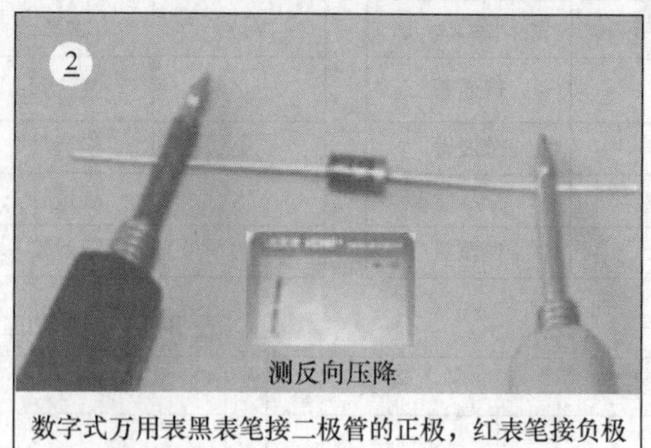

数字式万用表黑表笔接二极管的正极，红表笔接负极

图 3-41　数字式万用表检测二极管过程

若测得二极管的正向导通压降在 0.2~0.3V 范围内，则该二极管为锗材料制作，如果电压在 0.6~0.7V 范围内，则该二极管为硅材料制作。

2．检测稳压二极管

（1）识别和检测引脚

稳压二极管可用万用表进行引脚识别和检测。其检测方法与整流二极管的检测方法相同，只是稳压二极管的反向电阻要小一些。

（2）测量稳压值

稳压值在 15V 以下的稳压二极管，可以用 MF47 模拟万用表直接测量其稳压值。具体测量步骤如下所示。

第一步：将万用表置于 R×10k 挡，并进行短路调零。

第二步：红表笔（表内接电池负极）接稳压二极管正极，黑表笔（表内接电池正极）接稳压二极管负极。

第三步：读取稳压值。因为 MF47 型万用表内 R×10k 挡所用高压电池为 15V，所以读数时刻度线最左端为 15V，最右端为 0V。例如，测量时表针指在左 1/3 处，则其读数为 10V。也可以利用万用表 50V 挡刻度进行读数，并代入公式稳压值=（$50-x$）/50×15V，x 为 50V 刻度线上的读数。如果所用万用表的 R×10k 挡高电压电池不是 15V，则将上式中的 15V 改为自己所用万用表内高电压的电压值即可。

对于稳压值大于或等于 15V 的稳压二极管，可以用一输出电压大于稳压值的直流电源，通过限流电阻 R 给稳压二极管加上反向电压，用万用表直流电压挡即可直接测量出稳压值。测量时，适当选取限流电阻 R 的阻值，使稳压二极管反向工作电流为 5~10mA 即可。

3．检测发光二极管

用指针万用表检测发光二极管时，必须使用 R×10k 挡。因为万用表 R×1k 及其以下各挡表内电池仅为 1.5V，低于发光二极管管压降，无论正、反向接入，发光二极管都不可能导通，也就无法检测。具体检测步骤如下所示。

第一步：将万用表置于 R×10k 挡，并进行短路调零。

第二步：黑表笔（表内接电池正极）接发光二极管正极， 红表笔（表内接电池负极）接稳压二极管负极。此时表针应发生偏转，同时发光二极管发出亮光。

第三步：将两表笔对调（黑表笔接发光二极管负极， 红表笔接正极），此时表针应不动，并且发光二极管不发光。如果无论正向还是反向接入，表针都偏转到头或者不动，则说明该发光二极管已损坏。

3.6 万用表检测三极管

晶体三极管又称为三极管或双极型晶体管，是在一块半导体基片上制作两个 PN 结，这两个 PN 结把整块半导体分成三个部分，中间部分称为基极，两侧部分分别是发射极和集电极。

3.6.1 三极管的分类及电路符号

三极管的种类很多，根据结构不同可分为 NPN 型和 PNP 型三极管。根据半导体材料不同可分为锗管、硅管和化合物材料管；根据功率可分为大功率管和小功率管；根据截止频率可分为高频管和低频管；根据用途可分为普通管、复合管（包括达林顿管）和特殊用途三极管等。

1. NPN 型三极管

NPN 型三极管是由 N 型半导体中间夹着一块 P 型半导体所组成的三极管。

NPN 型三极管将两个 PN 结的 P 结相连作为基极，另两个 N 结分别为发射极和集电极。NPN 型三极管的实物外形及电路符号如图 3-42 所示。

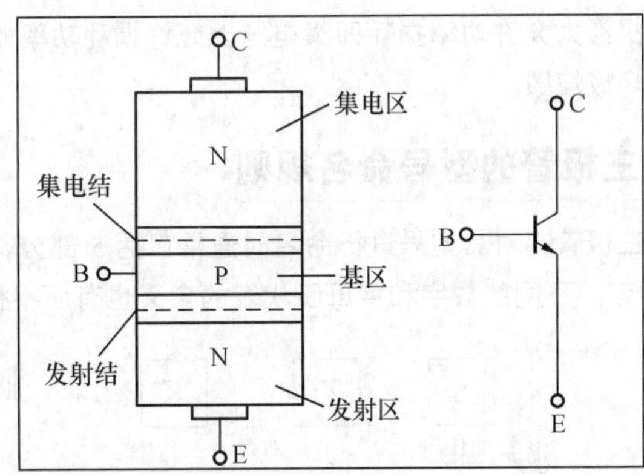

图 3-42　NPN 型三极管的实物外形及电路符号

2. PNP 型三极管

PNP 型三极管是由 P 型半导体中间夹着一块 N 型半导体所组成的三极管。

PNP 型三极管将两个 PN 结的 N 结相连作为基极，另两个 P 结分别为发射极和集电极。PNP 型三极管的实物外形及电路符号如图 3-43 所示。

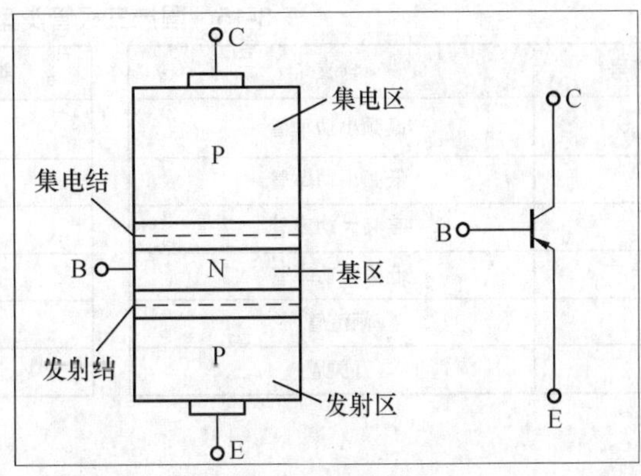

图 3-43　PNP 型三极管的实物外形及电路符号

3.6.2 三极管的主要参数

1. 共射直流电流放大系数

集电极直流电流和基极直流电流的比值，反映了三极管对直流信号的放大能力。

2. 共射交流电流放大系数 β

集电极电流变化量与相应的基极电流变化量之比，反映了三极管对交流信号的放大能力。

3. 特征频率 f_T

三极管的 β 下降为 1 时所对应的频率，此时三极管已完全没有电流放大能力。

4. 集电极-发射极反向击穿电压 $U_{(BR)CEO}$

基极开路时，所允许加在集电极与发射极之间的最大允许电压。如果工作电压超过此值，三极管可能被击穿。

5. 集电极最大允许电流 I_{CM}

三极管的 β 值下降到正常值的三分之二时的集电极电流。当电流超过 I_{CM} 时，三极管的性能将显著下降，甚至可能损坏。

6. 集电极最大允许功率损耗 P_{CM}

集电极最大允许功率损耗即集电结上允许损耗功率的最大值。如果超过此值使用，就会使三极管性能变坏或烧毁。

3.6.3 三极管的型号命名规则

国产三极管在对其型号进行命名时通常包括 5 部分，即名称、材料、类型、序号以及规格，如图 3-44 所示。不同的数字和字母所代表的含义也有所不相同，见表 3-15 和表 3-16。

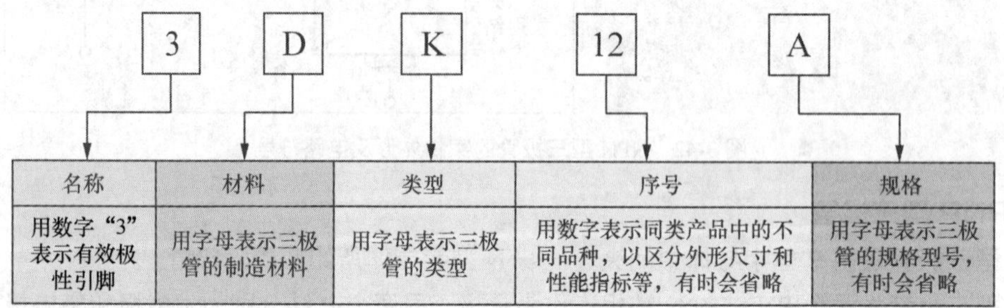

图 3-44 三极管的型号命名规则

表 3-15 国产三极管类型含义对照

类型符号	含义	类型符号	含义
G	高频小功率管	V	微波管
X	低频小功率管	B	雪崩管
A	高频大功率管	J	阶跃恢复管
D	低频大功率管	U	光敏管
T	闸流管	J	结型场效应管
K	开关管		

表 3-16 国产三极管材料含义对照

符号	含义	符号	含义
A	锗材料，PNP 型	D	硅材料，NPN 型
B	锗材料，NPN 型	E	化合物材料
C	硅材料，PNP 型		

3.6.4 三极管的检测方法

1. 指针式万用表检测三极管

（1）判断基极、材料和类型

从结构上看，三极管可以看成是由两个背靠背或面对面的 PN 结组成的器件。对于 NPN 型管，基极是两个等效二极管的公共“阳极”；对于 PNP 型管，基极是两个等效二极管的公共“阴极”，如图 3-45 所示。

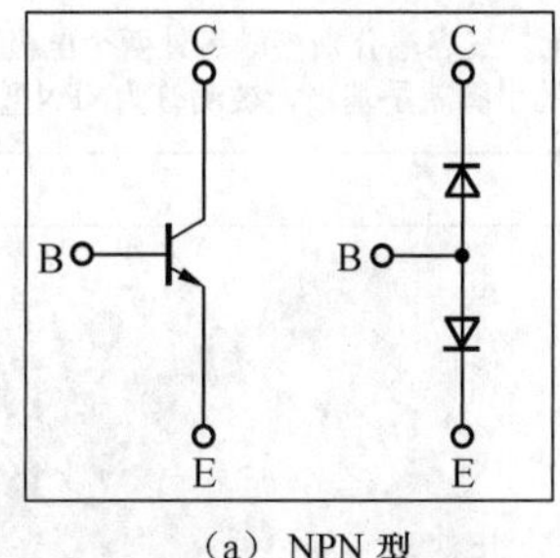

（a）NPN 型

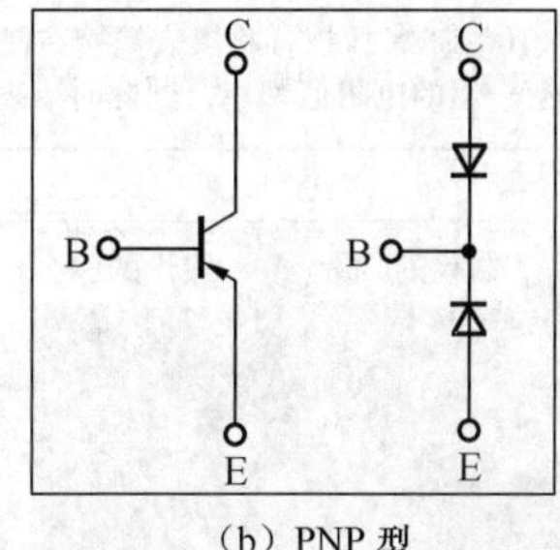

（b）PNP 型

图 3-45 三极管的公共极

万用表置于 R×100 或 R×1k 挡，将黑表笔接在任一电极上，红表笔分别接触另外两个电极，若测得三组阻值中仅有一组的电阻值都小，则此时黑表笔所接的引脚就是基极，被测管为 NPN 型管。

如果黑表笔依次接三个引脚后均无上述现象，则可把红表笔接在被测管的某一电极上，黑表笔分别接触另外两个电极，若测得三组阻值中仅有一组的电阻值都小，则此时红表笔所接的引脚就是基极，被测管为 PNP 型管。

（2）判断发射极和集电极

判断集电极和发射极的基本原理是把三极管接成单管放大电路，根据三极管的电流放大系数 β 值的大小来判定集电极和发射极。利用万用表内部电池提供偏置电压，人体电阻作为基极的限流电阻，万用表表针的偏转幅度反应放大能力。具体的测试步骤为：将万用表置于 R×100 或 R×1k 挡，假设一个电极为集电极，用手指将该极与基极捏在一起（注意不要让电极直接相碰），对于 NPN 型三极管将黑表笔接假设的电极，红表笔接另一未知电极（对于 PNP 型三极管将红表笔接假设的电极，黑表笔接另一未知电极）。注意观察万用表指针向右摆动的幅度。然后假设另外一只未知电极为集电极，重复上述步骤。两次测量中表针摆动幅度大的一次假设正确。

指针式万用表检测三极管的过程如图 3-46 所示。

2. 数字式万用表检测三极管

数字式万用表不仅能判定晶体三极管电极、测量三极管的电流放电倍数，还可以判断三极管的材料。

（1）判定基极 B、材料及类型

将数字式万用表的量程开关置于二极管挡，红表笔固定连接某个引脚，用黑表笔依次接触另外两个引脚，如果两次显示均小于 1V，则红表笔所接引脚为基极 B，该三极管为 NPN 型三极管；黑表笔固定连接某个引脚，用红表笔依次接触另外两个引脚，如果两次显示均小于 1V，则红黑笔所接引脚为基极 B，该三极管为 PNP 型三极管。上述测量过程中测得的小于 1V 的电压如果在 0.2~0.3V 范围内，则该三极管为锗材料制作，如果电压在 0.6~0.7V 范围内，则该三极管为硅材料制作。

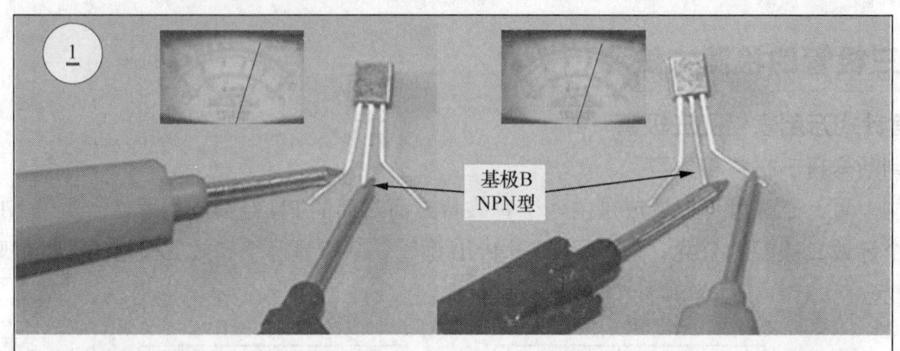

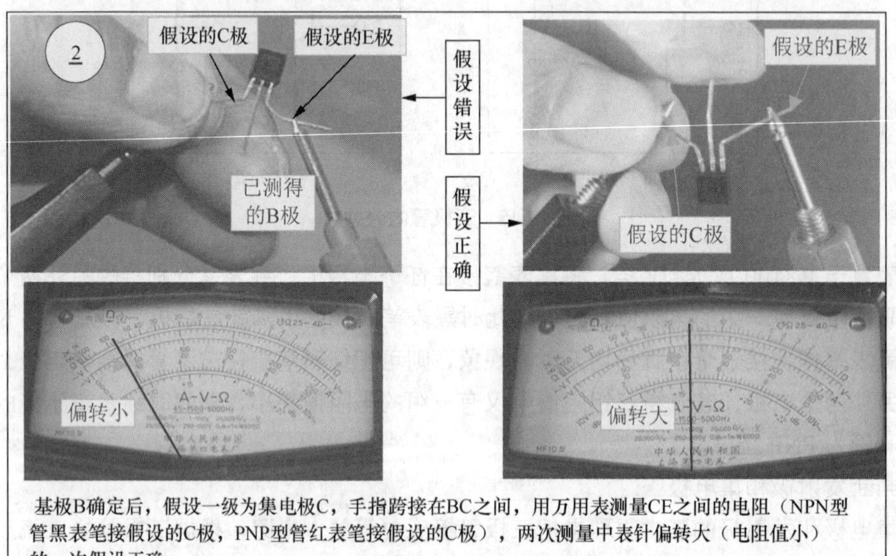

图 3-46 指针式万用表检测三极管的过程

（2）测量 h_{FE} 值、判定集电极 C 和发射极 E

测出三极管的基极 B 和类型之后，将数字式万用表拨至 h_{FE} 挡，如果被测管是 NPN 型，使用 NPN 插孔，把基极 B 插入 B 孔，剩下两个引脚分别插入 C、E 孔。由于 C 和 E 不确定，因此有两种插法，可以测出两个 h_{FE}，其中测量值较大的一次说明三极管引脚排列正确，此时 C 孔插的是集电极 C，E 孔插的是发射极 E。

数字式万用表检测三极管的过程如图 3-47 所示。

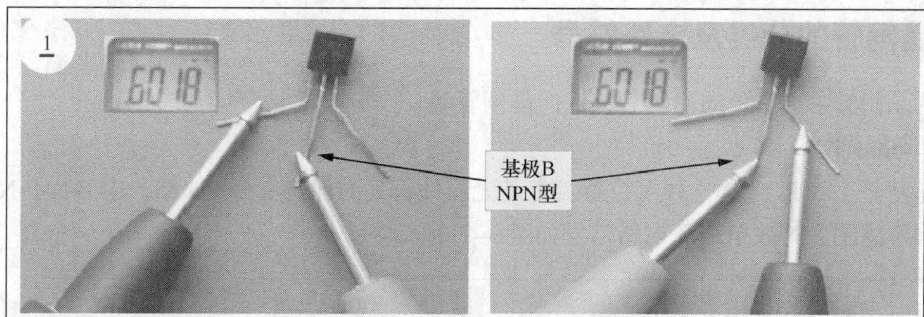

将数字式万用表的量程开关置于二极管挡，红表笔固定连接某个引脚，用黑表笔依次接触另外两个引脚，如果两次显示均小于1V，则红表笔所接引脚为基极B，该三极管为NPN型三极管；黑表笔固定连接某个引脚，用红表笔依次接触另外两个引脚，如果两次显示均小于1V，则黑笔所接引脚为基极B，该三极管为PNP型三极管

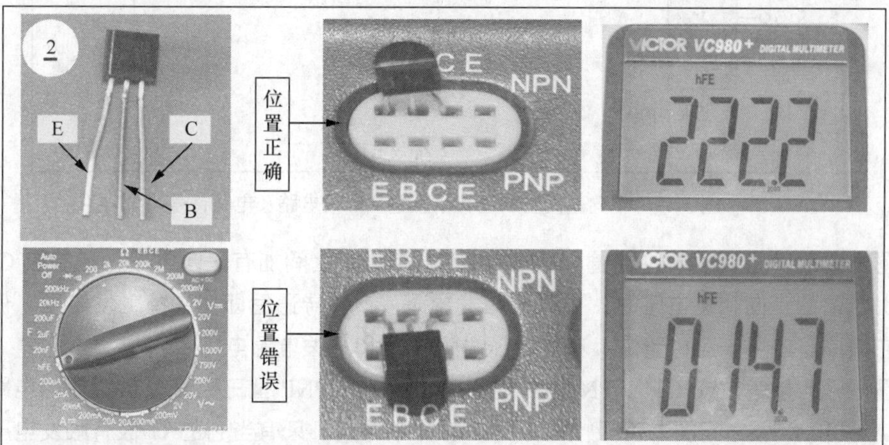

用万用表二极管挡测出三极管的基极B和类型之后，将数字式万用表拨至 h_{FE} 挡，如果被测管是NPN型，使用NPN插孔，把基极B插入B孔，剩下两个引脚分别插入C、E孔。由于C和E不确定，因此有两种插法，可以测出两个 h_{FE}，其中测量值较大的一次说明三极管引脚排列正确，此时C孔插的是集电极C，E孔插的是发射极E

图 3-47　数字式万用表检测三极管的过程

3.7 万用表检测晶闸管

晶闸管（Thyristor）是晶闸管流管的简称，也可称为可控硅整流器，俗称可控硅。晶闸管具有硅整流器件的特性，能在高电压、大电流条件下正常工作，且其工作过程可以得到调控，被广泛应用于可控整流、无触点电子开关、交流调压、逆变及变频等电子电路中。常见晶闸管的实物外形如图 3-48 所示。

图 3-48　常见晶闸管的实物外形

3.7.1 晶闸管的分类及电路符号

常见的晶闸管主要有单向晶闸管、双向晶闸管等。

1. 单向晶闸管

单向晶闸管（SCR），是一种可控整流电子元器件，其内部有 3 个 PN 结，由 P-N-P-N 共 4 层组成，其结构示意图、等效电路及电路符号如图 3-49 所示。

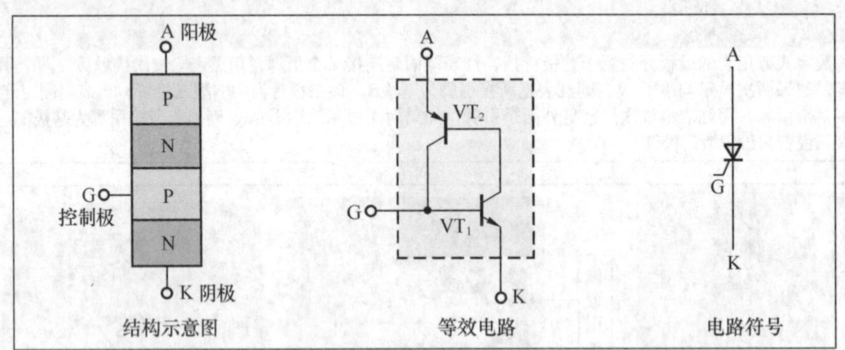

图 3-49 单向晶闸管的结构示意图、等效电路及电路符号

单向晶闸管触发后只能单向导通，其阳极 A 与阴极 K 之间加有正向电压，控制极 G 与阴极 K 间同时加上所需的正向触发电压时，方可被触发导通，该管导通后即使去掉触发电压，仍能保持导通状态。它被广泛应用于可控整流、交流调压、逆变器和开关电源电路中。

单向晶闸管可以等效成 1 只 NPN 型三极管 VT_1 和 1 只 PNP 型三极管 VT_2 组成的电路。当单向晶闸管的 A 极和 K 极之间加上正极性电压时，它并不导通，只有当它的 G 极有触发电压输入后才能导通，这是因为当单向晶闸管 G 极输入的电压加到 VT_1 的基极 B 时，VT_1 导通，此时 VT_1 的 C 极为低电平，致使 VT_2 导通，此时 VT_2 的 C 极输出的电压又加到 VT_1 的 B 极，维持 VT_1 的导通状态。因此，单向晶闸管导通后，即使 G 极不再输入导通电压，它也会维持导通状态。只有使 A 极输入的电压足够小或在 A、K 极间加反向电压，单相晶闸管才能关断。

2. 双向晶闸管

双向晶闸管又称双向可控硅，与单向晶闸管相同，也具有触发控制特性。不过它的触发控制特性与单向晶闸管有很大的不同，它具有双向导通的特性，这就是无论在阳极和阴极间接入何种极性的电压，只要在它的控制极上加上一个任意极性的触发脉冲，都可以使双向晶闸管导通。

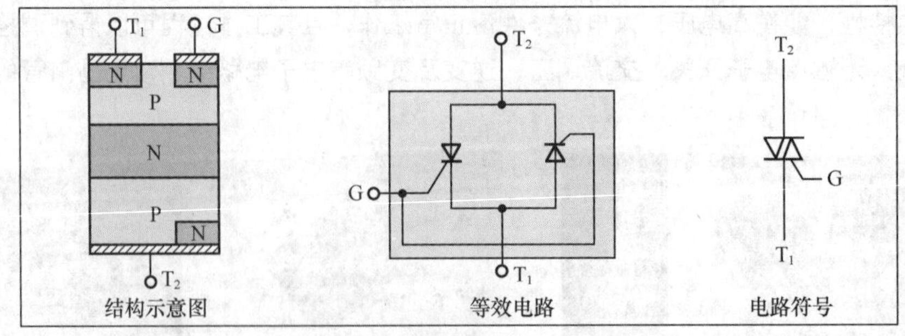

图 3-50 双向晶闸管的结构示意图、等效电路及电路符号

双向晶闸管是由 N-P-N-P-N 共 5 层半导体组成的器件，有第一电极（T_1）、第二电极（T_2）、控制电极（G）3 个电极，在结构上相当于两个单向晶闸管反极性并联。其结构示意图、等效电路及电

路符号如图 3-50 所示。该类晶闸管在电路中一般用于调节电压、电流或作为交流无触点开关使用。

3.7.2 晶闸管的主要参数

晶闸管有以下几个主要参数。

（1）额定通态电流 I_F：是指在规定的散热条件、环境温度及全导通的条件下，晶闸管可以连续通过的电流大小。单向晶闸管的额定通态电流是指工频正弦半波电流在一个周期内的平均值，而双向晶闸管的额定通态电流指的是有效值。通常所说多少安的晶闸管就是指该参数值。

（2）维持电流 I_H：是指在规定的环境温度和控制极断开的情况下，维持晶闸管导通状态的最小电流。当正向工作电流小于 I_H 时，晶闸管自动关断。

（3）正向重复峰值电压 V_{FRM}：是指在控制极断路和晶闸管正向阻断的条件下，可以重复加在晶闸管两端的正向峰值电压。按规定此电压为正向转折电压 V_{BO} 的 80%。

（4）反向重复峰值电压 V_{RRM}：是指在额定结温和控制极断开的条件下，可以重复加在晶闸管两端的反向峰值电压。按规定此电压为反向转折电压 V_{BR} 的 80%。

（5）控制极触发电压 V_{GT} 和触发电流 I_{GT}：是指在规定条件下，使晶闸管完全导通所需要的最小控制极电压和控制极电流。

3.7.3 晶闸管的型号命名规则

国产晶闸管在对其型号进行命名时通常包括 4 部分，即名称、类型、额定通态电流以及重复峰值电压，如图 3-51 所示。国产晶闸管的型号类型对照表见表 3-17。

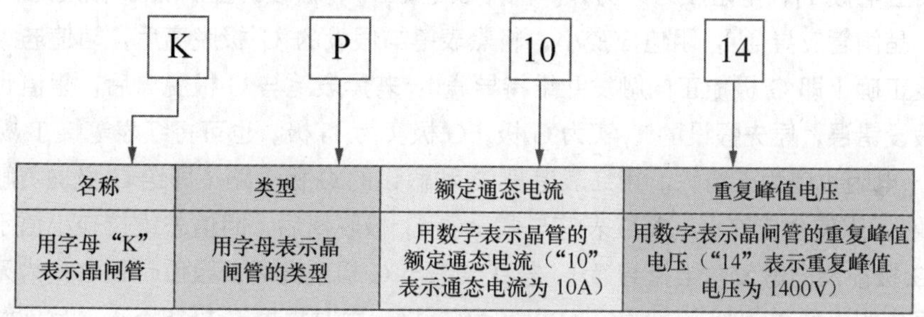

图 3-51　国产晶闸管的型号命名规则

表 3-17　国产晶闸管的型号类型含义对照表

符号	含义
P	普通反向阻断型
K	快速反向阻断型
S	双向型

3.7.4 晶闸管的检测方法

1. 单向晶闸管的检测

（1）判别电极

将指针式万用表置于 R×100 或 R×1k 挡，分别测量单向晶闸管任意两引脚间的电阻值。随两表笔的调换共进行 6 次测量，其中 5 次所测阻值为无穷大，只有一次阻值较小。对于阻值较小的那次测量，黑表笔所接的引脚为控制极 G，红表笔所接引脚为阴极 K，剩下的引脚便为阳极 A。若在测量中不符合以上规律，则说明该单向晶闸管损坏或者性能不良。

（2）检测触发能力

对于中、大功率单向晶闸管，因其通态压降、维持电流及控制极触发电压均相对较高，指针式万用表 R×1 挡所提供的电流偏低，晶闸管不能完全导通，故不能用指针式万用表检测。而对于小功率单向晶闸管，可用万用表 R×1 挡测量。测量时黑表笔接阳极 A，红表笔接阴极 K，阻值应为无穷大。再用黑表笔将阳极 A 与控制极 G 短路（即给 G 极加正向触发电压），此时若阻值为几欧姆至几十欧姆（具体阻值根据晶闸管的型号不同会有所差异），则说明该单向晶闸管能正向触发导通。再将黑表笔与控制极 G 脱离，阻值若维持较小值不变，则说明该单向晶闸管能维持导通。若单向晶闸管既能正向触发导通又能维持导通，则说明该单向晶闸管的触发性能良好，否则说明此晶闸管已损坏。

2. 双向晶闸管的检测

由于大功率晶闸管的正向导通压降和触发电流都较大，指针式万用表的电阻挡所提供的电压和电流不足以使其导通，所以不能采用指针式万用表判断其电极及检测其好坏，以下仅介绍检测小功率双向晶闸管的电极及好坏的方法。

将指针式万用表置于 R×1 挡，分别测量双向晶闸管任意两引脚间的正、反向电阻。若所测 3 组正、反向电阻值中只有一组所测得的正、反向电阻值都较小，并且基本相同，此时，没有与表笔相连的剩余引脚为主电极 T_2，如果没有符合上述条件的一组测量值，则说明该双向晶闸管已损坏。确定主电极 T_2 后，假设另外两引脚中的某一引脚为控制极 G，另一引脚为主电极 T_1，黑表笔接主电极 T_2，红表笔接主电极 T_1，电阻应为无穷大。用黑表笔把 T_2 和假设的控制极 G 极短路（即给 G 极加正触发信号，晶闸管应导通），阻值应变小，将黑表笔与假设的 G 极脱离后，阻值若维持较小值不变，说明假设正确（即 G 极能正向触发并维持导通）；若黑表笔与 G 极脱离后，阻值也随之变为无穷大，说明假设错误，原先假设的 T_1 实为 G 极，G 极实为 T_1 极。也可将红表笔接 T_2 极，黑表笔接假设的 T_1 极，电阻也应为无穷大。用红表笔把 T_2 和假设的 G 极短路（即给 G 极加负触发信号，晶闸管也应导通），阻值也应变小，将红表笔与假设的 G 极脱离后，阻值若维持较小值不变，说明假设正确（即 G 极能反向触发并维持导通）；若红表笔与 G 极脱离后，阻值也随之变为无穷大，说明假设错误，原先假设的 T_1 极实为 G 极，G 极实为 T_1 极。同时根据 G 极能否正、反向触发并维持导通，也可判断出双向晶闸管的好坏。

3.8 万用表检测场效应晶体管

场效应晶体管（Field-Effect Transistor，简称 FET）也是一种具有 PN 结结构的半导体器件，它的外形与三极管相似，但与三极管的控制特性截然不同。三极管是电流控制型器件，通过控制基极电流达到控制集电极电流或发射极电流的目的，即需要信号源提供一定的电流才能工作，所以它的输入阻抗较低；而场效应管则是电压控制型器件，它的输出电流取决于输入电压的大小，基本上不需要信号源提供电流，所以它的输入阻抗较高。此外，场效应管具有噪声小、功耗低、动态范围大、易于集成、没有二次击穿现象、安全工作区域宽等优点，特别适用于大规模集成电路，在高频、中频、低频、直流、开关及阻抗变换电路中应用广泛。常见场效应晶体管的实物外形如图 3-52 所示。

图 3-52　常见场效应晶体管的实物外形

3.8.1　场效应管的分类及电路符号

场效应管的种类很多，按其结构可分为结型场效应管（JFET）和绝缘栅型场效应管（IGFET，其中以 MOS 管应用最为广泛）两大类。

1. 结型场效应管（JFET）

结型场效应管是利用沟道两边的耗尽层宽窄来改变沟道导电特性，并用以控制漏极电流的。结型场效应管有两种结构形式，它们是 N 沟道结型场效应管和 P 沟道结型场效应管。N 沟道结型场效应管是在 N 型半导体的两侧各制造一个 PN 结，形成两个 PN 结夹着一个 N 型沟道的结构。两个 P 区即为栅极，N 型沟道的一端是漏极，另一端是源极。N 沟道结型场效应管的结构示意图及电路符号如图 3-53 所示。在漏极和源极之间加上一个正向电压，N 型半导体中多数载流子为可以导电的电子。

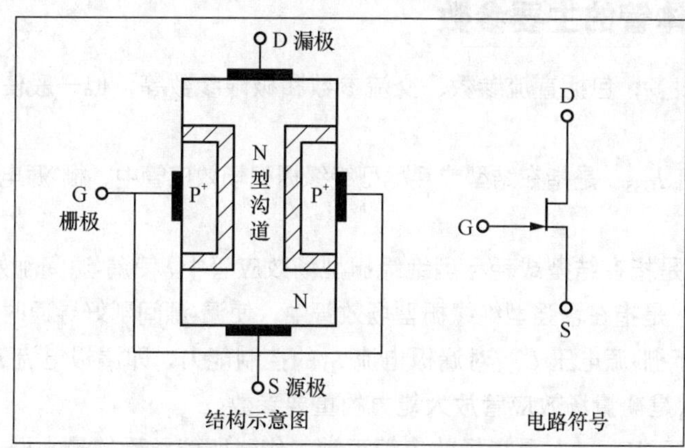

图 3-53　N 沟道结型场效应管的结构示意图及电路符号

P 沟道场效应管是在 P 型半导体的两侧做成高掺杂的 N 型区（N^+），导电沟道为 P 型，多数载流子为空穴。P 沟道结型场效应管的结构示意图及电路符号如图 3-54 所示。

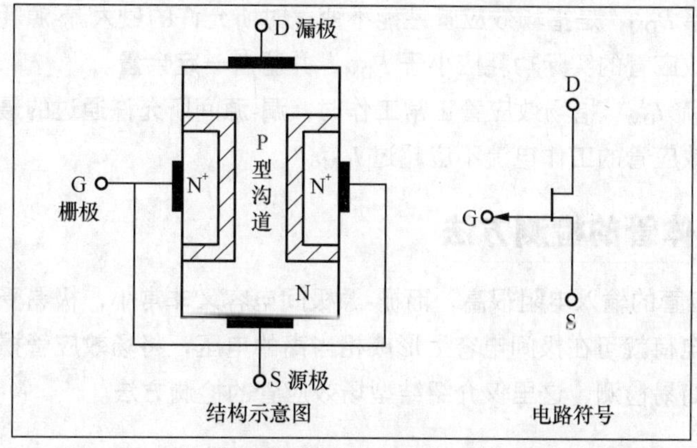

图 3-54　P 沟道结型场效应管的结构示意图及电路符号

2. 绝缘栅型场效应管

绝缘栅型场效应晶体管是利用感应电荷的多少，改变沟道导电特性来控制漏极电流的，其外形与结型场效应管相似。绝缘栅场效应管也有两种结构形式，它们是 N 沟道型和 P 沟道型。无论是什么沟道，它们又分为增强型和耗尽型两种。当栅压为零时有较大漏极电流的称为耗尽型；当栅压为零，漏极电流也为零，必须再加一定的栅压之后才有漏极电流的称为增强型。绝缘栅型场效应管的电路符号如图 3-55 所示。

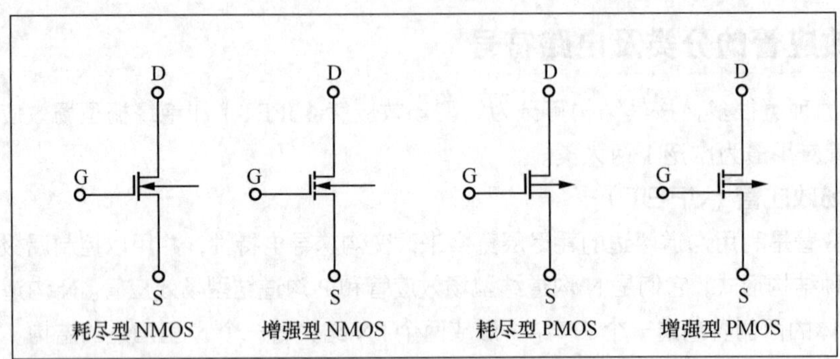

图 3-55　绝缘栅型场效应管的电路符号

3.8.2　场效应晶体管的主要参数

场效应管的参数很多，包括直流参数、交流参数和极限参数等，但一般使用时只需要关注以下主要参数。

（1）饱和漏-源电流 I_{DSS}：是指在结型或耗尽型绝缘栅型场效应管中，栅-源电压 U_{GS}=0V 时的漏-源电流。

（2）夹断电压 V_P：是指在结型或耗尽型绝缘栅型场效应管中，使漏-源间刚好截止时的栅极电压。

（3）开启电压 V_T：是指在增强型绝缘栅型场效管中，使漏-源间刚好导通时的栅极电压。

（4）跨导 g_m：表示栅-源电压 U_{GS} 对漏极电流 I_D 的控制能力，即漏极电流 I_D 变化量与栅-源电压 U_{GS} 变化量的比值。g_m 是衡量场效应管放大能力的重要参数。

（5）最大栅-源电压 $V_{(BR)GS}$：是指场效应管正常工作时所能承受的最大栅-源电压。这是一项极限参数，超过此电压值，场效应管将损坏。

（6）最大漏-源电压 $V_{(BR)DS}$：是指场效应管正常工作时所能承受的最大漏-源电压。这是一项极限参数，使用时，加在场效应管上的工作电压必须小于 $V_{(BR)DS}$。

（7）最大耗散功率 P_{DM}：是指场效应管性能不变差时所允许的最大漏-源耗散功率。这是一项极限参数，使用时，场效应管的实际功耗应小于 P_{DM}，并留有一定余量。

（8）最大漏-源电流 I_{DM}：指场效应管正常工作时，漏-源间所允许通过的最大电流。这是一项极限参数，使用时，场效应管的工作电流不应超过 I_{DM}。

3.8.3　场效应晶体管的检测方法

由于 MOS 场效应管的输入电阻很高，而栅-源极间电容又非常小，极易受外界电磁场或静电的感应而带电，而少量电荷就可在极间电容上形成相当高的电压，将场效应管损坏。所以一般不用指针式万用表对其进行简易检测，这里仅介绍结型场效应管的检测方法。

1. 判别电极及好坏

由于结型场效应管的源极和漏极在结构上具有对称性，所以一般可以互换使用，无需进行区分，只要判别出栅极即可。结型场效应管栅极的判别方法与三极管基极的判别方法相似，具体判别方法如下所示。

将指针式万用表置于 R×1k 挡，先假设未知结型场效应管的一个引脚为栅极，并与任一表笔相连接，测量该引脚与另外两个引脚之间的电阻值，如果两个电阻值相近，都比较大或比较小，则将另一表笔与此引脚相连接，再测与另外两个引脚之间的电阻值，若两个电阻值仍相近，且与前面所测相反，都比较小或比较大，则此假设引脚为栅极。如果所测电阻值的变化规律与上述情况不符，则假设错误，再对另外两个引脚进行假设，重复上述测量过程直至找到栅极。如果栅极可判定，进一步测量源极和漏极间的电阻，若所测正、反向电阻相同且均为数千欧姆，则场效应管是好的；若所测正、反向电阻过大或过小，则场效应管是坏的。如果栅极无法判定，则场效应管也是坏的。

2. 判别沟道

在判定栅极的同时，还可确定结型场效应管沟道类型。若测得栅极引脚与另外两个引脚之间的电阻值都小时，固定在栅极引脚上的表笔为黑表笔的是 N 沟道型，为红表笔的是 P 沟道型。都大时，与上述结论相反。

3.9 万用表检测开关和接插件

开关与接插件大多是串接在电路中，起着连接各个系统或模块的作用，其质量和可靠性会直接影响电子系统或设备的可靠性。其中常见的问题是接触问题。接触不可靠不仅会影响电路的正常工作，而且也是噪声的重要来源之一。合理地选择和正确使用开关及接插件，将会大大降低电子设备的故障率。

3.9.1 开关

开关在电子设备中主要用于接通和切断电路。一般提到开关，习惯上是指手动式机械结构开关，而像压力控制、光电控制、超声控制等具有控制作用的开关，实际上已不是一个简单的开关，而是较复杂的电子控制单元。至于常见于书刊中的“电子开关”则指的是利用晶体管、可控硅等器件的开关特性构成的控制电路单元。本小节所介绍的主要是手动式机械结构开关。

1. 开关的种类

开关的种类繁多，具体分类如图 3-56 所示。

开关的“极”和“位”是了解开关类型必须掌握的概念。“极”指的是开关的活动触点（过去习惯称为“刀”），“位”则指开关的静止触点（过去习惯称为“掷”）。例如，如图 3-57（a）所示为单极单位开关，只能通断一条电路，如图 3-57（b）所示为单极双位开关，可选择接通（或断开）两条电路中的一条，而如图 3-57（c）所示为双极双位开关，可同时接通（或断开）两条独立的电路，多极多位开关可依次类推。

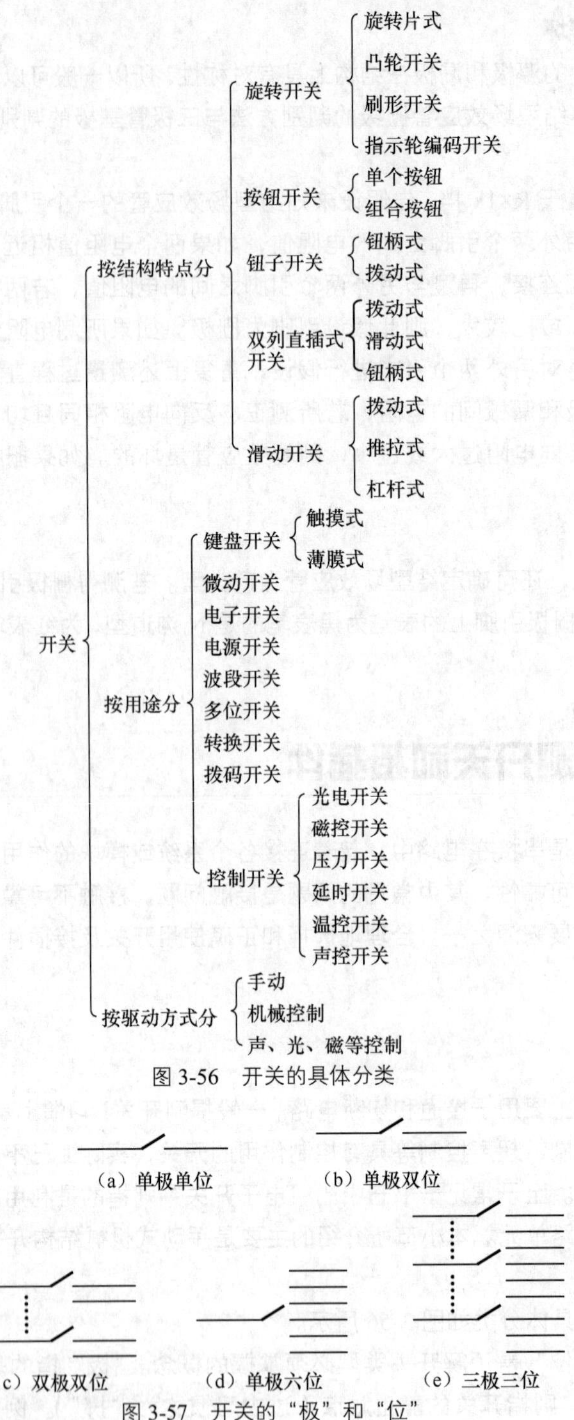

图 3-56　开关的具体分类

图 3-57　开关的“极”和“位”

2. 开关的主要参数

（1）容量：主要包括额定电压和额定电流。它们指的是开关正常工作状态下所允许的电压及电流。电源开关的额定电流一般在 0.5A 以上，而其他开关的额定电流一般在 0.5A 以下。

（2）接触电阻：开关接通时，相通的两个接点之间的电阻值。此值越小越好，若此值过大，常常会引起接触不良、开关发热严重等现象。通常要求开关的接触电阻在 20MΩ 以下。

（3）绝缘电阻：开关互不连通的各导电部分之间的电阻值。此值越大越好，通常要求开关的绝缘电阻在 100MΩ 以上。

（4）耐压：也称抗电强度，指开关互不连通的导体之间所能承受的电压值。通常要求开关的耐压值大于 100V，对电源开关而言，要求耐压值不小于 500V。

（5）电气寿命：开关在正常工作条件下的最少使用次数，一般开关为 5000～10000 次，要求较高的开关可达 50000～500000 次。

3．常用的机械结构开关

常用的机械结构开关见表 3-18。

表 3-18　常用的机械结构开关

名称	外形	主要参数	主要特点	应用
钮子开关		AC 250V 0.5~5A R_C≤20MΩ	螺纹圆孔安装，1~3 极，1～2 位	一般电器设备电源开关
拨动开关		AC 250V 0.3~15A	嵌卡式安装，安装方便，有带灯和不带灯两种结构	一般电器设备电源开关、电路转换
旋转开关		AC 220V 0.05A R_C <20MΩ	螺纹圆孔安装，安装方便，极数、位数多种组合	仪器仪表等电子设备，电路转换
按键开关		AC 220V R_C：0.01~0.1MΩ R_C <20MΩ	嵌卡式安装，安装方便，有带灯和不带灯两种结构，有自锁和无锁两种形式	家用电器及仪器电源开关或复位开关、电路转换
直键开关（琴键开关）		AC 250V 3A R_C <20MΩ	各种极数，有自锁、无锁和互锁等形式	各种仪器仪表及家用电器中用于功能转换
滑动开关（拨动开关）		AC 30V 0.2～0.3A	结构简单，1～4 极，2～3 位	收音机、录音机等小电器及普及型仪器仪表
轻触开关		DC 12V 0.02～0.05A R_C：0.01~0.1MΩ	体积小、重量轻、可靠性好、寿命长、无锁	键盘等数字化设备面板控制

续表

名称	外形	主要参数	主要特点	应用
双列拨动开关		DC 5V 0.1A 或 DC 25V 0.25A R_C <0.05MΩ	体积小、安装方便、可靠性高，4、6、8、10、12 极双位	数码产品及不经常动作的数字电路转换
微型按键开关		DC 30 ~ 60V 0.1 ~ 0.3A R_C : 30MΩ 工作寿命可达 1 万次	体积小、重量轻、操作方便，有自锁和无锁两种形式	微小型仪器仪表及家用电器中用于功能转换或调节
薄膜开关		DC 30V 0.1A 工作寿命可达 300 万次	面板/开关/指示一体化，结构简单、外形美观、密封性好、性能稳定、寿命长、有平面型和凹凸型两种	各种仪器仪表及家用电器的控制面板开关

3.9.2 接插件

接插件是电子产品中用于电气连接的一类机电元件，使用范围十分广泛，习惯上也称为连接器。采用接插件主要是为了提高装联效率、易于装配、方便调试、便于维修。

1. 接插件的种类

接插件在电子产品中一般有以下 4 类连接方式。

A 类：元器件与印制电路板的连接。

B 类：印制电路板与印制电路板或导线之间的连接。

C 类：同一机壳内各功能单元之间的连接。

D 类：系统内各设备之间的连接。

习惯上，接插件按外形结构特征可分为圆形接插件、矩形接插件、D 形接插件、条形接插件等；按工作频率可分为低频接插件和高频接插件。低频接插件通常是指工作频率在 100MHz 以下的连接器，而工作频率在 100MHz 以上的为高频接插件。高频接插件在结构上需要考虑高频电场的泄漏、反射等问题，一般都采用同轴结构，以便与同轴电缆连接，所以也称为同轴接插件。

2. 接插件的主要参数

普通低频接插件的技术参数与开关相似，主要用容量及接触电阻来衡量，对于同轴接插件及光纤光缆接插件，则需要考虑其阻抗特性及光学性能等参数，应用时请参考专门资料。

3. 常用接插件

（1）圆形接插件

如图 3-58 所示，外形为圆筒形，主要用于 D 类连接，有插接式和螺接式两大类。插接式通常用于插拔较频繁、连接点数少且电流不超过 1A 的电路连接，典型的应用有计算机的 PS/2 鼠标和键盘接口。螺接式俗称航空插头插座，它有一个标准的旋转锁紧机构，在多节点和插拔力较大的情况下连接较方便，抗震性较好；同时还容易实现防水密封以及电场屏蔽等特殊要求，适用于电流大、不需要经常插拔的电路连接。圆形接插件的连接节点数量可从两个到近百个，额定电流可从 1A 到数百安，工作电压均在 300 ~ 500V 范围内。

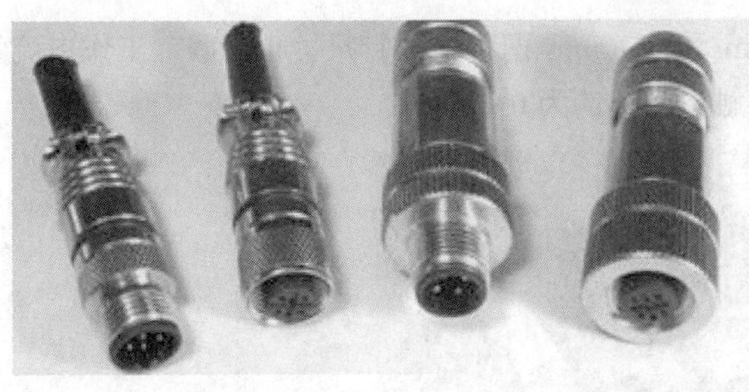

图 3-58　圆形接插件

（2）矩形接插件

如图 3-59 所示，外形为矩形，主要用于 C 类连接，矩形排列能充分利用安装空间，所以被广泛应用于机内互连。矩形接插件中，有的带外壳，有的不带外壳。此外还有锁紧式和非锁紧式之分。带有外壳或锁紧装置的矩形接插件，也可用于机外的电缆和面板之间的连接。

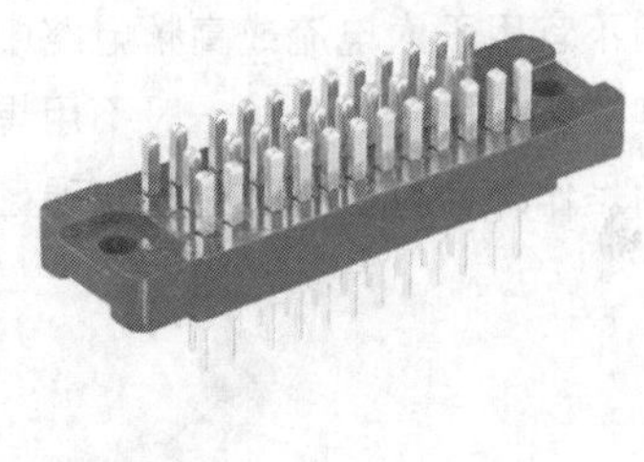

图 3-59　矩形接插件

（3）D 形接插件

如图 3-60 所示，其端面很像字母 D，主要用于 C、D 类连接，具有非对称定位和连接锁紧机构，常见连接点数为 9、15、25、37 等几种，可靠性高，定位准确，广泛应用于各种电子产品机内及机外连接。典型的应用有计算机的 RS-232 串行数据接口、VGA 显示数据接口和 LPT 并行数据接口（打印机接口）。

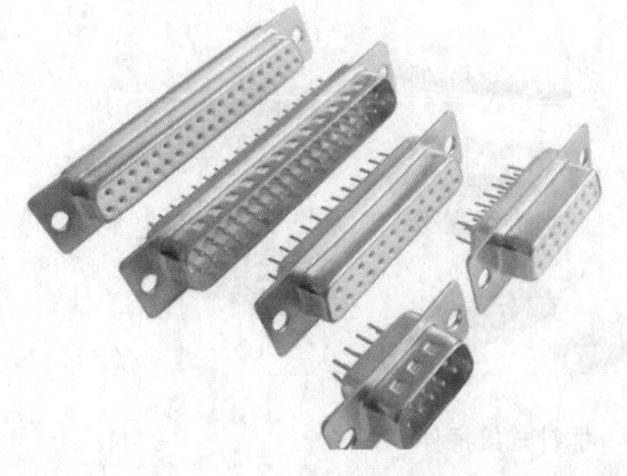

图 3-60　D 形接插件

（4）条形接插件

如图 3-61 所示，外形为长条形，主要用于 B 类的印制电路板与导线之间的连接，在各种电子产品中都有广泛的应用。常用的插针间距有 2.54mm 和 3.96mm 两种，插针尺寸也不同，工作电流为 1.2A（间距 2.54mm）和 3A（间距 3.96mm），接触电阻值约为 0.01Ω。

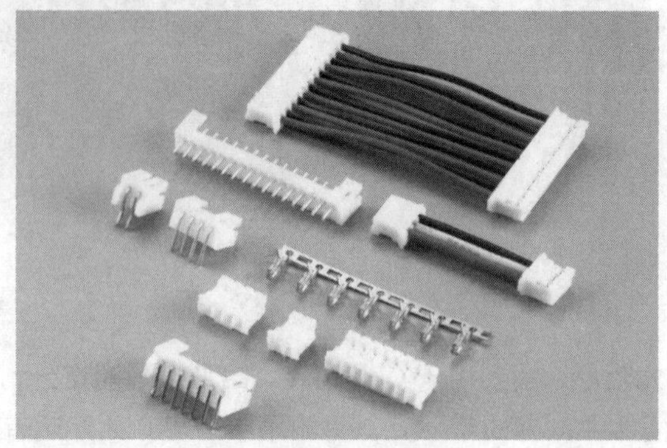

图 3-61　条形接插件

（5）扁平排线接插件

如图 3-62 所示，主要用于 B 类连接，多用于数字信号传输，且能同时传输几路到几十路数字信号，但不宜用于大电流或高频电路中，目前高密度印制板间的连接已越来越多地使用扁平排线接插件。其插头与排线的连接一般不用焊接，而采用穿刺卡接方式实现电气连接，工艺简单可靠。典型的应用是作为计算机中的主板与硬盘、光驱等外部设备之间的 IDE 数据线。

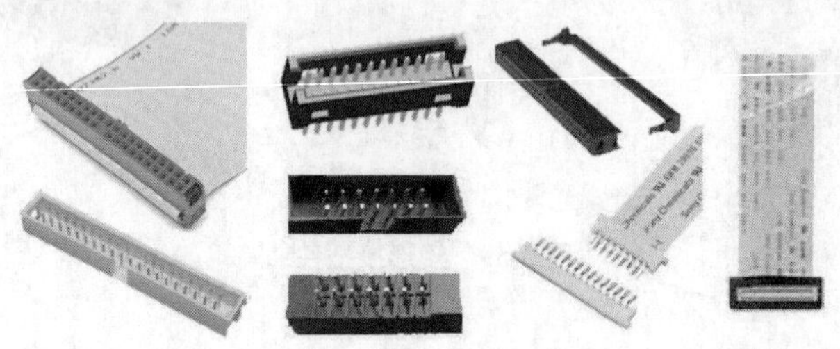

图 3-62　扁平排线接插件

（6）插针式接插件

如图 3-63 所示，主要用于 B 类的印制板之间的连接，插头、插座分别装焊在不同印制板上，连接时灵活方便，常用于数字电路中。

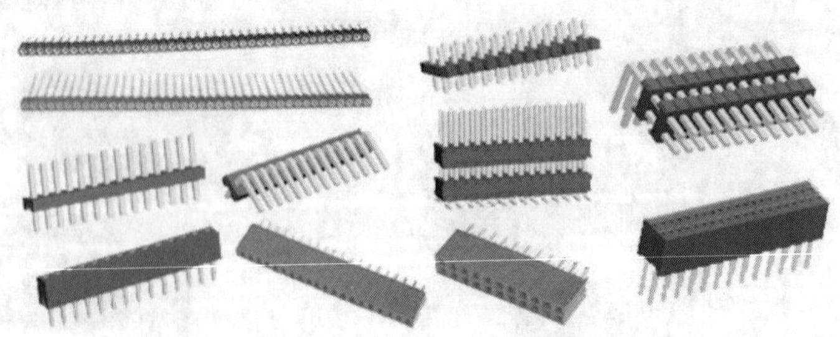

图 3-63　插针式接插件

（7）IC 接插件

如图 3-64 所示，通常称为 IC 插座，主要用于 A 类连接，按所插入的集成电路的封装形式可分为双列直插式和扁平式两种。

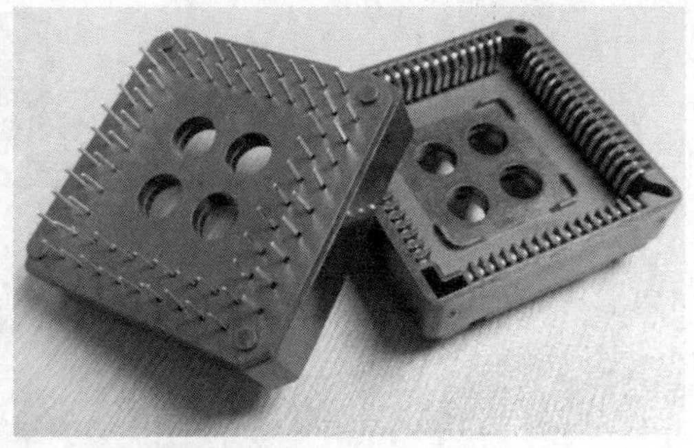

图 3-64　IC 接插件

（8）印制板接插件

如图 3-65 所示，外形为长条形，主要用于 B 类的印制板之间的直接连接。插头由印制板边（“子”板）边缘上镀金的排状铜箔条（俗称“金手指”）构成；插座可根据设计要求订购，焊接在“母”板上。印制板插座的主要规格参数包括排数（单、双排）、针数、针间距及有无定位装置、有无锁定装置等。另外，插座的簧片有镀金、镀银之分，要求较高的场合应使用镀金的。典型的应用是计算机的独立显卡、声卡等与主板之间的连接。

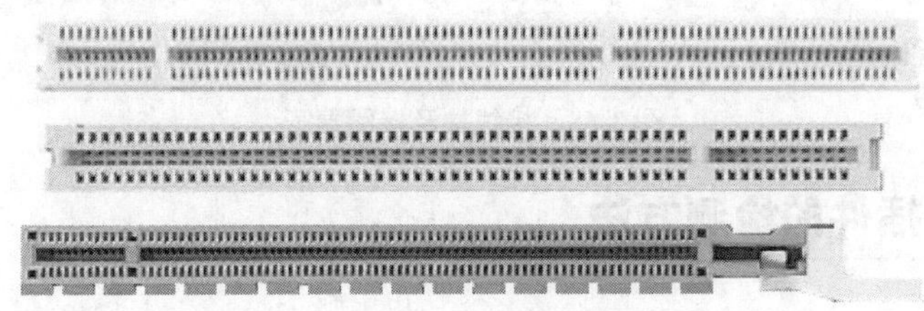

图 3-65　印制板接插件

（9）音视频接插件

如图 3-66 所示，也称为 AV 连接器，主要用于音响及视频设备中传输音视频信号，常见的有耳机/话筒插头座和莲花插头座（又称为同芯连接器）。使用时一般通过屏蔽线与插头连接。

图 3-66　音视频接插件

（10）射频接插件

如图 3-67 所示，也称同轴接插件，用于射频信号、通信、网络等数字信号的传输，与专用射频同轴电缆连接，工作频率可达到数千兆赫兹以上。其中，Q9 型卡口式同轴接插件也用于示波器等脉冲信号的传输。

（11）其他接插件

如图 3-68（a）所示，为接线柱，常用作仪器面板的输入、输出端口；如图 3-68（b）所示为接线端子，常用于大型设备的内部接线。

图 3-67　射频接插件

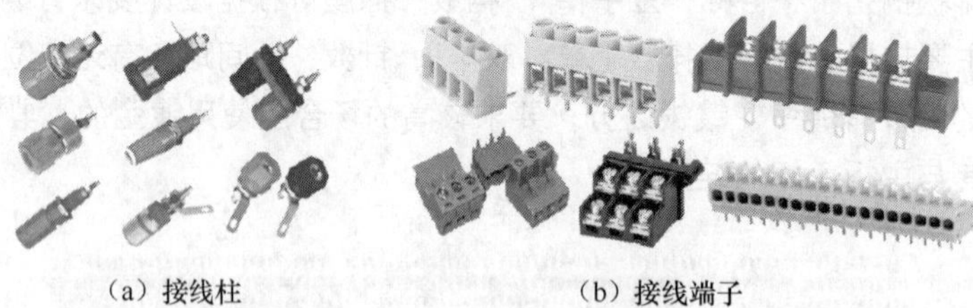

（a）接线柱　　（b）接线端子

图 3-68　接线柱及接线端子

3.9.3　开关和接插件的检测方法

1. 检测开关

开关的检测方法是指开关处于断开状态和处于接通状态下，采用万用表测量电阻值来判断其好坏。当开关处于断开状态时，开关两电极之间的电阻应为无穷大，而开关处于接通状态时，两电极之间的电阻约为 0Ω。

2. 检测接插件

接插件的主要故障是接触对之间的接触不良，而造成的断开故障。另外就是插头的引线断路故障。

接插件的主要检测方法分为直观检查法和万用表检查法。

（1）直观检查法是指查看是否有断线和引线相碰故障。此种方法适用于插头外壳可以旋开进行检查的接插件，通过视觉查看是否有引线相碰或断路故障等。

（2）万用表检查法是指通过万用表的欧姆挡查看接触对的断开电阻和接触电阻。接触对的断开电阻值均应该是∞，若断开电阻值为零，说明有短路故障，应检查是何处相碰。

接触对的接触电阻值均应该小于 0.5Ω，若大于 0.5Ω 说明存在接触不良故障。当接插件出现接触不良故障时，对于非密封型插接件可用砂纸打磨触点，也可用尖嘴钳修整插座的簧片弧度，使其接触良好；对于密封型的插头、插座一般无法进行修理，只能采用更换的方法。

第 4 章 万用表检测电器部件

电器部件在电工电路中起着重要的作用，对于学习电工知识的人员，掌握一些电器部件的检测方法是非常必要的。本章详细介绍了低压断路器、按钮开关、接触器、继电器、熔断器、电动机等的分类、电路符号以及万用表的检测方法等内容。

4.1 万用表检测低压断路器

断路器又称为自动空气开关，它既能对电路进行不频繁的通断控制，又能在电路出现过载、短路和欠电压（电压过低）故障时自动掉闸（即自动切断电路），因此它既是一个开关电器，又是一个保护电器。

4.1.1 低压断路器的分类及电路符号

低压断路器种类很多，通常按结构形式、灭弧介质、用途、极数、操作方式等来进行分类。

（1）按结构形式分，有框架式断路器和塑料外壳式断路器。

（2）按灭弧介质分，有空气断路器和真空断路器等。

（3）按用途分，有导线保护用断路器、配电用断路器、电动机保护用断路器和漏电保护器。

（4）按主电路极数分，有单极、两极、三极、四极断路器。小型断路器还可以拼装组合成多极断路器。

（5）按操作方式分，有手动操作断路器、电动操作断路器和储能操作断路器等。

（6）按是否具有限流性能分，一般分为不限流和快速限流断路器。

（7）按安装方式又可分为固定式、插入式和抽屉式等。

1. 外形符号

图 4-1（a）所示为常用的塑料外壳式断路器的实物外形。断路器的电路符号如图 4-31（b）所示，从左至右依次为单极（1P）、两极（2P）和三极（3P）断路器。在断路器上标有额定电压、额定电流和工作频率等内容。

2. 型号含义

断路器种类很多，其型号含义如图 4-2 所示。

3. 面板标注参数的识读

断路器面板上一般会标注重要的参数，在选用时要会识读这些参数含义。断路器面板标注参数的识读如图 4-3 所示。

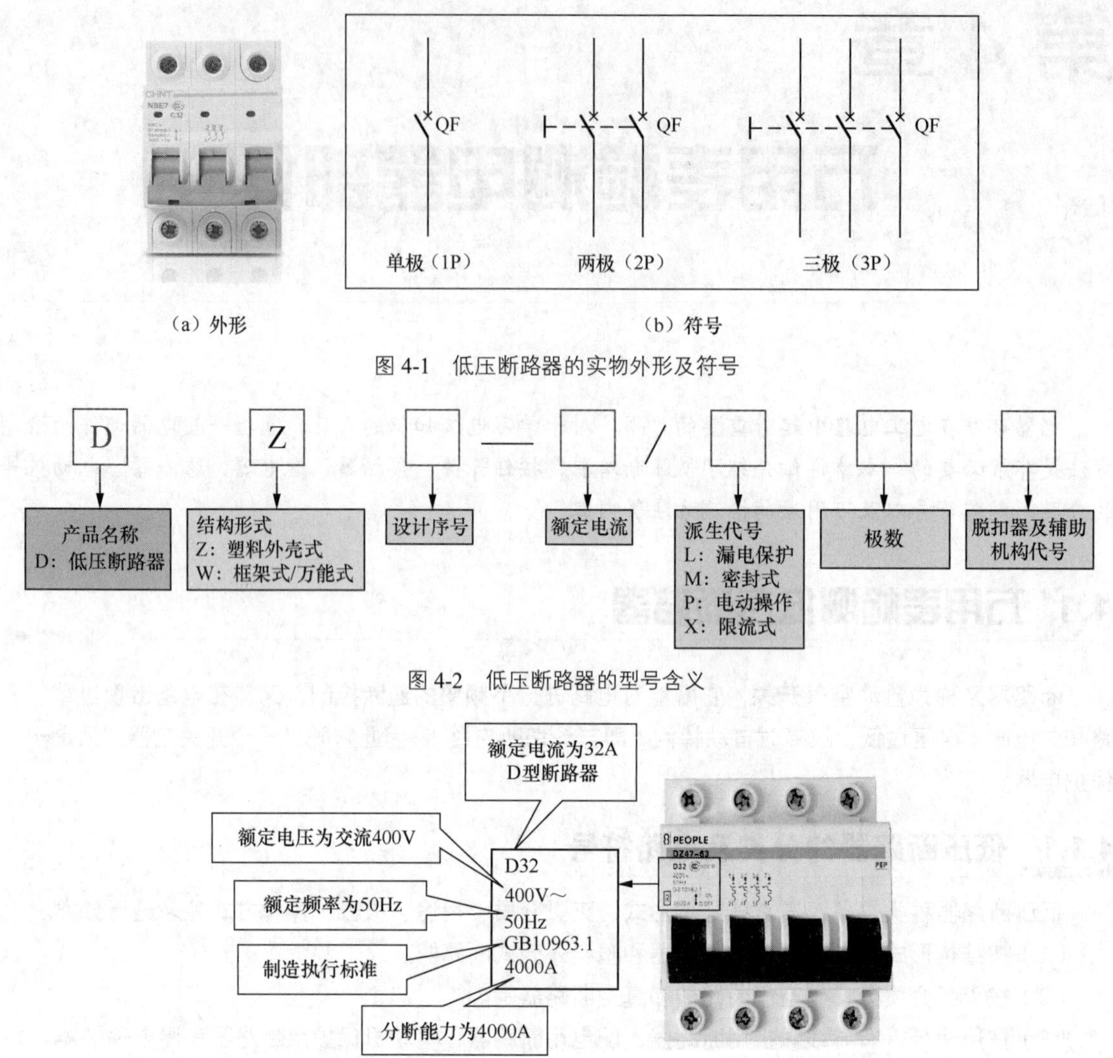

图 4-1　低压断路器的实物外形及符号

图 4-2　低压断路器的型号含义

图 4-3　低压断路器的参数识读

4.1.2　低压断路器的结构与原理

低压断路器的结构示意图如图 4-4 所示。该断路器是一个三相断路器，内部主要由主触点、反力弹簧、搭钩、杠杆、电磁脱扣器、热脱扣器和欠电压脱扣器等组成。该断路器可以实现过电流、过热和欠电压保护功能。

（1）过电流保护

三相交流电源经断路器的三个主触点和三条线路为负载提供三相交流电，其中一条线路中串接了电磁脱扣器线圈和发热元件。当负载有严重短路时，流过线路的电流很大，流过电磁脱扣器线圈的电流也很大，线圈产生很强的磁场并通过铁芯吸引衔铁，衔铁动作，带动杠杆上移，两个搭钩脱离，依靠反力弹簧的作用，3 个主触点的动、静触点断开，从而切断电源以保护短路的负载。

（2）过热保护

如果负载没有短路，但若长时间超负荷运行，比较容易损坏。虽然在这种情况下电流也较正常时大，但还不足以使电磁脱扣器动作，断路器的热保护装置可以解决这个问题。若负载长时间超负荷运行，则流过发热元件的电流长时间偏大，发热元件温度升高，它加热附近的双金属片（热脱扣器），其中上面的金属片热膨胀小，双金属片受热后向上弯曲，推动杠杆上移，使两个搭钩脱离，3 个主触点的动、静触点断开，从而切断电源。

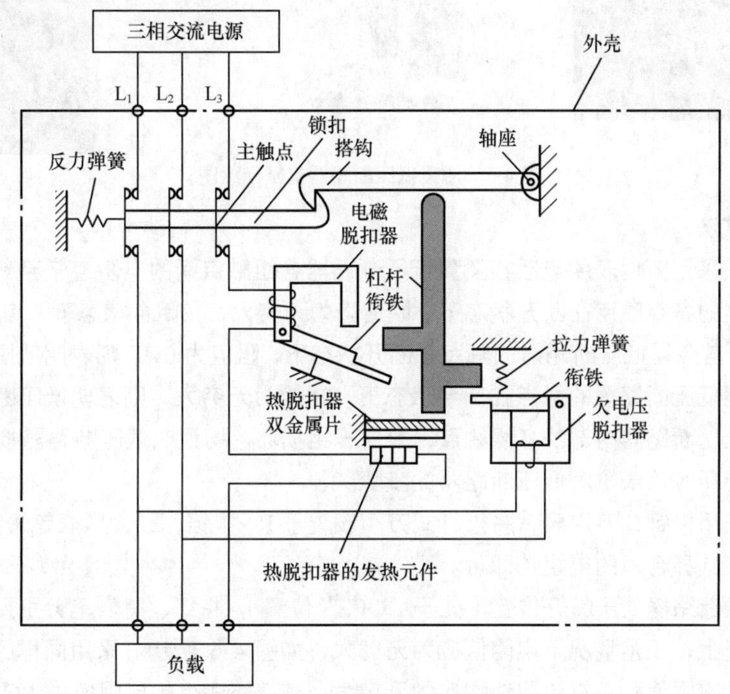

图 4-4　低压断路器的结构示意图

（3）欠电压保护

如果电源电压过低，则断路器也能切断电源与负载的连接，进行保护。断路器的欠电压脱扣器线圈与两条电源线连接，当三相交流电源的电压很低时，两条电源线之间的电压也很低，流过欠电压脱扣器线圈的电流小，线圈产生的磁场弱，不足以吸引住衔铁，在拉力弹簧的拉力作用下，衔铁上移，并推动杠杆上移，两个搭钩脱离，3 个主触点的动、静触点断开，从而断开电源与负载的连接。

4.1.3　万用表检测低压断路器的方法

1. 电压测试法

电压测试法是利用万用表的电压挡测量电压的方法。下面具体介绍用模拟万用表检测低压断路器的步骤。

第 1 步：将模拟万用表置于电压挡，注意交/直流电压的区分以及量程的选择，选择的电压量程要大于被测电压。以测量交流 380V 电压为例，应选择交流 500V 挡位，如图 4-5 所示。

第 2 步：确认低压断路器处于闭合位置（处于“ON”位置），将红、黑表笔分别接在断路器上端的两个接线端子上，正常情况下电压值应为 380V。如果三相电压正常，用万用表测试断路器下端的两个接线端子，正常情况下电压值应为 380V，采用同样的方法测量另外的接线端子间的电压，正常电压均应为 380V，若某两相间的电压为 0V 或时有时无，则表明低压断路器的该路触点损坏或接触不良。

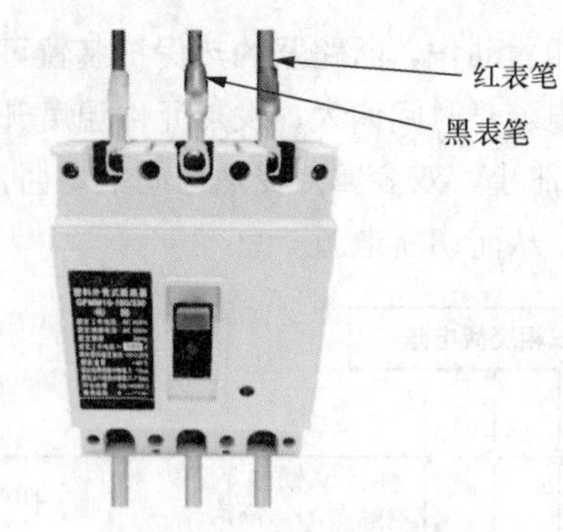

图 4-5　测量低压断路器电压示意图

2．电阻测试法

电阻测试法是采用万用表的电阻挡测量低压断路器各组触点间的电阻值来判断其好坏的方法。若测得低压断路器的各组触点在断开状态下，阻值均为无穷大，在闭合状态下，均接近 0Ω，则表明低压断路器正常；若测得低压断路器的触点在断开状态下，阻值为 0Ω，则表明低压断路器内部触点粘连损坏；若测得低压断路器的触点在闭合状态下，阻值为无穷大，则表明低压断路器内部触点断路损坏；若测得低压断路器内部的各组触点，有任一组损坏，均说明低压断路器损坏。

下面具体介绍用万用表检测低压断路器的步骤。

第 1 步：如使用指针式万用表，将指针式万用表置于 R×1 挡，红、黑表笔短接进行短路调零。使用数字式万用表选择合适的电阻挡即可。

第 2 步：低压断路器处于断开位置（处于“OFF”位置），将红、黑表笔分别接在断路器一组开关的两个接线端子上，正常情况下电阻值应为无穷大，如图 4-6 所示。采用同样的方法测量其他触点的接线端子间的电阻值，正常电阻值均应为无穷大，若某路触点的电阻值为 0Ω 或时大时小，则表明低压断路器的该路触点短路或接触不良。

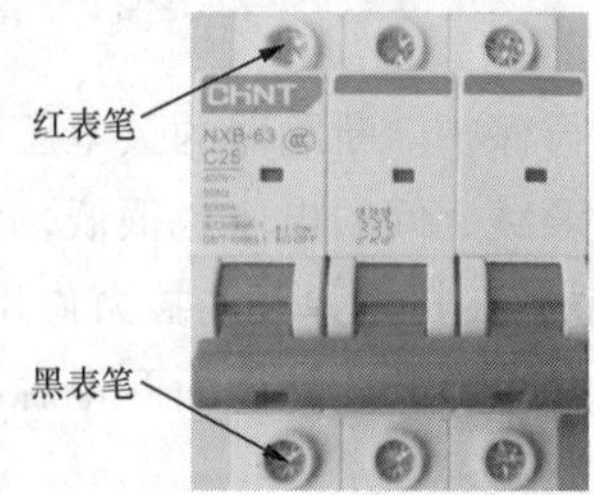

图 4-6　低压断路器处于断开位置的检测

第 3 步：低压断路器处于闭合位置（处于“ON”位置），将红、黑表笔分别接在断路器一组开关的两个接线端子上，正常情况下电阻值应接近 0Ω，如图 4-7 所示。采用同样的方法测量其他触点的接线端子间的电阻值，正常电阻值均应接近 0Ω，若某路触点的电阻值为无穷大或时大时小，则表明低压断路器的该路触点开路或接触不良。

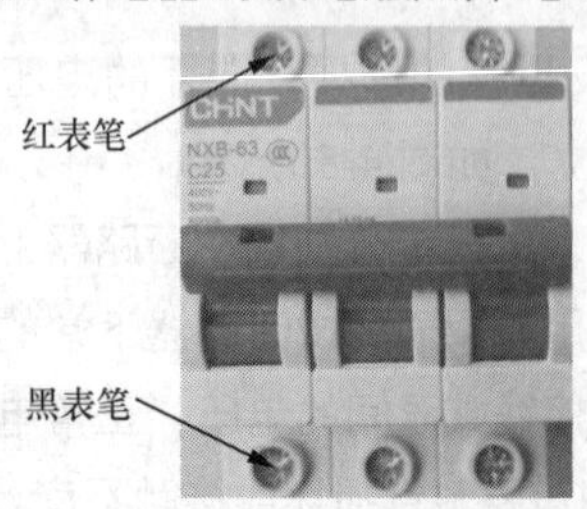

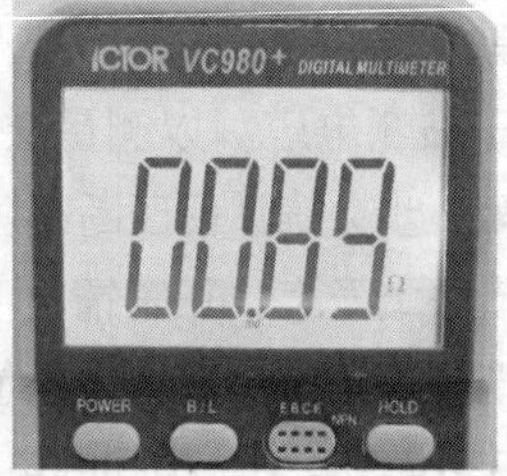

图 4-7　低压断路器处于闭合位置的检测

4.2 万用表检测按钮开关

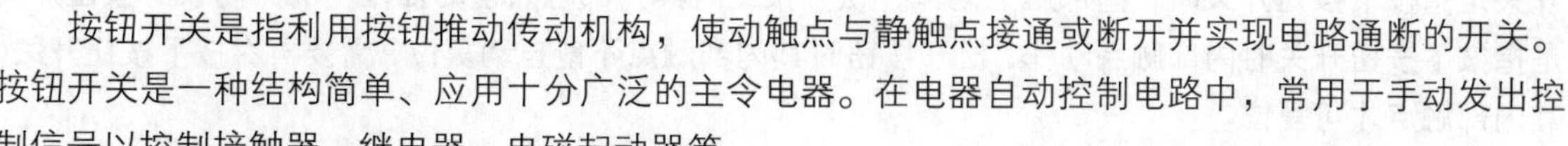

按钮开关是指利用按钮推动传动机构，使动触点与静触点接通或断开并实现电路通断的开关。按钮开关是一种结构简单、应用十分广泛的主令电器。在电器自动控制电路中，常用于手动发出控制信号以控制接触器、继电器、电磁起动器等。

4.2.1 按钮开关的分类及电路符号

按钮开关按用途和触头的结构不同可分为常开按钮、常闭按钮和复合按钮。

按钮开关还可按操作方式、防护方式分类，常见的按钮开关类别及特点如下。

（1）开启式：适用于嵌装固定在开关板、控制柜或控制台的面板上，代号为 K。

（2）保护式：带保护外壳，可以防止内部的按钮零件受机械损伤或人触及带电部分，代号为 H。

（3）防水式：带密封的外壳，可防止雨水侵入，代号为 S。

（4）防腐式：能防止化工腐蚀性气体的侵入，代号为 F。

（5）防爆式：能用于含有爆炸性气体与尘埃的地方而不引起传爆，如煤矿等场所，代号为 B。

（6）旋钮式：用手把旋转操作触点，有通断两个位置，一般为面板安装式，代号为 X。

（7）钥匙式：用钥匙插入旋转进行操作，可防止误操作或供专人操作，代号为 Y。

（8）紧急式：有红色大蘑菇钮头突出于外，作紧急时切断电源用，代号为 J 或 M。

（9）自持按钮：按钮内装有自持用电磁机构，主要用于发电厂、变电站或试验设备中，操作人员互通信号及发出指令等，一般为面板操作，代号为 Z。

（10）带灯按钮：按钮内装有信号灯，除用于发布操作命令外，兼作信号指示，多用于控制柜、控制台的面板上，代号为 D。

（11）组合式：多个按钮组合，代号为 E。

（12）联锁式：多个触点互相联锁，代号为 C。

常见按钮开关的实物外形及电路符号如图 4-8 所示。

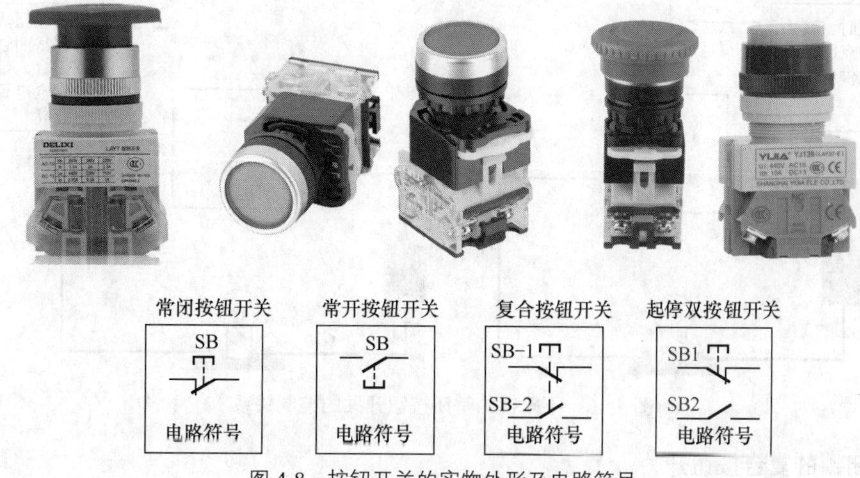

图 4-8　按钮开关的实物外形及电路符号

4.2.2 按钮开关的结构与原理

按钮开关根据其内部结构的不同可分为不闭锁的按钮开关和可闭锁的按钮开关。不闭锁的按钮开关是指按下按钮开关时，内部触点动作，松开按钮时其内部触点自动复位；而可闭锁的按钮开关是指按下按钮开关时内部触点动作，松开按钮时其内部触点不能自动复位，需要再次按下按钮开关，其内部触点才可复位。

按钮开关是电路中的关键控制部件，不论是不闭锁的按钮开关还是闭锁的按钮开关，根据电路需要，都可以分为常开、常闭和复合 3 种形式。下面以不闭锁的按钮开关为例，分别介绍这 3 种形式按钮开关的控制功能。

（1）不闭锁的常开按钮开关

如图 4-9 所示，不闭锁的常开按钮开关连接在电池和灯泡（负载）之间，用于控制灯泡的点亮和熄灭，在未对其进行操作时，灯泡处于熄灭状态。

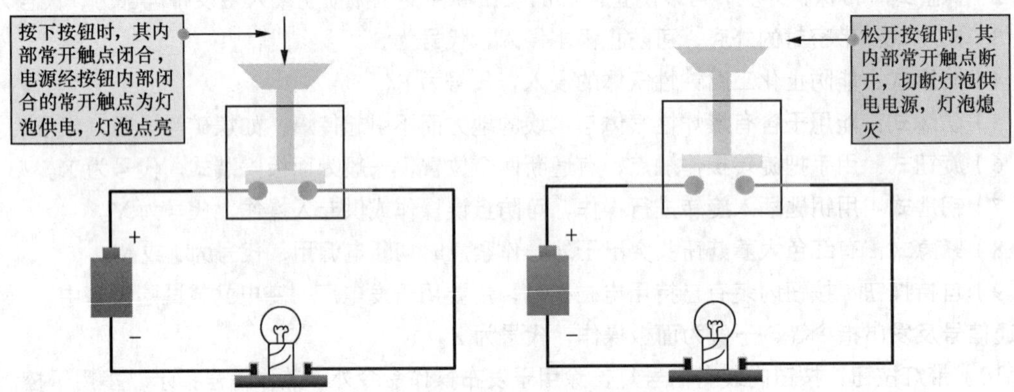

图 4-9　不闭锁的常开按钮开关的控制关系

（2）不闭锁的常闭按钮开关

不闭锁的常闭按钮开关操作前内部触点处于闭合状态，按下按钮后，内部触点断开，松开按钮后按钮自动复位闭合。图 4-10 所示为不闭锁的常闭按钮开关的控制关系。

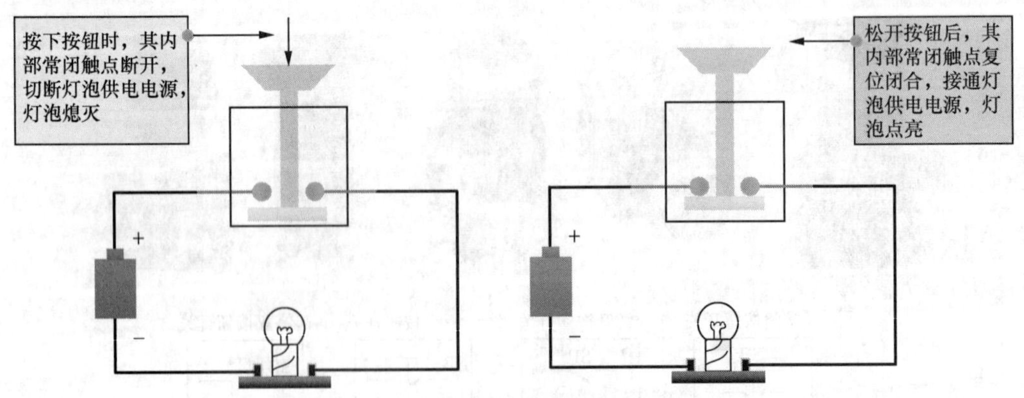

图 4-10　不闭锁的常闭按钮开关的控制关系

（3）不闭锁的复合按钮开关

如图 4-11 所示，不闭锁的复合按钮开关内部有两组触点，分别为常开触点和常闭触点。操作前，常闭触点闭合，常开触点断开；按下按钮后，常闭触点断开，常开触点闭合；松开按钮后，常闭触点自动复位闭合，常开触点自动复位断开。

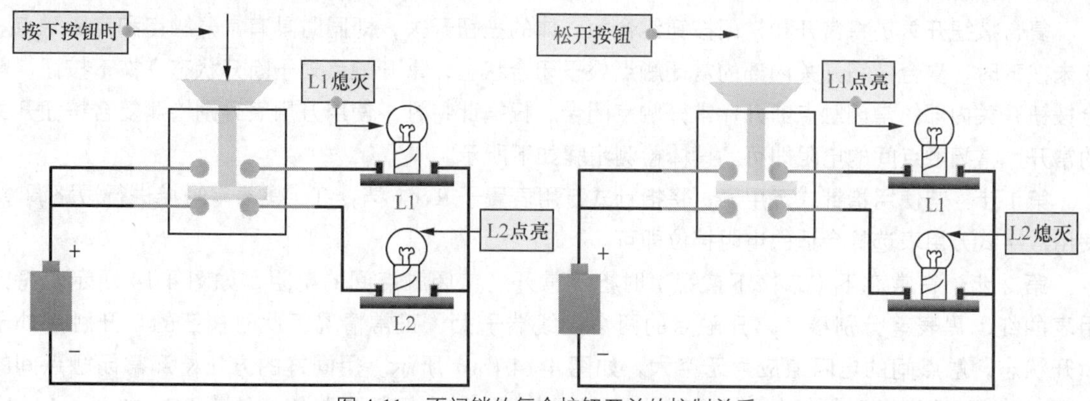

图 4-11 不闭锁的复合按钮开关的控制关系

4.2.3 万用表检测开关部件的方法

1. 常开按钮开关的检测方法

常开按钮开关位于接触器线圈和供电电源之间，用来控制接触器线圈的得电，从而控制用电设备的工作。若该常开按钮开关损坏，应对其触点之间的断开和闭合阻值进行检测。

常开按钮开关的检测步骤如下所示。

第 1 步：若使用指针式万用表，将指针式万用表置于 R×1 挡，红、黑表笔短接进行短路调零。使用数字式万用表只需选择合适的电阻挡位即可。

第 2 步：常态下（未按下按钮时）对常开按钮开关触点之间的电阻进行检测，如图 4-12 所示。将万用表的红、黑表笔分别接在常开按钮开关的两个接线端子上，正常情况下按钮触点处于断开状态时，触点间的电阻值应为无穷大。

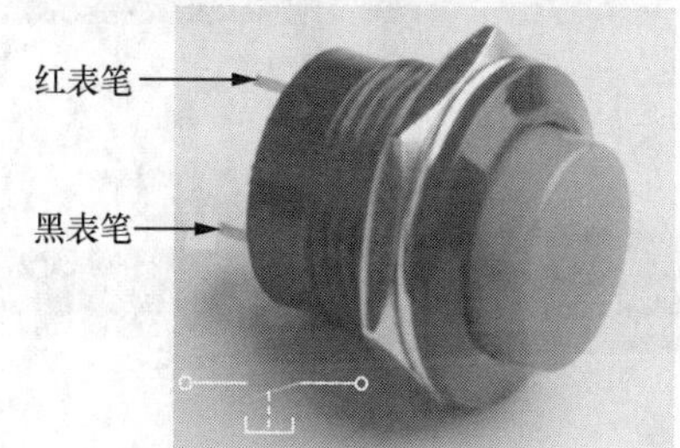

图 4-12 未按下按钮时检测常开开关

第 3 步：按下按钮时检测常开触点间的阻值是否变化。测试过程如图 4-13 所示，保持红、黑表笔不动，按下按钮，再次检测触点间的电阻值，如果测试结果约为 0Ω 则说明开关是好的，如果测试结果仍然是无穷大则说明开关损坏。

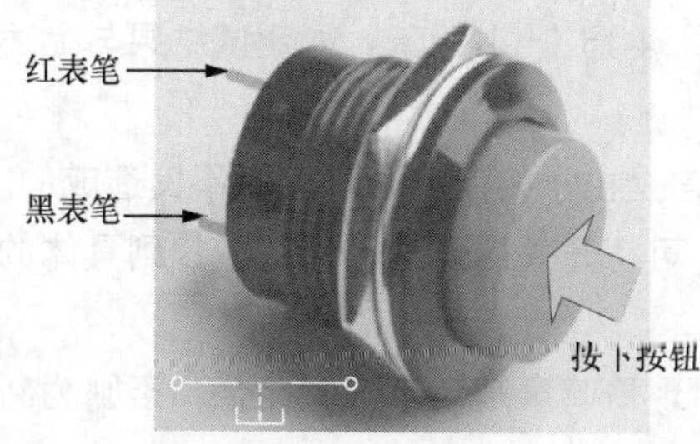

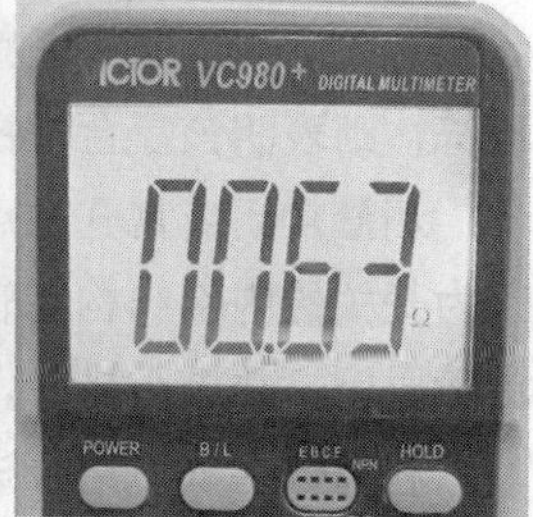

图 4-13 按下按钮时检测常开开关

2. 复合按钮开关的检测方法

复合按钮开关是将常开和常闭按钮组合为一体的按钮开关，即同时具有常开触点和常闭触点。在未按下时，复合按钮开关内部的常闭触点处于闭合状态，常开触点处于断开状态。按下按钮，复合按钮开关内部的常闭触点断开，常开触点闭合。根据此特性，使用万用表分别检测复合按钮开关的常开、常闭触点间的电阻即可。具体检测步骤如下所示。

第 1 步：若使用指针式万用表，将指针式万用表置于 R×1 挡，红、黑表笔短接进行短路调零。使用数字式万用表选择合适的电阻挡位即可。

第 2 步：在常态下（未按下按钮）时检测常开、常闭触点间的电阻，如图 4-14 所示。将万用表的红、黑表笔分别接在常开触点的两个接线端子上，正常情况下此时按钮的常开触点处于断开状态，触点间的电阻值应为无穷大，如图 4-14（a）所示。用同样的方法检测常闭触点间的电阻，正常情况下此时按钮的常闭触点处于接通状态，触点间的电阻值应约为 0Ω，如图 4-14（b）所示。

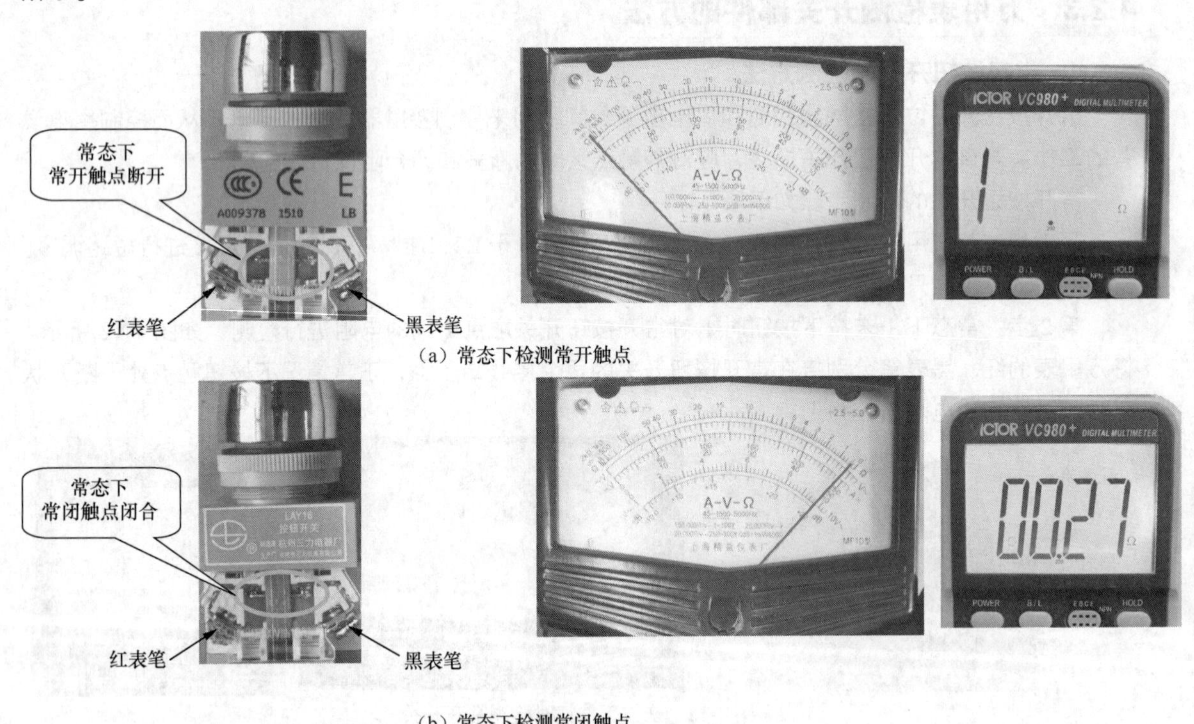

图 4-14 常态下检测复合按钮开关

第 3 步：按下按钮开关，再次检测常开、常闭触点，如图 4-15 所示。将万用表红、黑表笔分别接在常开触点的两个接线端子上，此时开关按下，常开触点闭合，检测其阻值应接近于 0Ω，如图 4-15（a）所示。常闭触点断开，检测其阻值应为无穷大，如图 4-15（b）所示。如测试结果与上述不符，则表明该复合按钮开关损坏。

测量常闭或常开触点时，如果出现阻值不稳定情况，则通常是由于相应的触点接触不良造成的。因为开关的内部结构比较简单，如果检测时发现开关不正常，可将开关拆开进行检查，找到具体的故障原因，并进行排除，无法排除的则要更换新的开关。

利用数字式万用表进行检测时，可以选择蜂鸣挡，如果出现蜂鸣声则表示开关闭合，否则为断开状态。数字式万用表的蜂鸣挡示意图如图 4-16 圆圈位置所示。

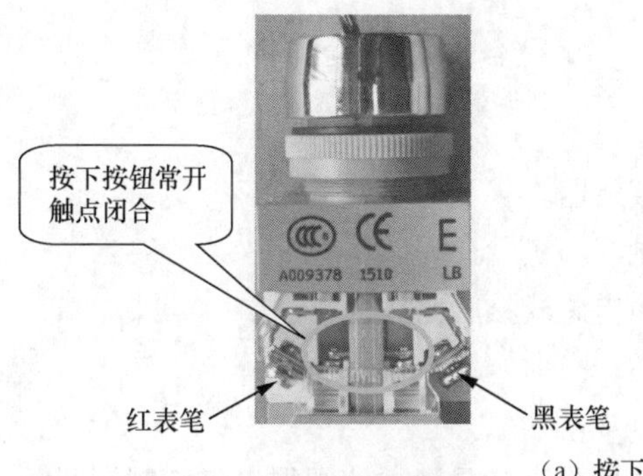

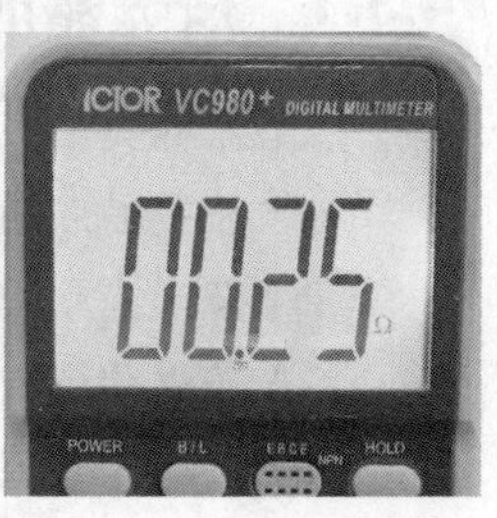

（a）按下按钮检测常开触点

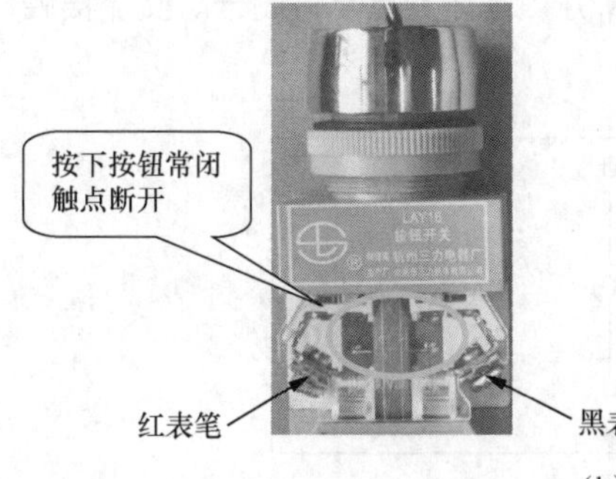

（b）按下按钮检测常闭触点

图 4-15　按下按钮时检测复合按钮开关

图 4-16　数字式万用表的蜂鸣挡示意图

4.3 万用表检测接触器

接触器是一种由电压控制的开关装置，在电气线路中利用线圈流过电流产生磁场，使触点闭合，以达到控制负载的目的，是一种适用于远距离频繁地接通和切断交/直流电路及大容量控制电路的一种自动控制电器。接触器的一端连接控制信号，另一端连接被控制的负载线路，是实现小电流、低电压信号对大电流、高电压负载进行接通、分断控制的最常用器件。在电力拖动和自动控制系统中，接触器是运用最广泛的控制元件之一。

4.3.1 接触器的分类及电路符号

接触器种类很多，具体分类方式如下所示。

（1）按主触点通过电流种类分类：交流接触器、直流接触器。

（2）按操作动作机构分类：电磁式接触器、永磁式接触器。

（3）按驱动方式分类：液压式接触器、气动式接触器、电磁式接触器。

（4）按动作方式分类：直动式接触器、转动式接触器。

1. 交流接触器

交流接触器主要用于远距离接通或分断交流供电电路的器件。它是通过线圈得电来控制常开触点闭合、常闭触点断开的。当线圈失电时，控制常开触点复位断开，常闭触点复位闭合。交流接触器的实物外形及符号如图 4-17 所示。

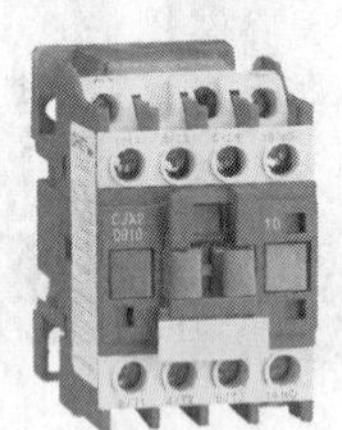

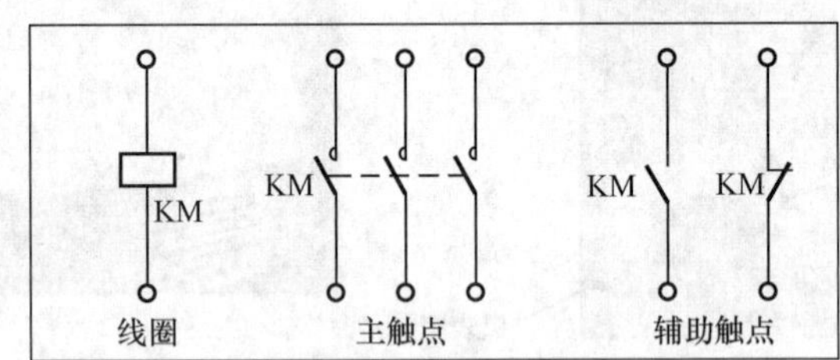

图 4-17 交流接触器的实物外形及符号

交流接触器的型号含义如图 4-18 所示。

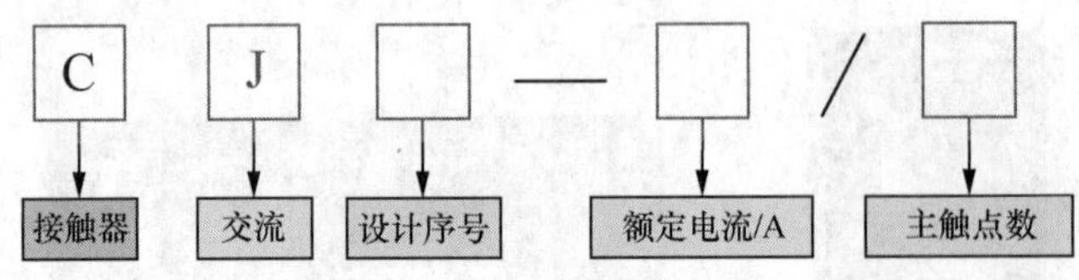

图 4-18 交流接触器的型号含义

2. 直流接触器

直流接触器主要用于远距离接通或分断直流供电电路的器件。在控制电路中，直流接触器是由直流电源为其线圈提供工作条件，通过线圈得电来控制常开触点闭合、常闭触点断开的；而线圈失电时，控制常开触点复位断开、常闭触点复位闭合。常见的直流接触器的实物外形及符号如图 4-19 所示。

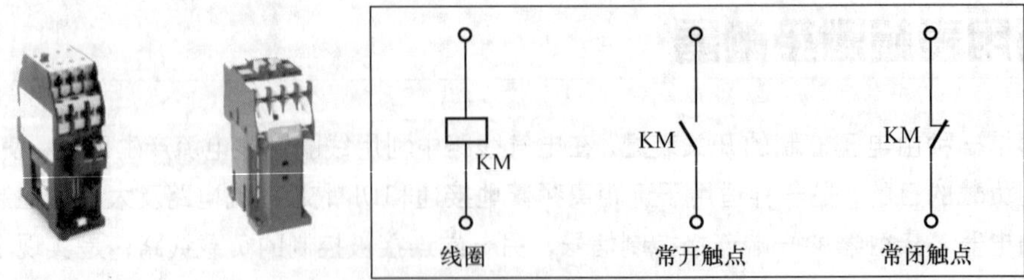

图 4-19 直流接触器的实物外形及符号

直流接触器的型号含义如图 4-20 所示。

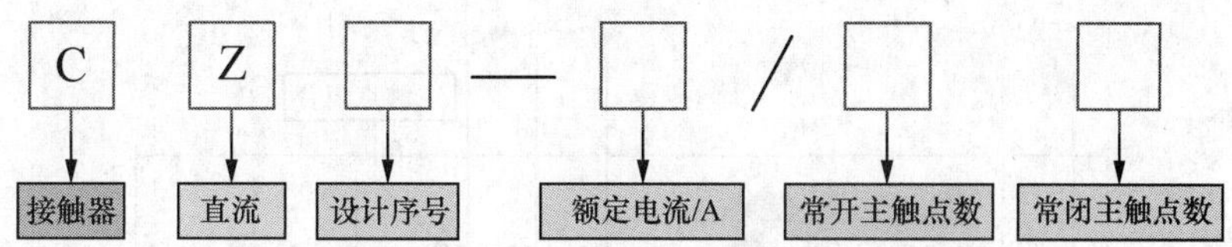

图 4-20　直流接触器的型号含义

交流接触器与直流接触器的区别如下。

铁芯不同：交流接触器的铁芯由彼此绝缘的硅钢片叠压而成，并做成双 E 形；直流接触器的铁芯多由整块软铁制成，多为 U 形。

灭弧系统不同：交流接触器采用栅片灭弧，而直流接触器采用磁吹灭弧装置。

线圈匝数不同：交流接触器匝数少，通入的是交流电；而直流接触器的线圈匝数多，通入的是直流电。交流接触器分断的是交流电路；直流接触器分断的直流电路。交流接触器操作频率最高为 600 次/小时，而直流接触器操作频率可达 2000 次/小时。

4.3.2　接触器的结构与原理

接触器由电磁系统、触点系统、灭弧系统、释放弹簧机构、辅助触点及基座等几部分组成。接触器是利用电磁系统控制衔铁的运动来带动触点，使电路接通或断开的。交流接触器和直流接触器的结构和工作原理基本相同，下面仅介绍交流接触器的结构与原理。

交流接触器主要由 4 部分组成。

（1）电磁系统：包括吸引线圈、铁芯和衔铁 3 部分。

（2）触点系统：包括 3 组主触点和若干常开、常闭辅助触点。触点系统和衔铁是连接在一起互相联动的。

（3）灭弧装置：一般容量较大的交流接触器都设有灭弧装置，以便迅速切断电弧，免于烧坏主触点。

（4）绝缘外壳及附件：包括各种弹簧、传动机构、短路环和接线柱等。

交流接触器的内部结构示意图如图 4-21 所示。

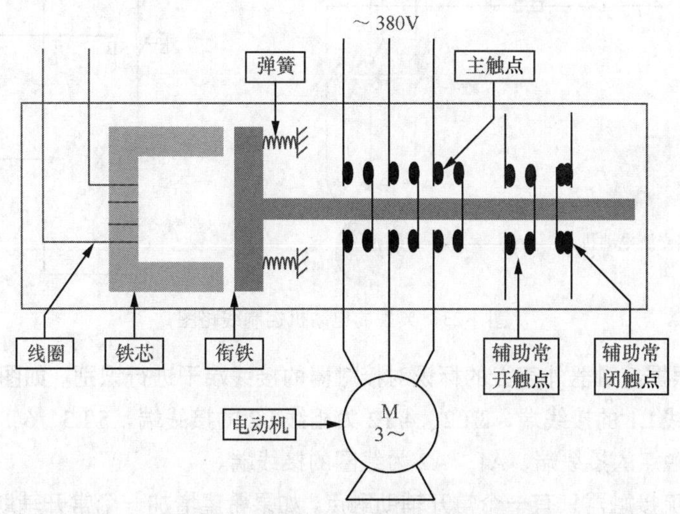

图 4-21　交流接触器的内部结构示意图

交流接触器电磁线圈得电，主触点闭合，辅助常开触点闭合，辅助常闭触点断开，如图 4-22 所示；交流接触器电磁线圈一旦失电，主触点断开，辅助常开触点复位断开，辅助常闭触点复位闭合。

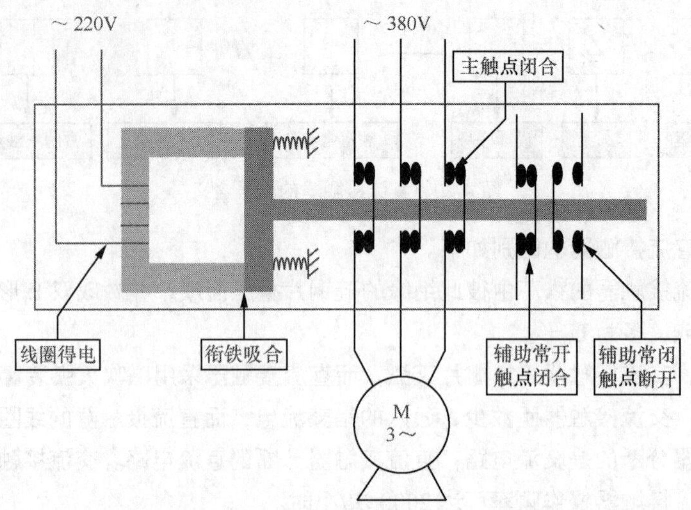

图 4-22　交流接触器线圈得电示意图

4.3.3　万用表检测接触器的方法

交流接触器位于热继电器的上一级，用来频繁接通或断开用电设备的供电电路。图 4-23 所示为典型的电动机控制线路图，接触器的主触头连接在电动机所在的主回路中，线圈则连接在控制回路中。可以对接触器的触点和线圈阻值进行检测，以此来判断接触器是否正常。

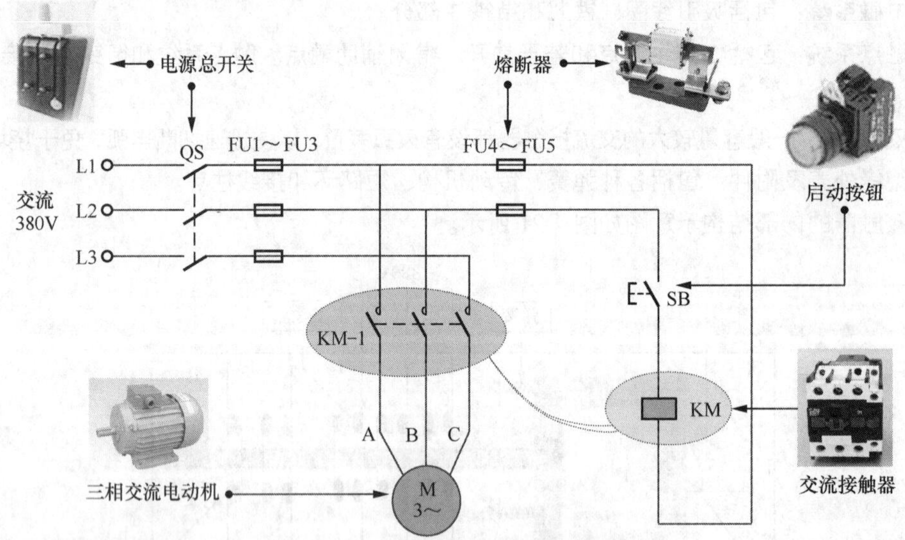

图 4-23　典型的电动机控制线路图

检测之前，先根据接触器外壳上的标识对接触器的接线端子进行识别。如图 4-24 所示，接线端子 1/L1、2/T1 为相线 L1 的接线端，3/L2、4/T2 为相线 L2 的接线端，5/L3、6/T3 为相线 L3 的接线端。13、14 为辅助触点的接线端，A1、A2 为线圈的接线端。

图 4-24 中的交流接触器只有一个常开辅助触点，如果希望增加一个常开辅助触点和一个常闭辅助触点，则可以在该接触器上安装一个辅助触点组，安装时只要将辅助触点组底部的卡扣套在交流接触器的联动架上即可。安装了辅助触点组的交流接触器如图 4-25 所示。当交流接触器的控制线圈通电时，除了自身各个触点会动作外，还通过联动架带动辅助触点组内部的触点动作。

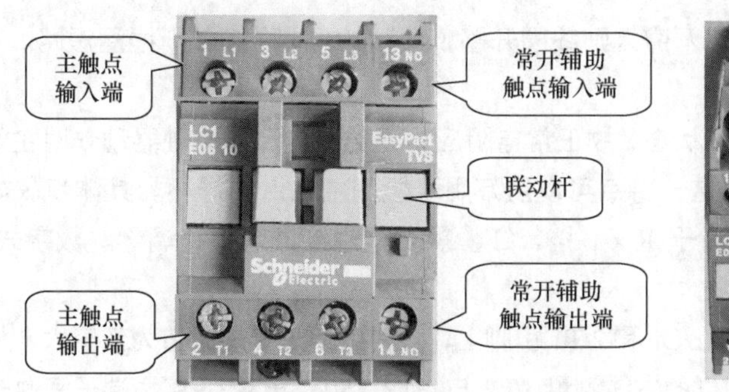

图 4-24　交流接触器端子识别

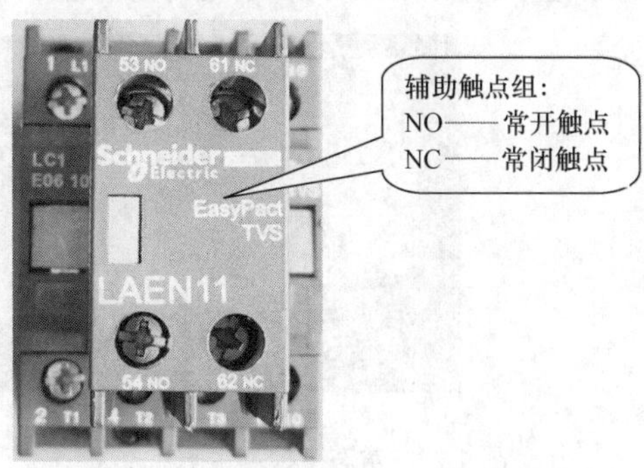

图 4-25　安装了辅助触点组的交流接触器

线圈不通电时，主触点电阻值为无穷大，辅助常开触点阻值为无穷大，辅助常闭触点电阻值接近 0Ω。我们可以用万用表来检测接触器的好坏。交流和直流接触器的检测方法基本相同，下面以交流接触器为例进行说明。

交流接触器的检测步骤如下所示。

1. 检测控制线圈的电阻

正常情况下，接触器内部线圈的阻值一般为几百到几千欧姆（不同型号其线圈阻值有所不同），可以通过这一特点检测线圈好坏，具体检测步骤如下所示。

第 1 步：将指针式万用表置于 R×100 挡，红、黑表笔短接进行短路调零。数字式万用表选择合适的电阻挡位。

第 2 步：红、黑表笔分别接在控制线圈的接线端 A1 和 A2 上，如图 4-26 所示。实测控制线圈的电阻值约为 850Ω。

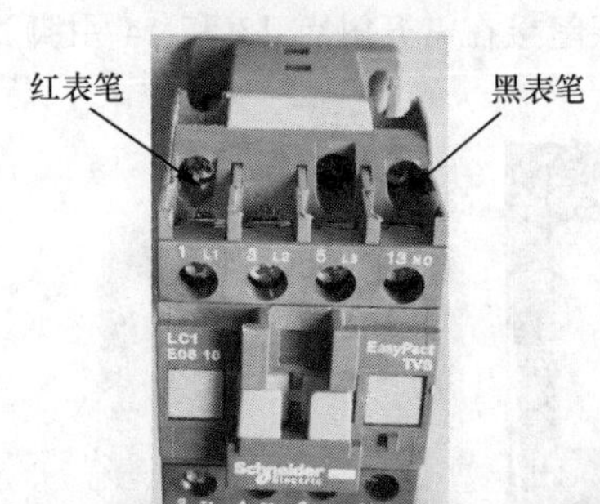

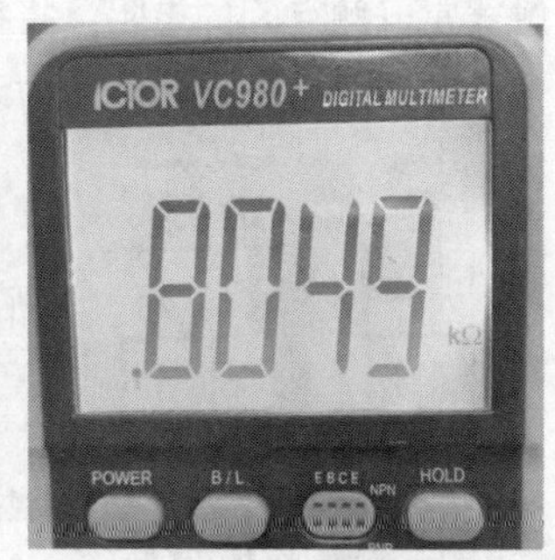

图 4-26　检测控制线圈的电阻值

一般来说，交流接触器功率越大，要求线圈对触点的吸合力越大（即要求线圈流过的电流大），线圈电阻更小。若线圈的电阻为无穷大则线圈开路，线圈的电阻为 0Ω 则线圈短路。

2. 检测主触点

因为常态下主触点处于开路状态，故正常电阻应为无穷大，而当接触器动作时主触点立即吸合，主触点间的电阻约为 0Ω，利用这一特点可以用万用表检测主触点的好坏。具体步骤如下所示。

第 1 步：将指针式万用表置于 R×1 挡，红、黑表笔短接进行短路调零。数字式万用表选择合适的电阻挡位即可。

第 2 步：将红、黑表笔接在 1/L1 和 2/T1 引脚上，此时万用表显示阻值为无穷大，如图 4-27 所示，即表明第一组触点正常，采用同样的方法测量 3/L2 与 4/T2、5/L3 与 6/T3 接线端子间的电阻，正常电阻均应为无穷大，若某路触点的电阻值为 0Ω 或时大时小，则表明接触器的该路触点短路或接触不良。

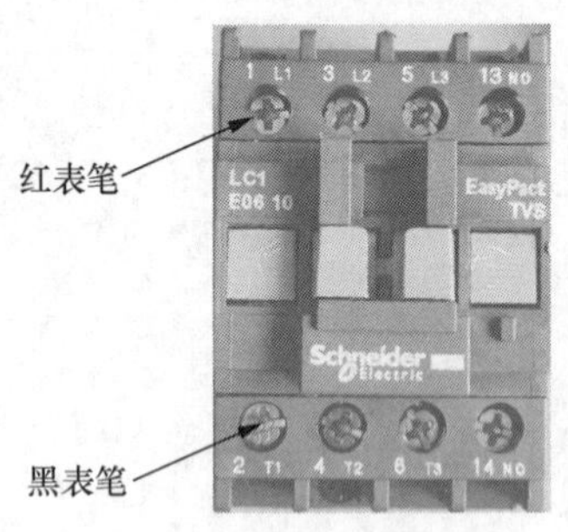

图 4-27 常态下检测主触点

第 3 步：用改锥按下联动杆，主触头闭合，将红、黑表笔接在 1/L1 和 2/T1 引脚上，此时万用表显示阻值约为 0Ω，如图 4-28 所示，表明第一组触点正常。采用同样的方法检测其他触点。

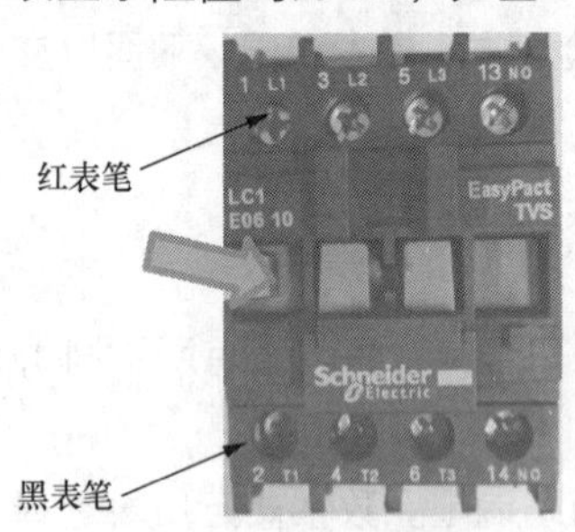

图 4-28 按下联动杆检测主触点

3. 检测常开触点和常闭触点

（1）常态下接触器的常开触点断开，触点间的电阻值为无穷大，如图 4-29 所示为常态下检测接触器常开触点间的电阻，将指针式万用表置于 R×1 挡，将红、黑表笔接在常开触点 13 和 14 引脚上，此时万用表显示阻值为无穷大，即表明被测常开触点正常。

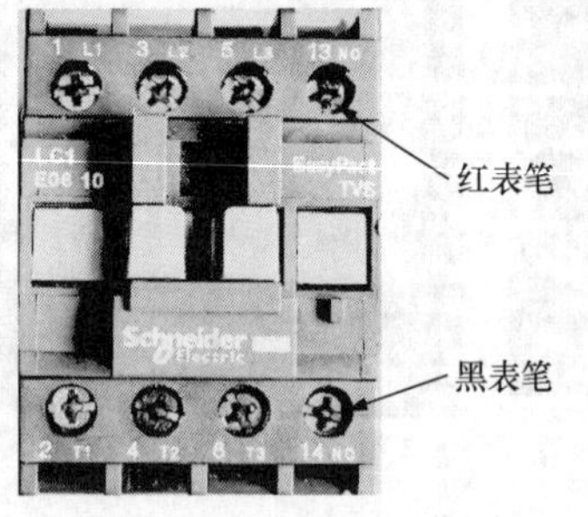

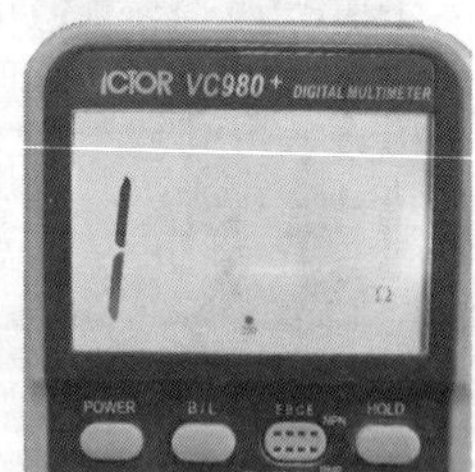

图 4-29 常态下检测常开触点

当用改锥按下联动杆时，常开触点闭合，红、黑表笔的位置不动，阻值变为 0Ω，检测过程如图 4-30 所示。

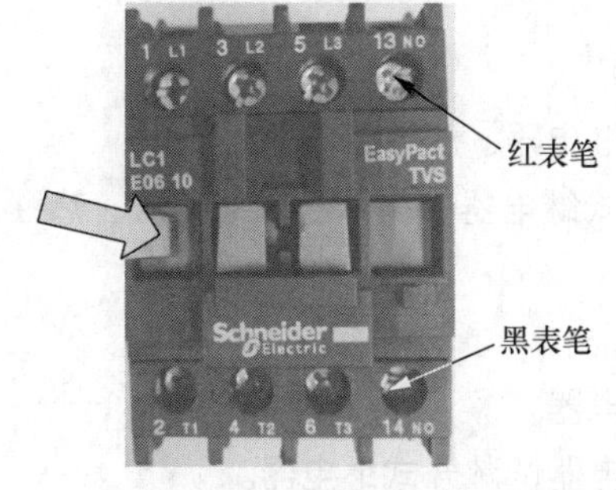

图 4-30　按下联动杆检测常开触点

（2）常态下接触器的常闭触点接通，触点间的电阻值约为 0Ω，如图 4-31 所示为常态下检测接触器常闭触点间的电阻，将指针式万用表置于 R×1 挡，将红、黑表笔接在常闭触点 61 和 62 引脚上，此时万用表显示阻值约为 0Ω，即表明被测常闭触点正常。

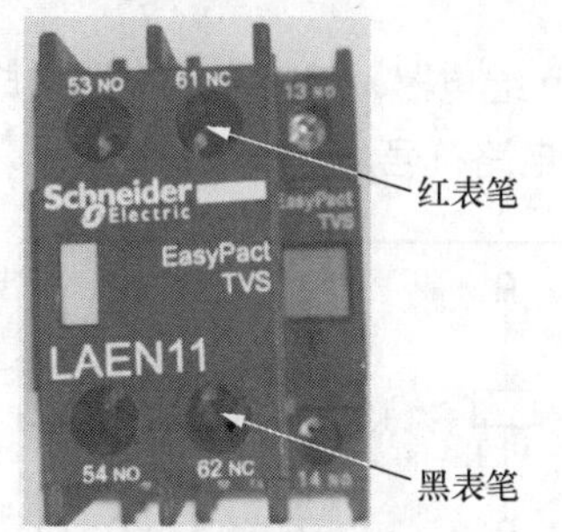

图 4-31　常态下检测常闭触点

当用改锥按下联动杆时，常闭触点断开，红、黑表笔的位置不动，阻值变为无穷大，检测过程如图 4-32 所示。

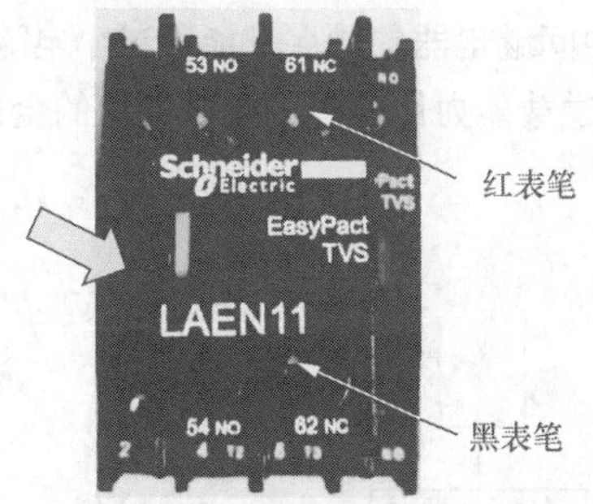

图 4-32　按下联动杆检测常闭触点

4.4 万用表检测继电器

继电器是一种根据输入信号（电量或非电量）的变化，接通或断开小电流电路，实现自动控制和保护电力拖动装置的器件。一般情况下，它不直接控制电流较大的主电路，而是通过接触器或其他器件对主电路进行控制。

4.4.1 继电器分类及电路符号

继电器种类多种多样，具体分类方式如下所示。

（1）按输入信号性质分类：电流继电器、电压继电器、速度继电器、压力继电器。

（2）按工作原理分类：电磁式继电器、电动式继电器、感应式继电器、晶体管式继电器、热继电器。

（3）按输出方式分类：触点式继电器、无触点式继电器。

（4）按外形尺寸分类：微型继电器、超小型继电器、小型继电器。

（5）按防护特征分类：密封继电器、塑封继电器、防尘罩继电器、敞开式继电器。

1. 中间继电器

中间继电器的原理是将一个输入信号变成多个输出信号或将信号放大（即增大继电器触头容量），其实质是电压继电器，但它的触头较多（可多达 8 对）、触头容量可达 5~10A、动作灵敏，当其他电器的触头对数不够时，可借助中间继电器来扩展他们的触头对数，也有的通过中间继电器实现触点通电容量的扩展。

中间继电器有通用继电器、电子式小型通用继电器、电磁式中间继电器、采用集成电路构成的无触点静态中间继电器等。图 4-33 所示为中间继电器的实物外形及电路符号。

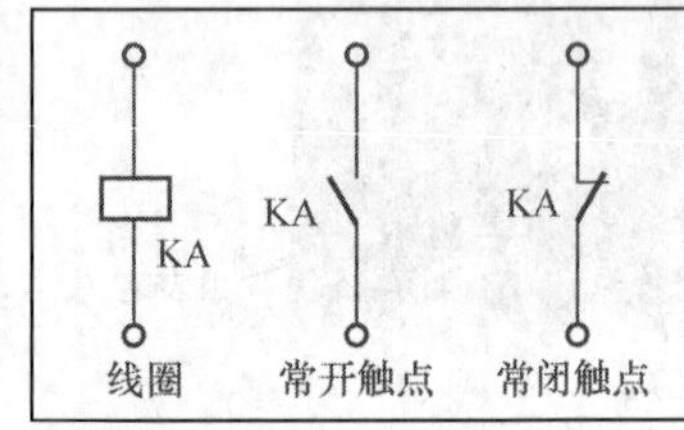

图 4-33　中间继电器的实物外形及电路符号

中间继电器与交流接触器的区别：中间继电器的结构和原理与交流接触器基本相同，与交流接触器的主要区别在于，交流接触器的主触点可以通过大电流，而中间继电器的触点只能通过小电流。所以，它只能用于控制电路中，而且一般是没有主触点的。由于过载能力比较小，所以它用的全部都是辅助触点，数量比较多。

中间继电器的型号含义如图 4-34 所示。

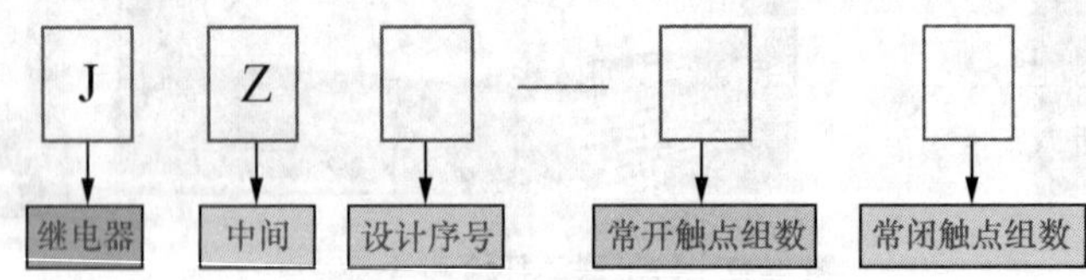

图 4-34　中间继电器的型号含义

选用中间继电器时，主要根据被控制电路的电压等级、所需触点数量、种类、容量等进行选择。

2. 电压继电器

电压继电器是一种输入量为电压并当电压值达到规定值时可产生相应动作的继电器，即反映电压变化的控制器件。

电压继电器的线圈匝数多且导线细，使用时将电压继电器的电磁线圈并联于所监控的电路中，与负载并联时，将动作触点串联在控制电路中。当电路的电压值变化超过设定值时，电压继电器便会动作，触点状态产生切换，发出信号。

电压继电器按照结构类型可分为电磁式电压继电器、静态电压继电器（集成电路电压继电器）；按照电压动作类型可分为过电压继电器和欠电压继电器。

过电压继电器的线圈在额定电压时，衔铁不产生吸合动作。只有当线圈电压高于其额定电压时，衔铁才会产生吸合动作，同时其常闭触点断开，从而实现电路过压保护功能。

欠电压继电器的线圈在额定电压时，衔铁处于吸合状态。一旦所接电气控制中的电压降低至线圈释放电压时，衔铁由吸合状态转为释放状态，其常闭触点断开，从而实现保护电器的目的。电压继电器的实物外形及符号如图 4-35 所示。

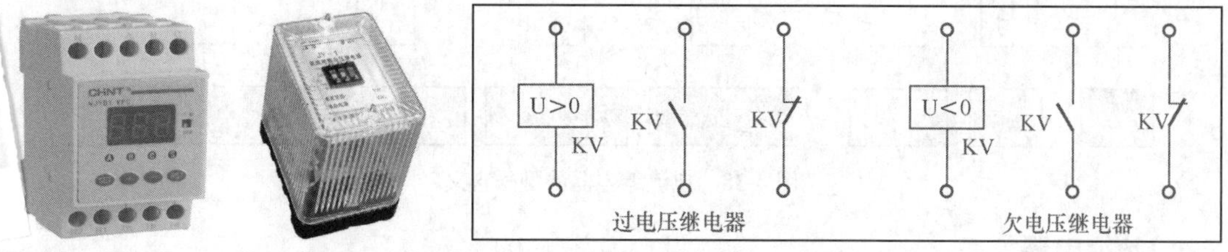

图 4-35　电压继电器的实物外形及符号

电压继电器的型号含义如图 4-36 所示。

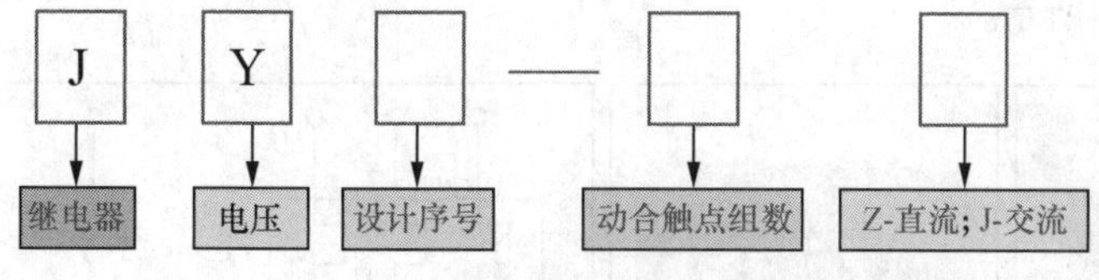

图 4-36　电压继电器的型号含义

3. 电流继电器

电流继电器是反映电流变化的控制器件，主要用于监控电气线路中的电流变化。

电流继电器一般由铁芯、线圈、衔铁、触点簧片等组成。只要在线圈两端加上一定的电压，线圈中就会流过电流，从而产生电磁效应，衔铁就会在电磁力吸引的作用下克服弹簧的拉力吸向铁芯，从而带动衔铁的动触点与静触点（动合触点）吸合，当线圈断电后，电磁吸力也随之消失，衔铁就会在弹簧的反作用力下返回原来的位置，使动触点与原来的静触点（动断触点）释放，这样吸合、释放，从而达到电路的导通、切断的目的。

电流继电器的线圈匝数少且导线粗，使用时将电磁线圈串联于所监控的电路中。与负载串联时，将动作触点串联在辅助电路中。当电路的电流值变化超过设定值时，电流继电器便会动作，触点状态产生切换，发出信号。

电流继电器按照结构类型可分为电磁式电流继电器、静态电流继电器（集成电路电流继电器）；按照电流动作类型可分为过电流继电器和欠电流继电器。

过电流继电器在正常工作时，线圈虽然有负载电流，但衔铁不产生吸合动作。只有当线圈电流超过整定电流时，衔铁才会产生吸合动作，同时其动断触点断开接触器线圈的通电回路，从而切断电气控制线路中电气设备的电源。

欠电流继电器在正常工作时，衔铁处于吸合状态。当电路中负载电流降低至释放电流时，衔铁由吸合状态转为释放状态，从而起到保护作用。电流继电器实物外形及符号如图 4-37 所示。

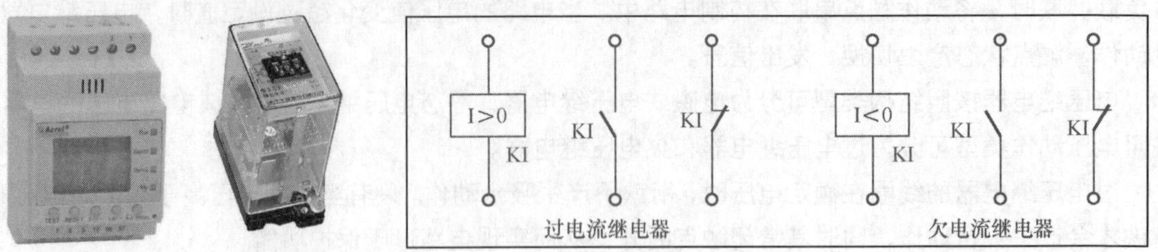

图 4-37　电流继电器的实物外形及符号

电流继电器的型号含义如图 4-38 所示。

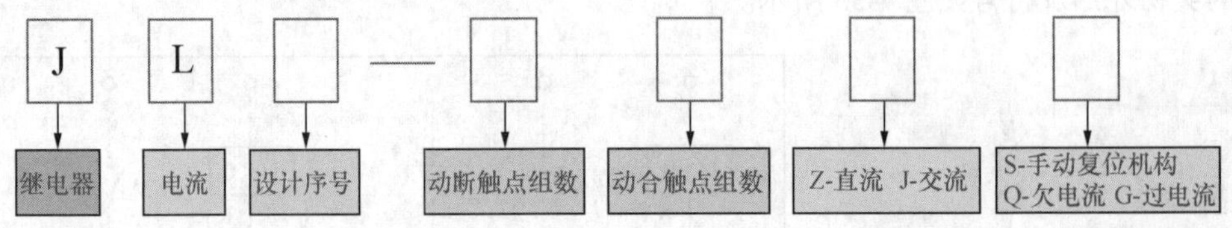

图 4-38　电流继电器的型号含义

4．热继电器

热继电器也称为过热保护器或热保护继电器，是利用电流的热效应来推动动作机构使其内部触点闭合或断开，常用于电动机的过载保护、断相保护、电流不平衡保护和热保护。热继电器的实物外形及符号如图 4-39 所示。

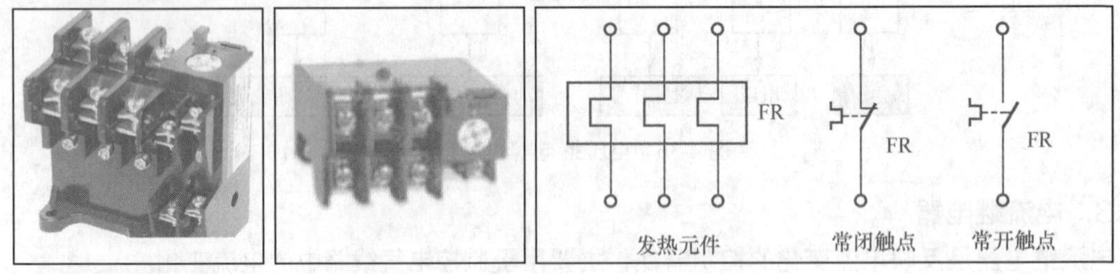

图 4-39　热继电器的实物外形及符号

热继电器的型号含义如图 4-40 所示。

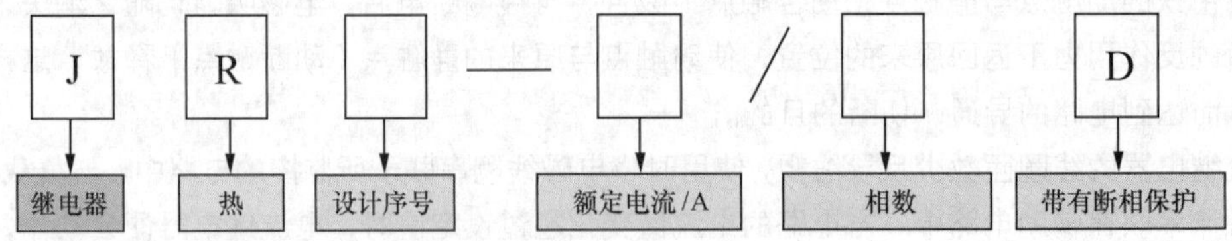

图 4-40　热继电器的型号含义

5．时间继电器

时间继电器实质上是一个定时器，在定时信号发出之后，时间继电器按预先设定好的时间、时序延时接通和分断被控制电路。

时间继电器按工作方式可分为通电延时时间继电器和断电延时时间继电器两种，前者较为常用。图 4-41 所示为时间继电器的实物外形及符号。

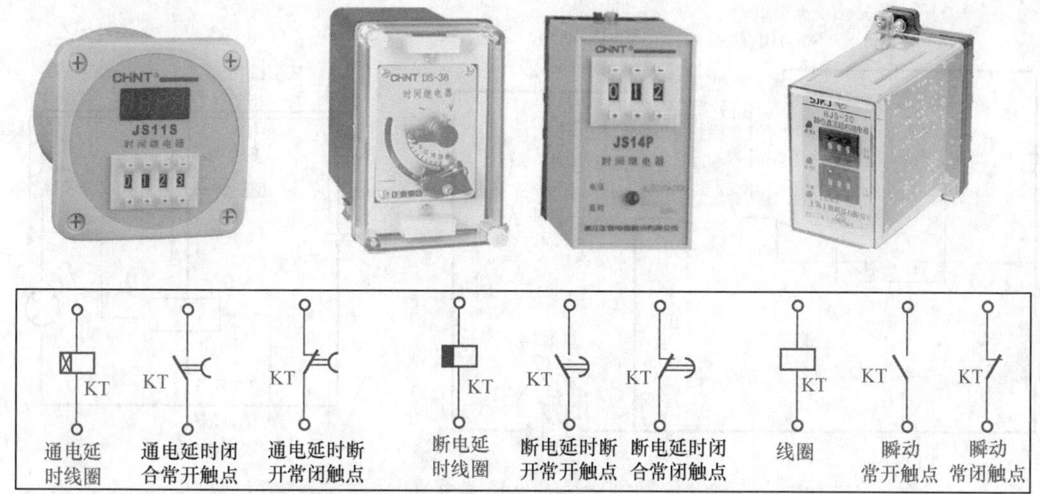

图 4-41 时间继电器的实物外形及符号

时间继电器的型号含义如图 4-42 所示。

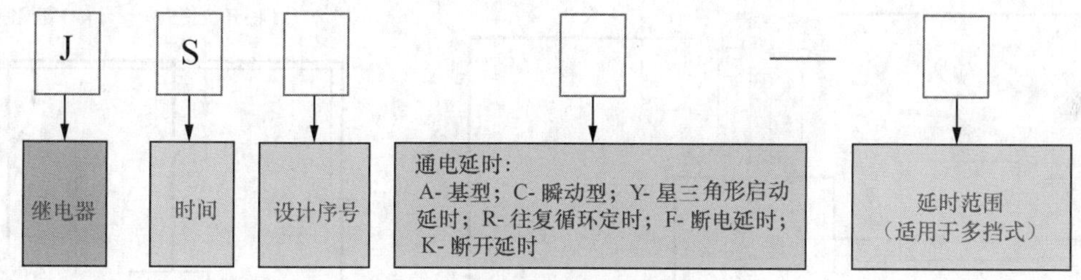

图 4-42 时间继电器的型号含义

4.4.2 继电器的结构和原理

1. 继电器的触点

继电器的控制关系大致相同，根据电路需要，可分为常开、常闭、转换触点 3 种形式。下面以通用继电器为例，分别介绍 3 种形式的控制关系。

(1) 继电器的常开触点

继电器常开触点内部的动触点和静触点通常处于断开状态，当线圈得电时，其动触点和静触点立即闭合，接通电路；当线圈失电时，其动触点和静触点立即复位，切断电路。图 4-43 所示为继电器常开触点的控制关系。

(2) 继电器的常闭触点

继电器常闭触点内部的动触点和静触点通常处于闭合状态，当线圈得电时，其动触点和静触点立即断开，切断电路；当线圈失电时，其动触点和静触点立即复位，接通电路。图 4-44 所示为继电器常闭触点的控制关系。

(3) 继电器的转换触点

继电器转换触点内部设有一个动触点和两个静触点，如图 4-45 所示。其中，动触点与静触点 1 处于闭合状态，称为常闭触点；动触点与静触点 2 处于断开状态，称为常开触点。

当转换触点的线圈得电时，动触点与静触点 1 立即断开，并与静触点 2 闭合，切断静触点 1 的控制电路，接通静触点 2 的控制电路。图 4-46 所示为继电器转换触点的控制关系。

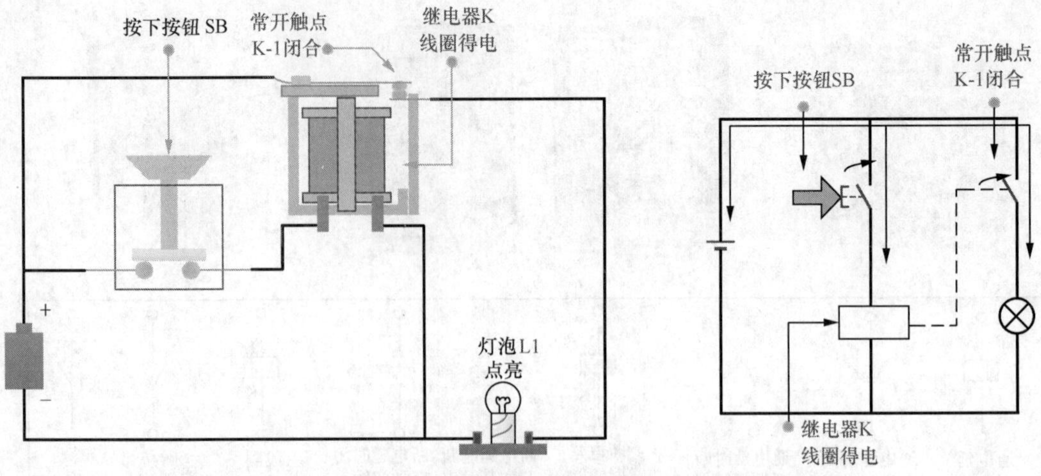

① 按下按钮SB，电路接通，继电器K线圈得电，常开触点K-1闭合，灯泡L1点亮

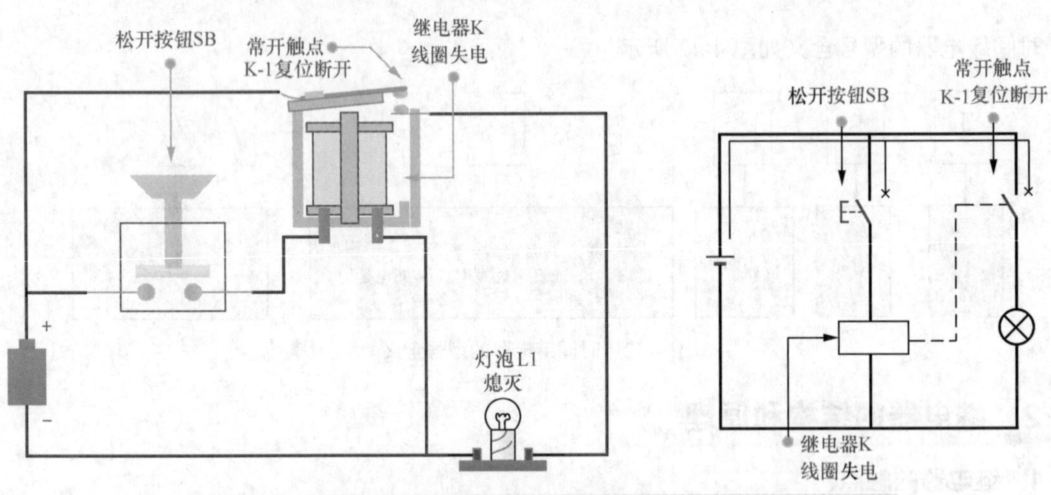

② 松开按钮SB，电路断开，继电器K线圈失电，常开触点K-1复位断开，灯泡L1熄灭

图 4-43　继电器常开触点的控制关系

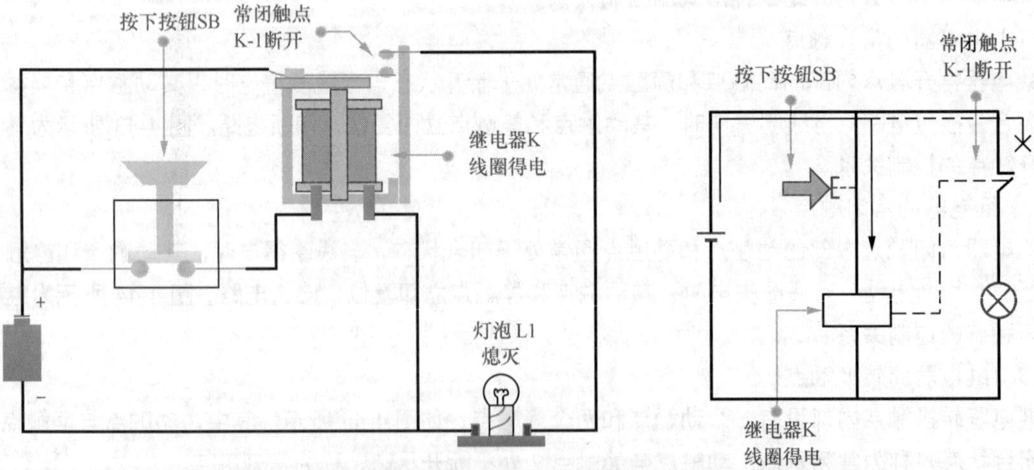

按下按钮SB　常闭触点 K-1断开　继电器K 线圈得电　灯泡 L1 熄灭

按下按钮SB　常闭触点 K-1断开　继电器K 线圈得电

① 按下按钮SB，电路接通，继电器K线圈得电，常闭触点K-1断开，灯泡 L1 熄灭

图 4-44　继电器常闭触点的控制关系

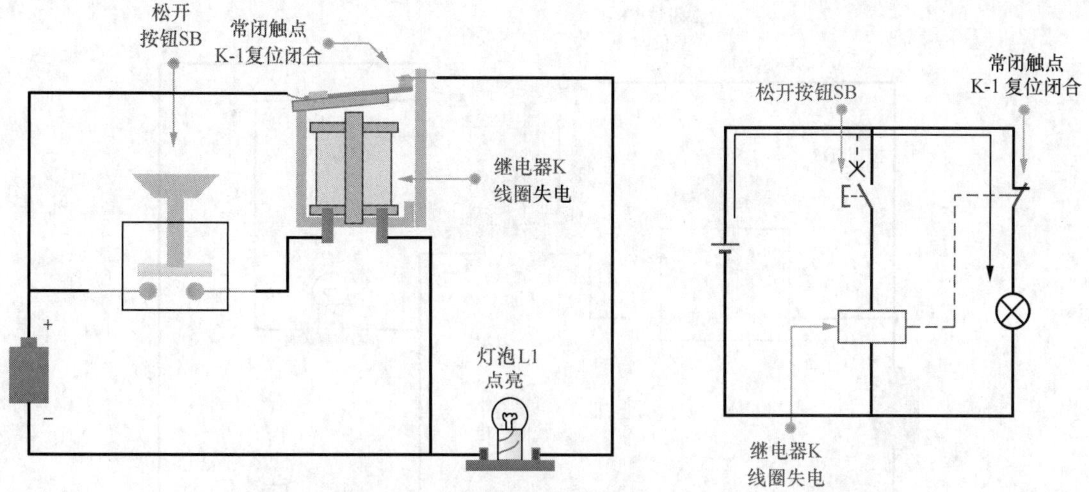

图 4-44　继电器常闭触点的控制关系（续）

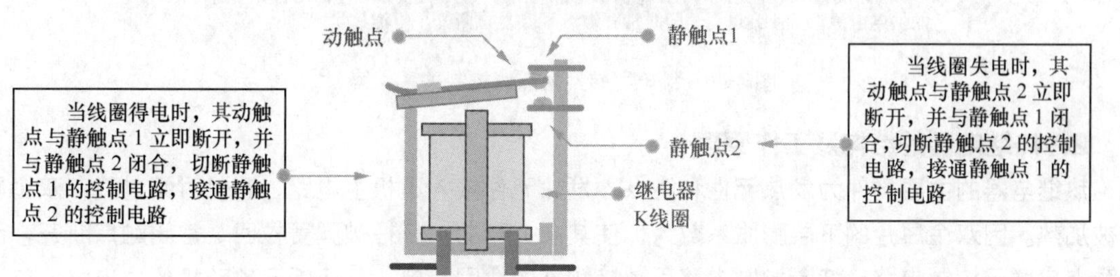

图 4-45　转换触点内部结构示意图

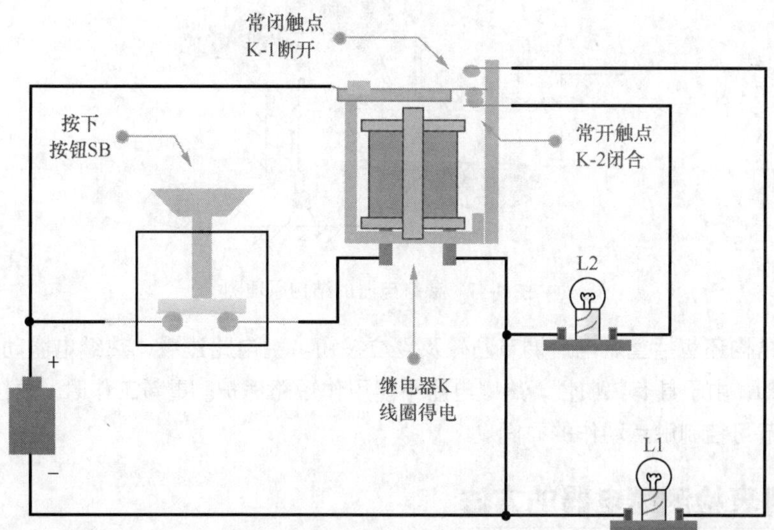

图 4-46　继电器转换触点的控制关系

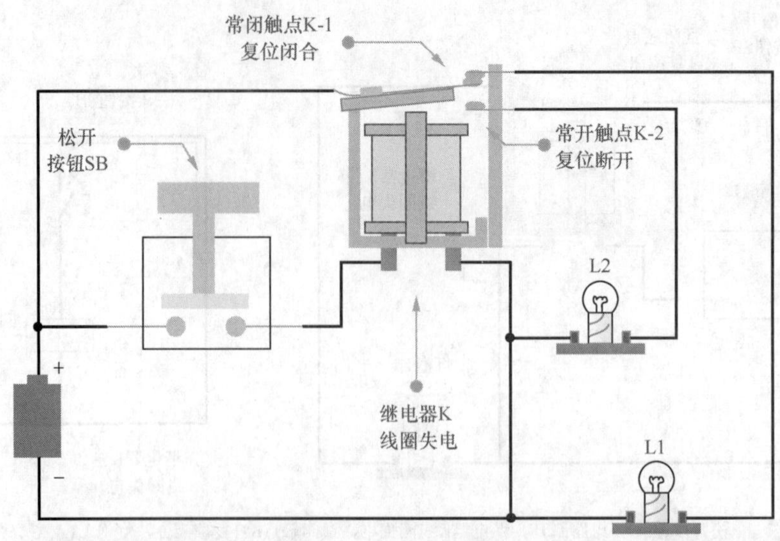

2 松开按钮SB，电路断开，继电器 K 线圈失电，常闭触点 K-1 复位闭合，接通灯泡L1的供电电源，灯泡L1点亮；同时常开触点 K-2 复位断开，灯泡 L2熄灭

图 4-46 继电器转换触点的控制关系（续）

2. 热继电器的结构及工作原理

热继电器的主要构件为发热元件和触点，发热元件接入电机主电路，若长时间过载，双金属片会被加热。因双金属片的下层膨胀系数大，使其向上弯曲，杠杆被弹簧拉回，常闭触点断开，而常闭触点串联于控制电路，切断控制电路后，接触器的线圈断电，从而断开电动机的主电路，电动机得到保护。热继电器的结构原理图如图 4-47 所示。

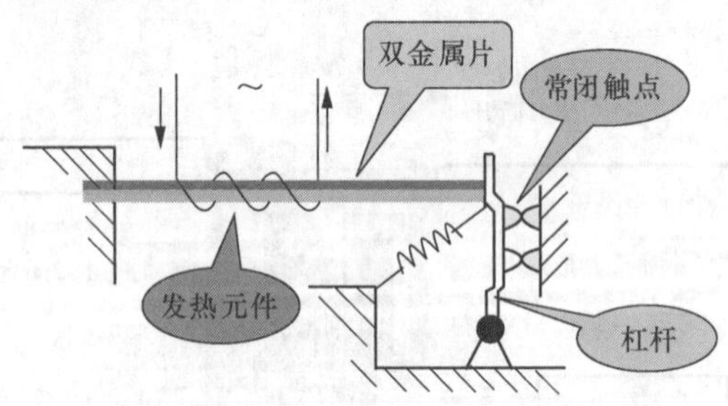

图 4-47 热继电器的结构原理图

热继电器结构还包括整定电流调节凸轮及复位按钮。主电路过载，热继电器动作后，经一段时间双金属片冷却，由于具有热惯性，热继电器不能用作短路保护。重新工作时，须按触点复位按钮。整定电流的调节可控制触点动作的时间。

4.4.3 万用表检测继电器的方法

1. 电磁继电器的检测方法

电磁继电器是最常用的继电器，它是依靠电磁线圈在通过直流或交流电流时产生磁场吸引衔铁或铁芯带动触点动作，从而实现电路的接通或断开。在电力拖动控制、保护及各类电器的遥控和通信中用途广泛。

对于外壳透明的电磁继电器，检测线圈正常后，可直接观察内部的触点等部件是否损坏，根据情况进行维修或更换。而对于封闭式电磁继电器，则需要检测线圈和触点的阻值来判断继电器是否损坏。若发现继电器损坏需要进行整体更换。图 4-48 所示为 T73 型电磁继电器的实物外形及引脚排列。

图 4-48　T73 型电磁继电器的实物外形及引脚排列

（1）检测继电器线圈

可用万用表测量继电器线圈的阻值，来判断继电器线圈的好坏，具体步骤如下所示。

第 1 步：将指针式万用表置于 R×100 挡，红、黑表笔短接进行短路调零。数字式万用表选择合适的电阻挡位即可。

第 2 步：万用表红、黑表笔接继电器线圈的两个引脚，如图 4-49 所示。测得的电阻值应与该继电器的线圈电阻基本相符，实测值为 1700Ω。如果阻值明显偏小，表明线圈局部短路；如果阻值为 0Ω，表明两线圈引脚间短路；如果阻值为无穷大，表明该线圈已断路，以上三种情况都表明该继电器已经损坏。

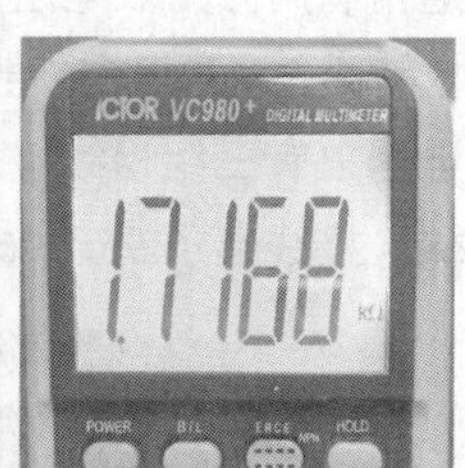

图 4-49　检测电磁继电器的线圈

（2）检测触点

未加上工作电压时，继电器常开触点断开，常闭触点接通，此时用万用表测量常开触点间的电阻应为无穷大，而常闭触点间的电阻约为 0Ω，具体步骤如下所示。

第 1 步：将指针式万用表置于 R×1 挡，红、黑表笔短接进行短路调零。数字式万用表选择合适的电阻挡位即可。

第 2 步：万用表红、黑表笔接继电器常开触点的两个引脚，正常情况下电阻值应为无穷大，如图 4-50 所示。

图 4-50　检测电磁继电器的常开触点

第 3 步：万用表红、黑表笔接继电器常闭触点的两个引脚，正常情况下电阻值约为 0Ω，如图 4-51 所示。

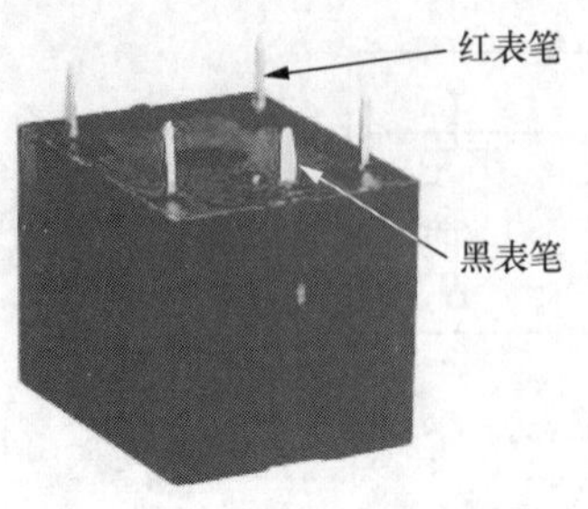

图 4-51　检测电磁继电器的常闭触点

除了通过检测电阻值来判断电磁继电器的好坏外，还可使用直流电源为其供电，当加上工作电压时，应听到继电器吸合声，常开触点应导通，常闭触点应断开，此时再用万用表测量常开触点间电压为 0V，而常闭触点间的电压则要根据外接电路判断。继电器线圈的工作电压都标在铭牌上（如 12V、24V 等），继电器线圈加电压检测时，必须符合线圈的额定值。

2. 热继电器的检测方法

热继电器是利用电流通过发热元件时产生热量而使内部触点动作的。热继电器主要用于电气设备发热保护，如电动机过载保护等。

通常利用万用表电阻挡检测热继电器发热元件电阻值和触点电阻值来判断其好坏。

检测之前，先根据外壳上的标识对热继电器的接线端子进行识别，端子对应关系如图 4-52 所示。热继电器上有三组相线接线端子，即 L1 和 TI、L2 和 T2、L3 和 T3，其中，L 侧为输入端，T 侧为输出端。接线端子 95、96 为常闭触点接线端，97、98 为常开触点接线端。

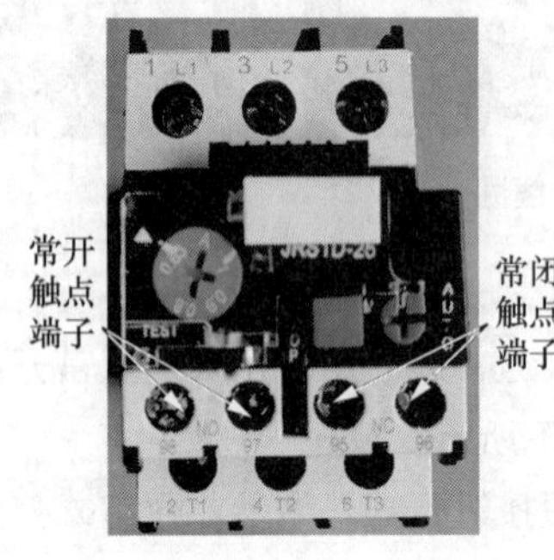

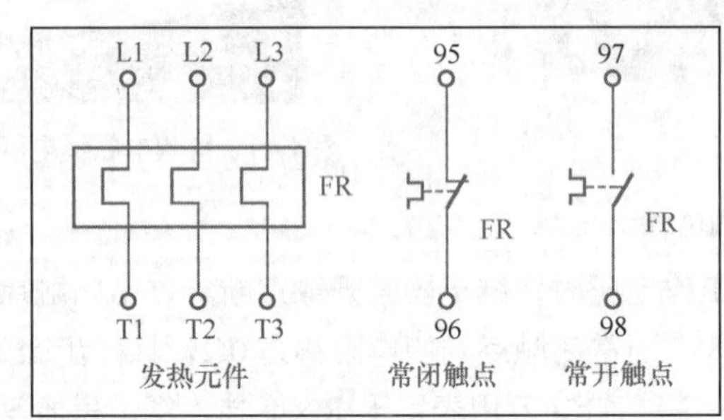

图 4-52　热继电器的接线端子对应关系

（1）检测发热元件

发热元件由电热丝或电热片组成，其电阻很小（接近 0Ω）。3 组发热元件的正常电阻均应接近 0Ω，如果电阻为无穷大，则为发热元件开路。测试的具体步骤如下所示。

第 1 步：将指针式万用表置于 R×1 挡，红、黑表笔短接进行短路调零。

第 2 步：万用表红、黑表笔接热继电器发热元件的 L1 和 T1 接线端子，测得的电阻值约为 0Ω，如图 4-53 所示。采用相同的方法检测 L2、T2 以及 L3、T3 端子之间的电阻值，阻值接近于 0Ω 表明相应的发热元件正常；若电阻值无穷大表明该组发热元件断路，热继电器损坏，应更换。

（2）检测触点

热继电器一般有一个常闭触点和一个常开触点，触点检测包括未动作时检测和动作时检测，具体测试步骤如下所示。

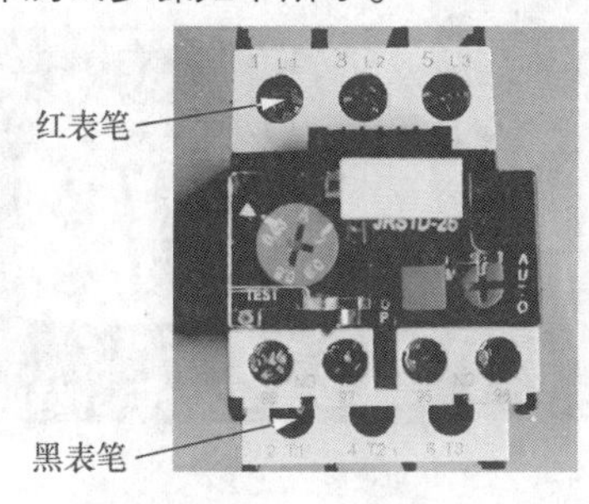

图 4-53　检测发热元件

第 1 步：将指针式万用表置于 R×1 挡，红、黑表笔短接进行短路调零。数字式万用表选择合适的电阻档位即可。

第 2 步：常态下检测常开、常闭触点间的电阻值。将万用表红、黑表笔接在热继电器的常开触点 97 和 98 接线端子上，测得常开触点间的阻值为无穷大，如图 4-54 所示。用同样的方法检测热继电器的常闭触点 95 和 96 接线端子之间的电阻值，正常情况下电阻值约为 0Ω，如图 4-55 所示。

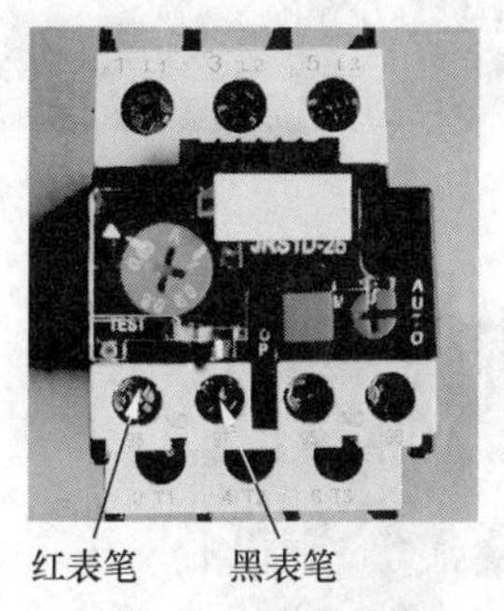

图 4-54　常态下检测常开触点

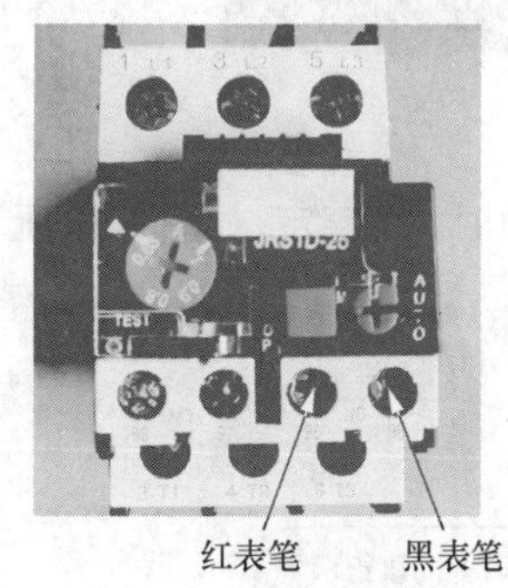

图 4-55　常态下检测常闭触点

第 3 步：按下 TEST 键，模拟过载环境，重新检测触点的电阻值，此时常开触点闭合电阻值应为 0Ω，如图 4-56 所示；常闭触点断开电阻值应为无穷大，如图 4-57 所示。

3. 时间继电器的检测方法

时间继电器是一种延时控制继电器，当得到动作信号后它并不是立即使触点动作，而是延迟一定时间才使触点动作。时间继电器主要用于各种自动控制系统和电动机的启动控制线路中。

时间继电器通常有多个引脚，如图 4-58 所示，2 脚、7 脚为线圈；1 脚、3 脚和 8 脚、6 脚为延时常开触点；1 脚、4 脚和 8 脚、5 脚为延时常闭触点。不同时间继电器触点分布不同，但是功能类同。

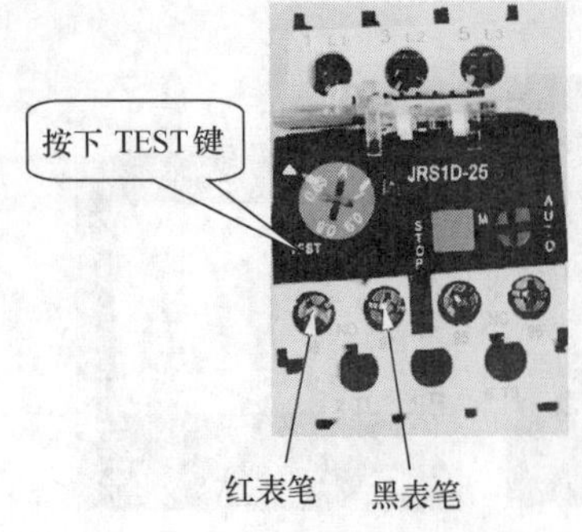

图 4-56　模拟过载情况下检测常开触点

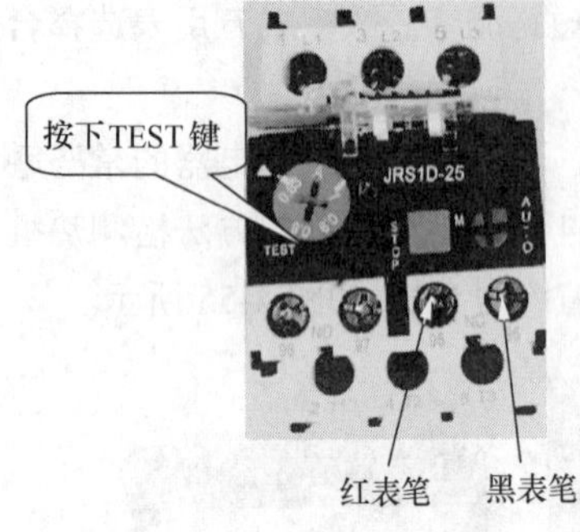

图 4-57　模拟过载情况下检测常闭触点

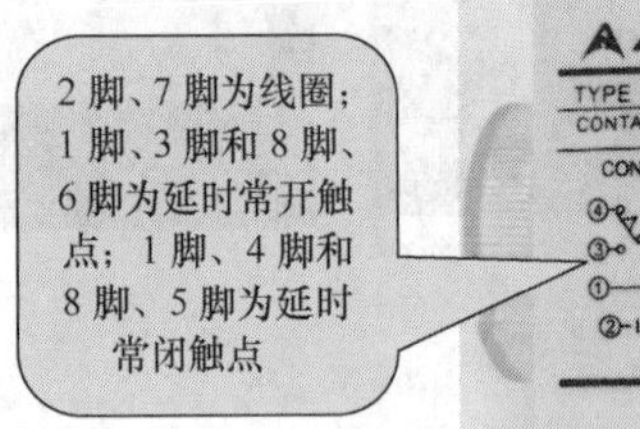

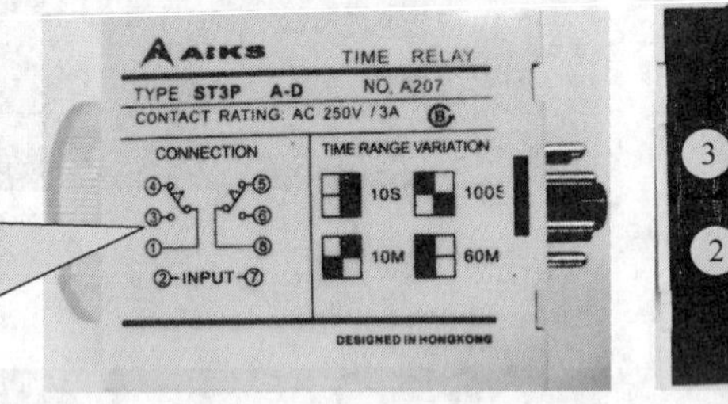

图 4-58　时间继电器的外形及引脚识别

时间继电器可通过调节旋钮进行时间的设置，根据需要进行相应延时时间的整定，如图 4-59 所示。

图 4-59　时间继电器的外形及时间的设置

时间继电器的检测主要是常态下对触点的检测和线圈通电后对触点的检测。

（1）常态下检测触点

常态下检测触点是指控制线圈没有通电的情况下检测触点间的电阻值，正常情况下时间继电器常开触点断开，电阻值应为无穷大，常闭触点接通，电阻应接近 0Ω。

具体检测步骤如下所示。

第 1 步：将指针式万用表置于 R×1 挡，红、黑表笔短接进行短路调零。数字万用表选择合适的电阻挡位即可。

第 2 步：将红、黑表笔接在时间继电器的 1 脚和 3 脚上（或 8 脚和 6 脚），万用表测得两引脚间阻值为无穷大，如图 4-60 所示。

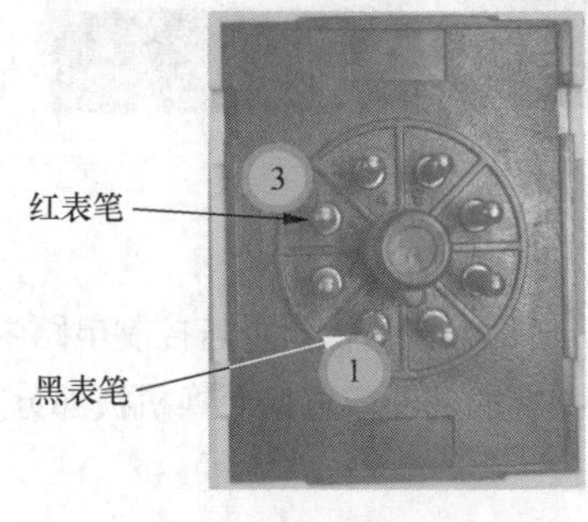

图 4-60　常态下检测常开触点

第 3 步：将红、黑表笔接在时间继电器的 1 脚和 4 脚上（或 8 脚和 5 脚），万用表测得两引脚间阻值约为 0Ω，如图 4-61 所示。

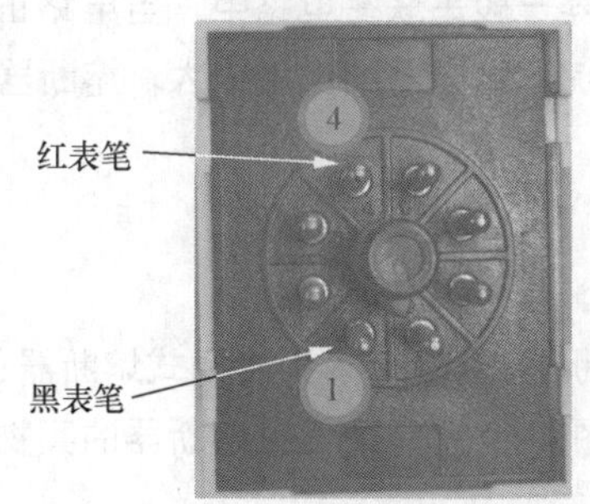

图 4-61　常态下检测常闭触点

（2）线圈通电情况下检测触点

当继电器离路时或者对更换的新继电器进行检查时，可给线圈接通额定电压，再次检测触点间的电阻值，正常情况下线圈通电后常开触点延时闭合，电阻值约为 0Ω，如图 4-62 所示；常闭触点延时断开，电阻值为无穷大，如图 4-63 所示。

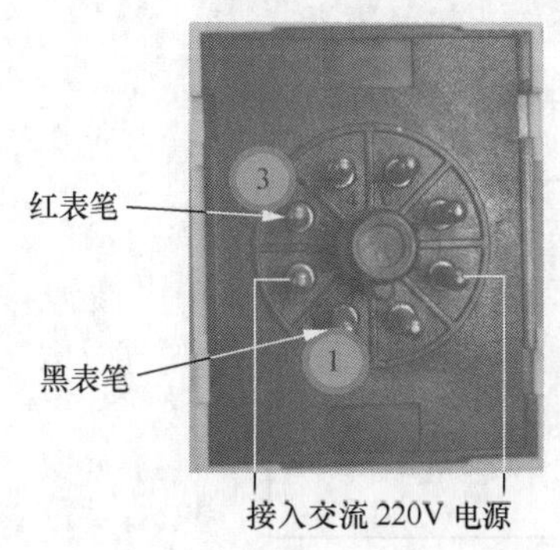

图 4-62　线圈通电情况下检测常开触点

若继电器在路（连接到电路中），可用万用表电压挡测试常开触点间电压，应为 0V，而常闭触点间的电压则根据外接电路进行判断。

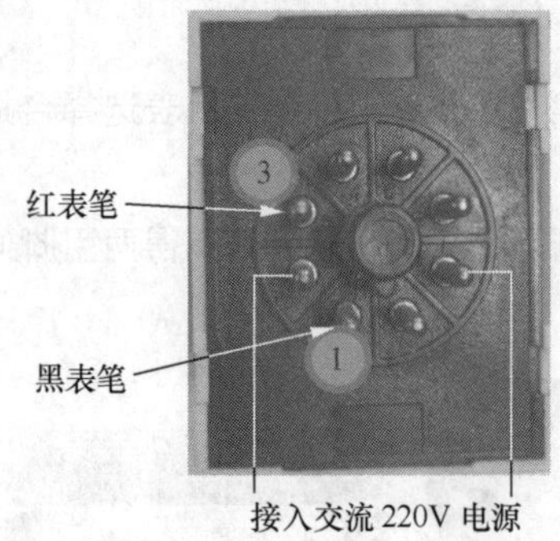

图 4-63　线圈通电情况下检测常闭触点

若确定时间继电器损坏，可将其拆开，分别对内部的控制电路和机械部分进行检查。若控制电路中有元器件损坏，更换损坏的元器件即可；若机械部分损坏，可更换内部损坏的部件或直接更换机械部分。

4.5 万用表检测熔断器

熔断器是对电路、用电设备短路和过载进行保护的器件。熔断器一般串联在电路中，当电路正常工作时，熔断器就相当于一根导线；当电路出现短路或过载时，流过熔断器的电流很大，熔断器就会开路，从而保护电路和用电设备。

4.5.1 熔断器的分类及电路符号

熔断器的种类很多，常见的有 RC 插入式熔断器、RL 螺旋式熔断器、RM 无填料封闭式熔断器、RS 快速式熔断器、RT 有填料管式熔断器和 RZ 自复式熔断器等。图 4-64 所示为常见熔断器的实物外形及符号。

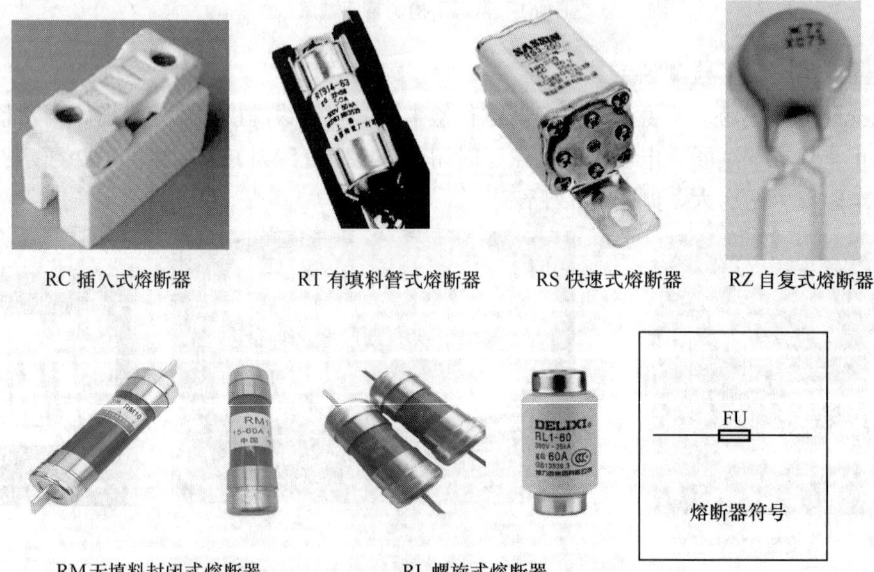

图 4-64　常见熔断器的实物外形及符号

熔断器的型号含义如图 4-65 所示。

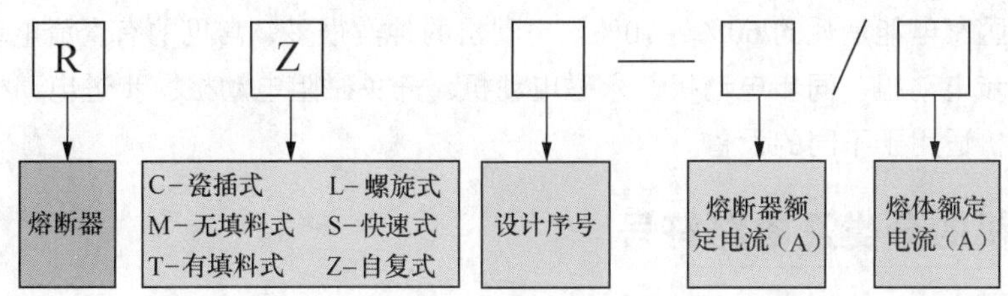

图 4-65　熔断器的型号含义

4.5.2　万用表检测熔断器的方法

熔断器的常见故障包括开路和接触不良。熔断器的种类很多，但检测方法基本相同。正常情况下，如果熔断器的电阻值接近 0Ω，则表明熔断器良好；如果熔断器的电阻值为无穷大，则表明熔断器开路；若阻值不稳定（时大时小），则表明熔断器内部接触不良。具体检测步骤如下所示。

第 1 步：将指针式万用表置于 R×1 挡，红、黑表笔短接进行短路调零。数字万用表选择最小的电阻挡量程。

第 2 步：将红、黑表笔分别接在被测熔断器两端的金属壳上，测量熔断器的电阻，若测得的电阻值接近 0Ω，则表明熔断器正常，如图 4-66 所示。

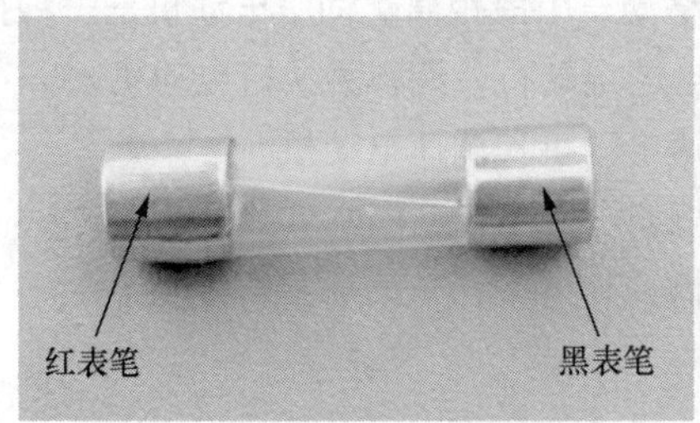

图 4-66　检测正常的熔断器

图 4-67 所示检测的是一个损坏的熔断器，测得熔断器的阻值为无穷大，表明该熔断器的熔丝已经熔断。

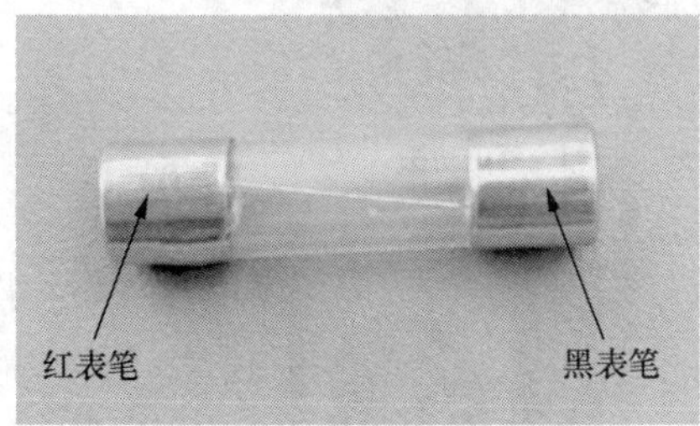

图 4-67　检测损坏的熔断器

使用用数字万用表检测，也可以将功能开关置于蜂鸣挡，将红、黑表笔分别接在被测熔断器两端的金属壳上，如果发出蜂鸣声，显示较小的数值，说明熔断器良好；如果没有蜂鸣声，显示为断路，即显示“1”，说明熔断器开路。

4.6　万用表检测电动机

电动机是一种将电能转换成机械能的设备。从家庭的电风扇、洗衣机、电冰箱，到企业生产用到的各种电动加工设备（如机床等），到处可以见到电动机的身影。据统计，一个国家各种电动机消耗的电能占整个国家电能消耗的 60%～70%。电动机的种类很多，常见的有直流电动机、单相异步电动机、三相异步电动机、同步电动机、永磁电动机、开关磁阻电动机、步进电动机和直线电动机等，不同的电动机适用于不同的设备。

4.6.1 电动机的分类及电路符号

电动机根据工作电源分类的不同，可分为直流电动机和交流电动机。其中交流电动机又分为单相电动机和三相电动机。

电动机按结构及工作原理可分为异步电动机和同步电动机。

电动机按启动与运行方式可分为电容启动式单相异步电动机、电容运转式单相异步电动机、电容启动运转式单相异步电动机、分项式单相异步电动机。

电动机按用途可分为驱动用电动机和控制用电动机。驱动用电动机又分为电动工具（包括钻孔、抛光、磨光、开槽、切割、扩孔等工具）用电动机、家电（包括洗衣机、电风扇、电冰箱、空调器、录音机、录像机、影碟机、吸尘器、照相机、电吹风、电动剃须刀等）用电动机及其他通用小型机械设备（包括各种小型机床、小型机械、医疗器械、电子仪器等）用电动机。控制用电动机又分为步进电动机和伺服电动机等。步进电动机是利用电磁铁原理，将脉冲信号转换为线位移或角位移的电动机，每来一个电脉冲，电动机转动一个角度，带动机械移动一小段距离。伺服电动机是一种把输入的电信号转换为转轴上的角位移或角速度来执行控制任务的电动机，又称为执行电动机。

电动机按运转速度可分为低速电动机、高速电动机、恒速电动机和调速电动机。

电动机按防护形式可分为开启式、防护式、封闭式、隔爆式、防水式、潜水式。

电动机按转子的结构可分为鼠笼式电动机和绕线式电动机。

常见电动机的实物外形如图 4-68 所示。

图 4-68 常见电动机的实物外形

电动机一般会在外壳上安装一个铭牌，铭牌就相当于简单的说明书，标注了电动机的型号、主要技术参数等信息。这里给大家介绍三相异步电动机的铭牌识别。

下面以如图 4-69 所示的铭牌为例来说明三相异步电动机铭牌上各项内容的含义。

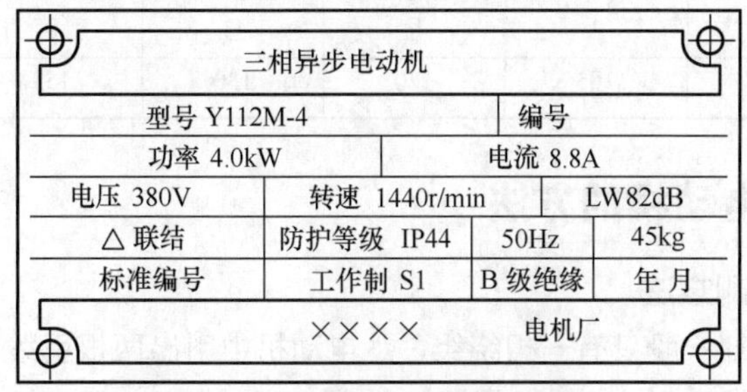

图 4-69　三相异步电动机的铭牌

（1）型号（Y112M-4）。型号通常由字母和数字组成，其含义如图 4-70 所示。

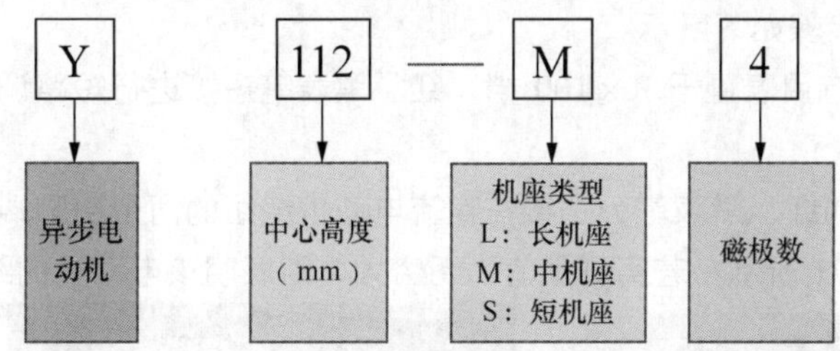

图 4-70　三相异步电动机的型号含义

（2）额定功率（功率 4.0kW）。该功率是在额定状态工作时电动机所输出的机械功率。

（3）额定电流（电流 8.8A）。该电流是在额定状态工作时流入电动机定子绕组的电流。

（4）额定电压（电压 380V）。该电压是在额定状态工作时加到定子绕组上的线电压。

（5）额定转速（转速 1440r/min）。该转速是在额定工作状态时电动机转轴的转速。

（6）噪声等级（LW82dB）。噪声等级通常用 LW 值表示，LW 值的单位是 dB（分贝），LW 值越小表示电动机运转时噪声越小。

（7）联结方式（△联结）。该联结方式是指在额定电压下定子绕组采用的联结方式，有三角形（△）联结和星形（Y）联结两种。在电动机工作前，要在接线盒中将定子绕组接成铭牌要求的接法。

如果接法错误，轻则电动机工作效率降低，重则损坏电动机。例如，若将要求按星形联结的绕组接成三角形，那么绕组承受的电压会很高，流过的电流会增大而易使绕组烧坏；若将要求按三角形联结的绕组接成星形，那么绕组上的电压会降低，流过绕组的电流减小而使电动机功率下降。一般功率小于或等于 3kW 的电动机，其定子绕组应按星形联结；功率为 4kW 及以上的电动机，定子绕组应按三角形联结。

（8）防护等级（IP44）。表示电动机外壳采用的防护方式。IP11 是开启式，IP22、IP33 是防护式，而 IP44 是封闭式。

（9）工作频率（50Hz）。表示电动机所接交流电源的频率。

（10）工作制（S1）。它是指电动机的运行方式，一般有 3 种：S1（连续运行）、S2（短时运行）和 S3（断续运行）。连续运行是指电动机在额定条件下（即铭牌要求的条件下）可长时间连续运行；短时运行是指在额定条件下只能在规定的短时间内运行，运行时间通常有 10min、30min、60min 和 90min几种；断续运行是指在额定条件下运行一段时间再停止一段时间，按一定的周期反复进行，一般一个周期为 10min，负载持续率有 15%、25%、40%和 60%几种，如对于负载持续率为 60%的电动机，要求运行 6min、停止 4min。

（11）绝缘等级（B 级）。它是指电动机在正常情况下工作时，绕组绝缘允许的最高温度值，通常分为 7 个等级，具体见表 4-1。

表 4-1　电动机绕组绝缘等级与极限工作温度

绝缘等级	Y	A	E	B	F	H	C
极限工作温度/°C	90	105	120	130	155	180	180 以上

4.6.2　万用表检测电动机的方法

1. 直流电动机的检测方法

普通的直流电动机内部一般只有一相绕组，从电动机中引出两根引线，正常情况下直流电动机的绕组阻值为一个定值。检测直流电动机是否正常时，可以使用万用表检测直流电动机的绕组阻值是否正常从而进行判断。

直流电动机的检测步骤如下所示。

第 1 步：将指针式万用表置于 R×100 挡，红、黑表笔短接进行短路调零。数字万用表选择合适的电阻挡量程即可。

第 2 步：将万用表的红、黑表笔分别接在直流电动机绕组的两个引脚端，实际检测到的阻值为 800Ω，测试过程如图 4-71 所示。若实测阻值为无穷大，则表明该电动机的绕组存在断路故障。

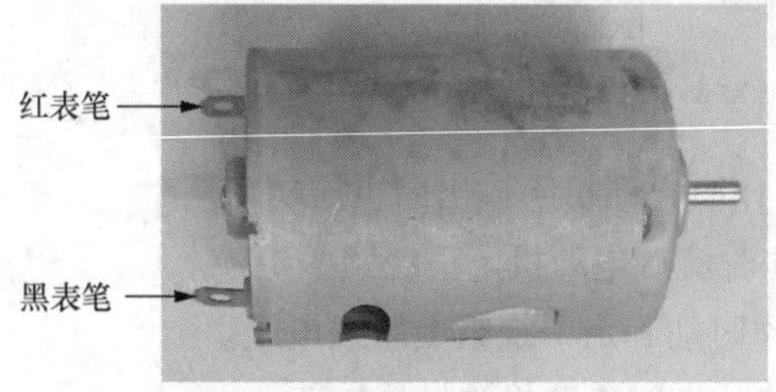

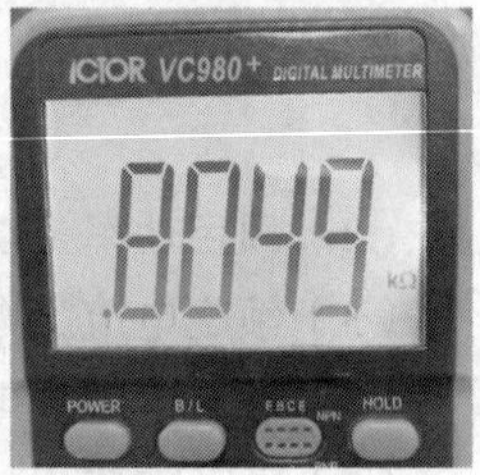

图 4-71　直流电动机的检测

2. 单相交流电动机的检测方法

单相交流电动机由单相电源提供电能，通常额定工作电压为单相交流 220V。

单相交流电动机内部多数包含两相绕组，但从电动机中引出有 3 根引线，分别为公共端、启动绕组、运行绕组，检测交流电动机是否正常时，可以使用万用表检测单相交流电动机绕组阻值是否正常从而进行判断。

单相交流电动机的检测步骤如下所示。

第 1 步：将指针式万用表置于 R×100 挡，红、黑表笔短接进行短路调零。数字万用表选择合适的电阻挡位即可。

第 2 步：将万用表的红、黑表笔分别接在单相交流电动机的任意两个引线端测量其电阻值，如图 4-72 所示。

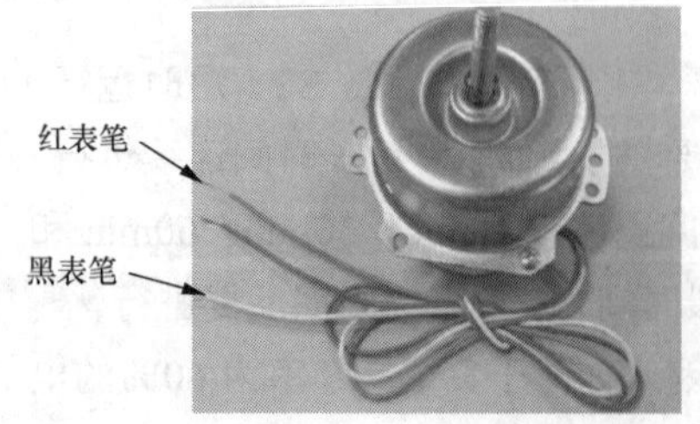

图 4-72　单相交流电动机的检测

正常情况下，单相交流电动机（3 根引线）两两引线之间的三组阻值，应满足其中两个数值之和等于第 3 个值，如图 4-73 所示。若 3 组阻值中任意一组阻值为无穷大，则表明绕组内部存在断路故障。

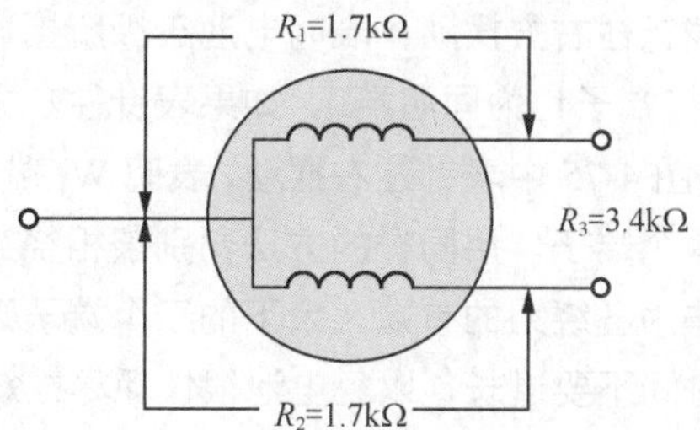

图 4-73　单相交流电动机的检测

3．三相交流电动机的检测方法

（1）检测三相交流电动机是否故障

检测三相交流电动机的方法与检测单相交流电动机的方法类似，可先对三相交流电动机三组绕组阻值进行测量，结果应基本相同，若任意一组阻值为无穷大或 0Ω，则表明绕组内部存在断路或短路故障。具体检测步骤如下所示。

第 1 步：将指针式万用表置于 R×100 挡，红、黑表笔短接进行短路调零。

第 2 步：将万用表的红、黑表笔分别接在三相交流电动机同一相绕组两个接线端测量其电阻值，如图 4-74 所示，实测 V_1、V_2 之间的电阻值为 1500Ω，同样的方法测量 U_1、U_2 和 W_1、W_2 之间的阻值也约等于 1500Ω，表明该电动机三相绕组正常。若三组阻值中任意一组阻值为无穷大，则表明绕组内部存在断路故障。

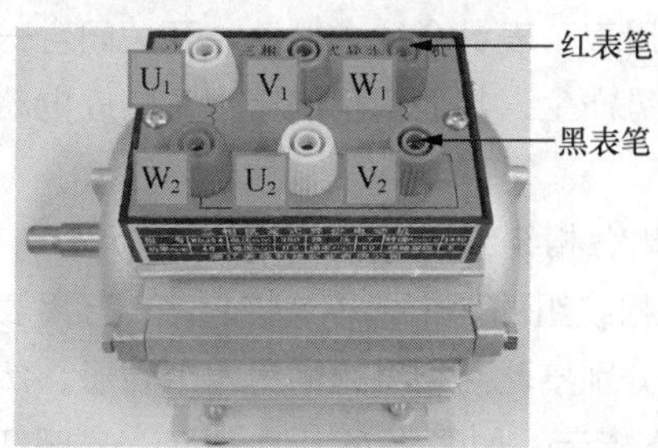

图 4-74　检测三相交流电动机的绕组

（2）判别三相绕组的首尾端

电动机在使用过程中，可能会出现接线盒的接线板损坏，从而导致无法区分 6 个接线端子与内部绕组的连接关系，采用下列方法可以解决这个问题。

①判别各相绕组的两个端子

电动机内部有三相绕组，每相绕组有两个接线端子，可以使用万用表欧姆挡判别各相绕组的接线端子。将万用表置于 R×100 挡，测量电动机接线盒中的任意两个端子的电阻，如果阻值很小，表明当前所测的两个端子为某相绕组的端子，再用同样的方法找出其他两相绕组的端子，由于各相绕组结构相同，故可将其中某一组端子标记为 U 相，其他两组端子则分别标记为 V、W 相。

②判别各绕组的首尾端

电动机可以不用区分 U、V、W 相，但各相绕组的首尾端必须区分出来。判别绕组首尾端的常用方法有直流法和交流法。

使用直流法区分各相绕组首尾端时，必须已判别出各相绕组的两个端子。

直流法判别绕组首尾端如图 4-75 所示，将万用表置于最小的直流电流挡（图 4-75 所示为直流 0.05mA 挡），红、黑表笔分别接一相绕组的两个端子，然后给其他一相绕组的两个端子接电池和开关，在开关闭合的瞬间，如果表针往右方摆动，表明电池正极所接端子与红表笔所接端子为同名端（电池负极所接端子与黑表笔所接端子也为同名端），如果表针往左方摆动，则表明电池负极所接端子与红表笔所接端子为同名端。图 4-75 中表针往右摆动，表明 W_1 端与 U_1 端为同名端，再断开开关，将两表笔接剩下的一相绕组的两个端子，用同样的方法判别该相绕组端子。找出各相绕组的同名端后，将性质相同的三个同名端作为各绕组的首端，余下的三个端子则为各绕组的尾端。由于电动机绕组的阻值较小，故开关闭合时间不要过长，以免电池很快耗尽或烧坏。

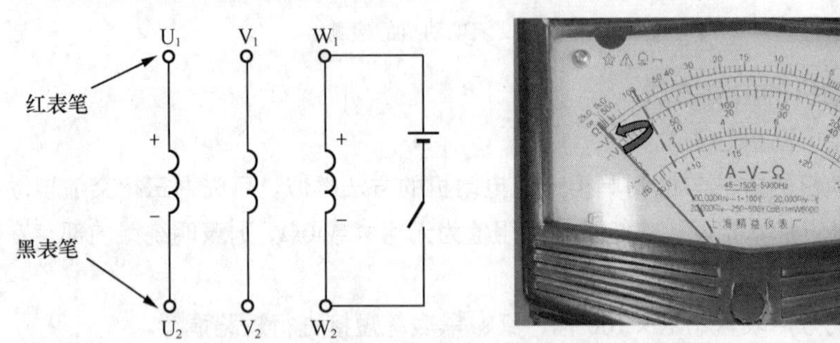

图 4-75　直流法判别绕组首尾端

直流法判断同名端的原理是：当闭合开关的瞬间，W 绕组因突然有电流通过而产生电动势，电动势极性为 W_1 正、W_2 负，由于其他两相绕组与 W 相绕组相距很近，W 相绕组上的电动势会感应到这两相绕组上，如果 U_1 端与 W_1 端为同名端，则 U_1 端的极性也为正，U 相绕组与万用表接成回路，U 相绕组的感应电动势产生的电流从红表笔流入万用表，表针会往右摆动，开关闭合一段时间后，流入 W 相绕组的电流基本稳定，W 相绕组无电动势产生，其他两相绕组也无感应电动势，万用表表针会停在 0 刻度处不动。

交流法区分各相绕组首尾端时，也要求已判别出各相绕组的两个端子。

交流法判别绕组首尾端如图 4-76 所示，先将两相绕组的两个端子连接起来，万用表置于交流电压挡（如图 4-76 所示为交流 50V 挡），红、黑表笔分别接此两相绕组的另两个端子，然后给余下的一相绕组接灯泡和 220V 交流电源，如果表针有电压指示，如图 4-76（a）所示，表明红、黑表笔接的两个端子为异名端（两个连接起来的端子也为异名端），如果表针提示的电压值为 0，表明红、黑表笔接的两个端子为同名端（两个连接起来的端子也为同名端），再更换绕组采用相同的方法进行测试。图 4-76（b）中的万用表指示电压值为 0，表明 U_1、W_2 为同名端（U_2、W_1 为同名端）。找出各相绕组的同名端后，将性质相同的一个同名端作为各绕组的首端余下两个端子则为各绕组的尾端。

交流法判断同名端的原理是：当 220V 交流电压经灯泡降压加到一相绕组时，另外两相绕组会感应出电压，如果这两相绕组是同名端与异名端连接起来，则两相绕组上的电压叠加而增大一倍，万用表会有电压指示，如果这两相绕组是同名端与同名端连接，两相绕组上的电压叠加会相互抵消，万用表测得的电压为 0V。

（3）判断电动机的磁极对数和转速

对于三相异步电动机，其转速 n、磁极对数 p 和电源频率 f 之间的关系近似为：

$$n=60f/p \quad 或 \quad p=60f/n \qquad f=pn/60$$

电动机铭牌一般不标注磁极对数 p，但会标注转速 n 和电源频率 f，根据 $p=60f/n$ 可求出磁极对数。例如，电动机的转速为 1440r/min，电源频率 f 为 50Hz，则该电动机的磁极对数 $p=60f/n=60\times$

50/1440≈2。

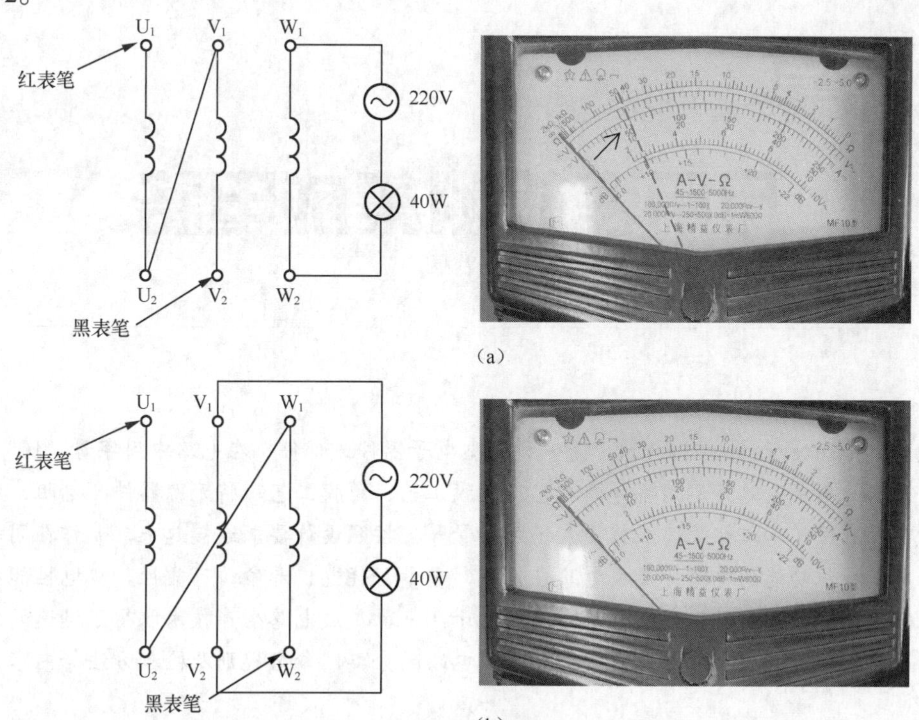

(a)

(b)

图 4-76　交流法判别绕组首尾端

如果电动机的铭牌脱落或磨损，无法了解电动机的转速，也可使用万用表来判断。判断时，万用表选择直流 50mA 以下的挡位，红、黑表笔接一相绕组的两个接线端，如图 4-77 所示，然后匀速旋转电动机转轴一周，同时观察表针摆动的次数，表针摆动一次表示电动机有一对磁极，即表针摆动的次数与磁极对数是相同的，再根据 $n=60f/p$ 即可求出电动机的转速。

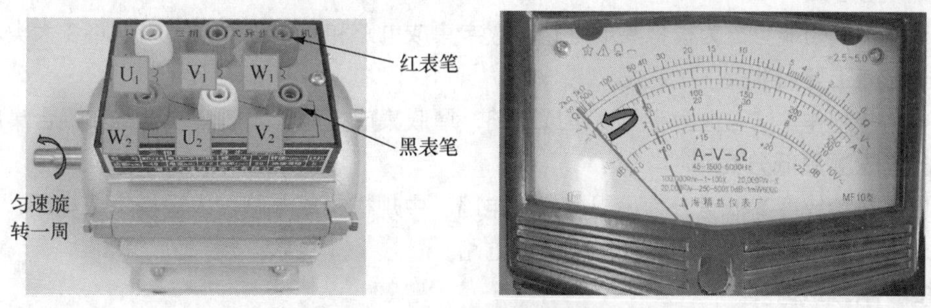

图 4-77　判断电动机的磁极对数

第 5 章

万用表检测集成电路

集成电路（Integrated Circuit）是一种微型电子器件或部件，在电路中用字母“IC”（有时也用“U”）表示。集成电路是利用半导体工艺、厚膜工艺、薄膜工艺，将无源器件（电阻、电容、电感等）和有源器件（如二极管、三极管、场效应管等）按照设计要求连接起来，制作在同一片硅片上，成为具有特殊功能的电路。集成电路在体积、重量、耗电、寿命、可靠性、机电性能指标方面都远远优于晶体管分立元件组成的电路，因而几十年来，集成电路生产技术取得了迅速的发展，同时也得到了非常广泛的应用。本章主要介绍集成电路的分类、命名规则及检测方法等内容。

5.1 集成电路基本知识

5.1.1 集成电路的分类

1. 按功能分类

集成电路按其功能可分为模拟集成电路、数字集成电路和数、模混合集成电路 3 大类。

2. 按制造工艺分类

集成电路按制作工艺可分为半导体集成电路、厚膜集成电路、薄膜集成电路和混合集成电路。

3. 按集成度高低分类

集成电路按集成度高低可分为小规模集成电路、中规模集成电路、大规模集成电路、超大规模集成电路、特大规模集成电路和巨大规模集成电路。

4. 按应用领域分类

集成电路按应用领域可分为标准通用集成电路和专用集成电路。

5. 按封装材料、引脚排列形式以及外形分类

集成电路按封装材料可分为金属、陶瓷、塑料 3 类；按电极引脚的形式可分为通孔插装式及表面安装式两种；按外形可分为圆形（金属外壳晶体管封装型，一般适用于大功率）、扁平型（稳定性好、体积小）和双列直插型。

5.1.2 集成电路的封装形式及引脚识别

为了方便印制电路板的设计以及安装焊接的方便，集成电路的外部尺寸、引脚尺寸、引脚形状及引脚排列顺序等必须符合相应的工业标准，一般统称为集成电路的封装形式。目前，集成电路的封装形式已有几十种，一般采用绝缘的塑料或陶瓷进行封装。下面介绍几种常见的封装形式及其引脚识别方法。

1. 金属封装

金属封装型集成电路的功能较为单一，引脚数较少。其安装及代换都十分方便，外形如图 5-1（a）所示。对于金属圆形封装的集成电路，引脚向下，管键或色点位于第 1 脚和最后一个引脚之间，一般靠近第 1 脚，沿着逆时针方向顺序编号为 1、2……*n*，如图 5-1（b）所示。

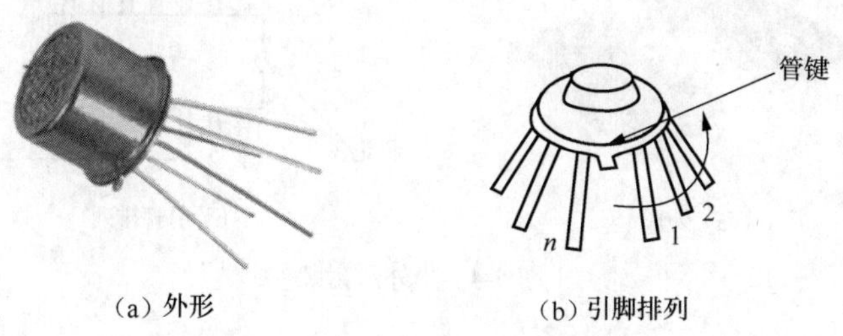

（a）外形　（b）引脚排列

图 5-1　金属封装

2. 单列直插式封装

单列直插式集成电路其内部电路相对比较简单，引脚数目较少（3 ~ 16 只），只有一排引脚。这种集成电路造价较低，安装方便，外形如图 5-2（a）所示。对于单列直插式封装的集成电路，引脚向下，有标识文字的一面正对观察者，由左至右，引脚顺序编号为 1、2……*n*，如图 5-2（b）所示。

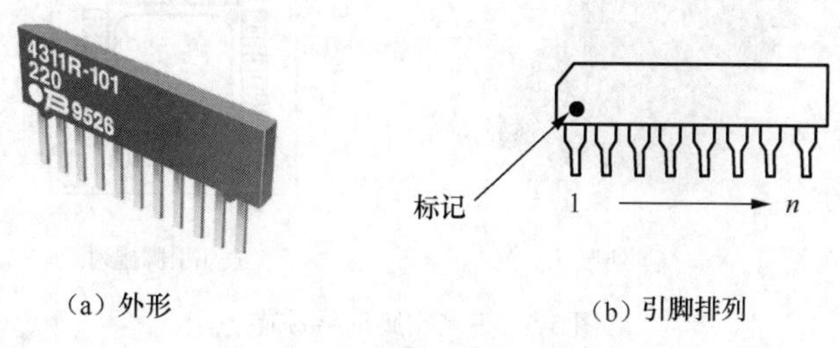

（a）外形　（b）引脚排列

图 5-2　单列直插式封装

3. 双列直插式封装

双列直插式封装又称 DIP 封装。引脚从封装两侧引出，如图 5-3（a）所示，封装材料有塑料和陶瓷两种。绝大多数中、小规模集成电路均采用这种封装形式。对于双列直插封装的集成电路，将其水平放置，有文字标识的一面向上，凹槽或色点置于观察者的左侧，则左下角对应的引脚为第 1 引脚，沿着逆时针方向，依次编号为 1、2……*n*，如图 5-3（b）所示。

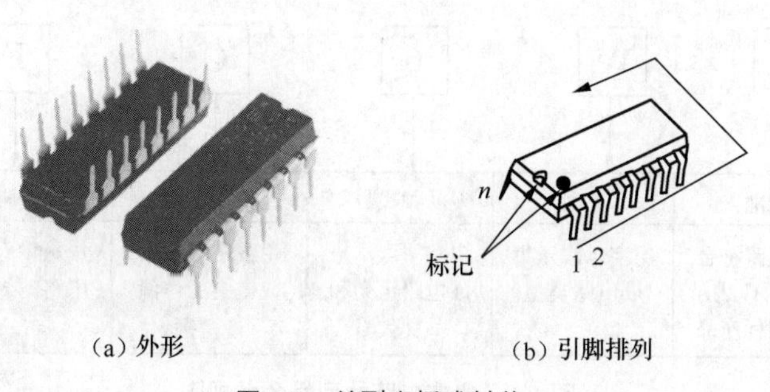

（a）外形　（b）引脚排列

图 5-3　单列直插式封装

4. 小外形封装

小外形封装又称 SOP 封装，是使用最广泛的表面贴装封装，如图 5-4（a）所示。其引脚从封装两侧引出，呈海鸥翼状（L 字形），材料有塑料和陶瓷两种。对于 SOP 封装的集成电路，引脚识别方法与双列直插式类似，集成电路的引脚向下，有标识文字的一面正对观察者，由左至右，引脚顺序编号为 1、2、…、n，如图 5-4（b）所示。

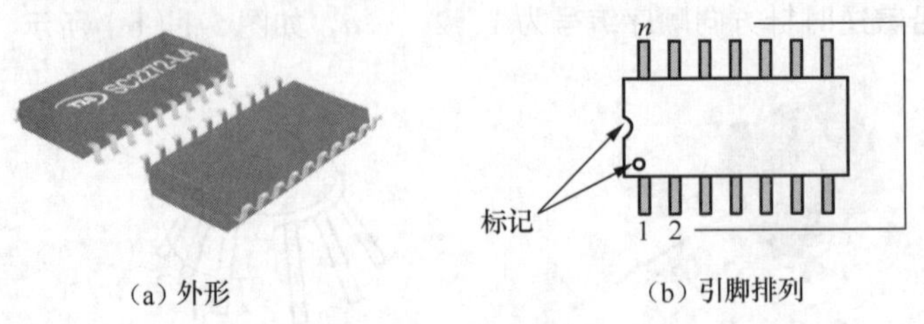

（a）外形　　（b）引脚排列

图 5-4　小外形封装

5. 四侧引脚扁平封装

四侧引脚扁平封装又称 QFP（Quad Flat Pockage）封装，如图 5-5（a）所示，适用于 SMT 表面贴装技术在印制电路板上安装布线。对于这类扁平封装的集成电路，一般紧靠色点等标记的引脚为第 1 脚，集成电路引脚向下，水平放置的情况下，逆时针方向读取引脚的编号，如图 5-5（b）所示。

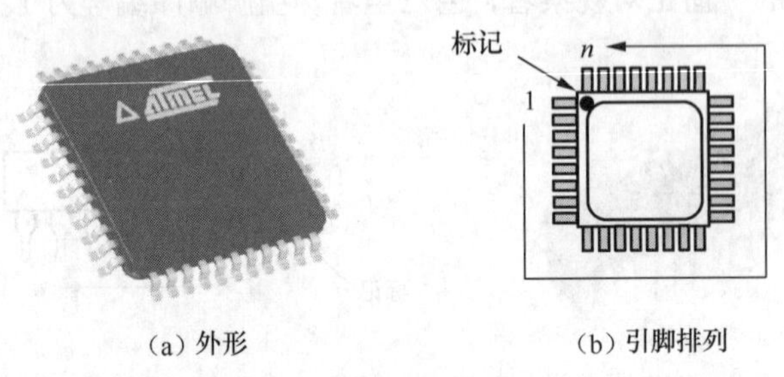

（a）外形　　（b）引脚排列

图 5-5　四侧引脚扁平封装

5.1.3 集成电路的型号命名规则

国产集成电路型号命名一般由 5 个部分构成，分别为符合标准、器件类型、集成电路系列和品种代号、工作温度范围、集成电路的封装形式，如图 5-6 所示。集成电路类型和符号的含义对照表、集成电路工作温度范围符号的含义对照表以及集成电路封装形式符号的含义对照表如表 5-1~表 5-3 所示。

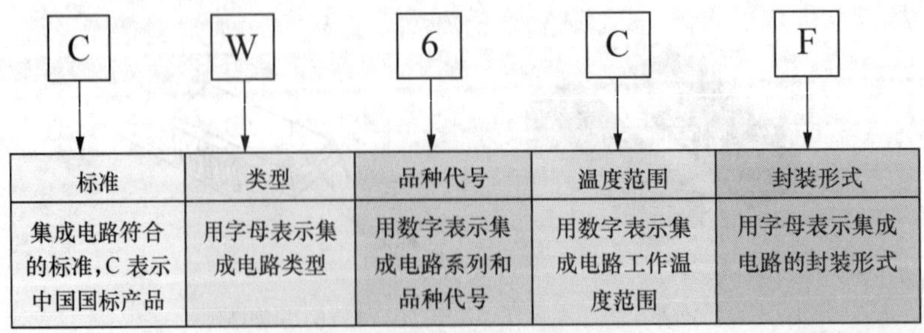

图 5-6　集成电路的型号命名规则

表 5-1　集成电路类型符号的含义对照表

符号	类型	符号	类型	符号	类型	符号	类型
T	TTL 电路	U	微型机电路	J	接口电路	SW	钟表电路
H	HTTL 电路	F	线性放大电路	AD	A/D 转换器	MJ	机电仪电路
E	ECL 电路	W	稳压器	DA	D/A 转换器	SF	复印机电路
C	CMOS 电路	D	音响、电视电路	SC	通信专用电路		
M	存储器	B	非线性电路	SS	敏感电路		

表 5-2　集成电路工作温度范围符号的含义对照表

符号	工作温度范围	符号	工作温度范围	符号	工作温度范围
C	0~70°C	L	−25~85°C	R	−55~85°C
G	−25~70°C	E	−40~85°C	M	−55~125°C

表 5-3　集成电路封装形式符号的含义对照表

符号	封装形式	符号	封装形式	符号	封装形式	符号	封装形式
W	陶瓷扁平	F	全密封扁平	P	塑料直插	K	金属菱形
B	塑料扁平	D	陶瓷直插	J	黑陶瓷直插	T	金属圆形

5.1.4　集成电路的主要参数

1. 集成电路的电气参数

不同功能的集成电路，其电气参数的项目也各不相同，但多数集成电路均有最基本的几项参数（通常在典型直流工作电压下测量）。

（1）静态工作电流

静态工作电流是指在集成电路的信号输入端无输入的情况下，电源端与接地端回路中的直流电流。该参数对确认集成电路是否正常十分重要。集成电路的静态工作电流包括典型值、最小值、最大值 3 个指标，若集成电路的静态工作电流超过最大值和最小值范围，而它的供电端输入的直流工作电压也正常，并且接地端也正常，可以确认被测集成电路异常。

（2）增益

增益是指集成电路内部放大器的放大能力。增益又分开环增益和闭环增益两种，并且也包括典型值、最小值、最大值 3 个指标。

（3）最大输出功率

最大输出功率是指输出信号的额定值（通常为 10%）时，集成电路输出端所输出的电信号功率，一般也包括典型值、最小值、最大值 3 个指标。该参数主要用于功率放大型集成电路。

2. 集成电路的极限参数

（1）最大电源电压

最大电源电压是指可以加在集成电路供电端与接地端之间的直流工作电压的极限值。使用中不允许超过此值，否则会导致集成电路过电压损坏。

（2）允许功耗

允许功耗是指集成电路所能承受的最大耗散功率，主要用于功率放大型集成电路。

（3）工作环境温度

工作环境温度是指集成电路能维持正常工作的最低和最高环境温度。

（4）储存温度

储存温度是指集成电路在储存状态下的最低和最高温度。

5.1.5 集成电路使用注意事项

（1）不允许在超过极限参数的条件下工作。

（2）电源电压的极性不能接反。电源正、负极颠倒、接错，会导致工作电流过大而造成器件损坏。

（3）CMOS 集成电路要求输入信号的幅度不能超过 $U_{DD} \sim U_{SS}$，即满足 $U_{SS} \leqslant U_i \leqslant U_{DD}$。当 CMOS 集成电路输入端施加的电压过高（大于电源电压）或过低（小于 0V），或者电源电压突然变化时，电路中的电流可能会迅速增大，烧坏器件，这种现象称为可控硅效应。

（4）对闲置输入端的处理。对于 CMOS 电路，闲置的输入端不能悬空，否则静电感应产生的高压容易引起器件损坏，这些闲置的输入端应该接高电平或低电平，或与其他使用中的输入端并联。这 3 种处置方法如图 5-7 所示，使用时应根据实际情况进行选择。

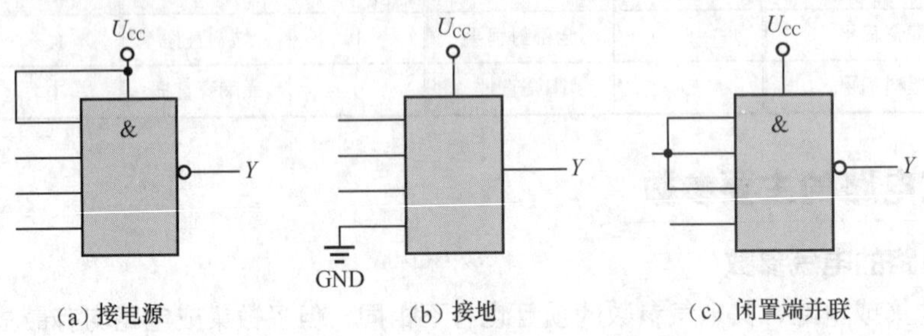

图 5-7　COMS 电路闲置输入端的处理

对于 TTL 电路，其闲置输入端允许悬空，悬空时该端的逻辑输入状态一般都作为“1”对待，相当于高电平，并不影响与门、与非门的逻辑关系，但悬空容易受干扰，有时会造成电路误动作。因此，闲置输入端要根据实际需要做适当处理。例如，与门、与非门的闲置输入端可直接接到电源上；也可将不同的输入端共用一个电阻连接到电源上；或将闲置输入端并联使用。或门、或非门的闲置输入端应直接接地。

（5）同型号的数字电路之间可以直接互换使用，如国产的 CC4000 系列可与 CD4000 系列、MC14000 系列直接互换使用。但有些引脚功能、封装形式相同的 IC，电气参数有一定差别，互换时应注意。

（6）注意设计工艺，增强抗干扰措施。在设计印制电路板时，应避免引线过长，以防止信号之间的窜扰和对信号传输的延迟。此外要把电源线设计得宽一些，地线要进行大面积接地，这样可减少接地噪声干扰。在 CMOS 逻辑系统设计中，应尽量减少电容负载。电容负载会降低 CMOS 集成电路的工作速度并且会增加功耗。

5.1.6 集成电路的检测方法

集成电路常用的检测方法有非在路测量法和在路测量法。

1. 非在路测量法

非在路测量法是在集成电路未焊入电路时，通过测量其各引脚之间的直流电阻值与已知正常同型号集成电路各引脚之间的直流电阻值进行比较，确定其是否正常。

2. 在路测量法

在路测量法是利用电压测量法、电阻测量法及电流测量法等，通过在电路上测量集成电路各引脚之间的电压值、电阻值和电流值是否正常，进而判断集成电路是否正常。

测量集成电路的电压时，一般要测量集成电路的电源引脚、信号输入引脚、信号输出引脚和一些重要的控制引脚等关键测试点。集成电路的电源引脚电压异常时，如果其他各引脚电压也不正常时，应重点检查电源引脚的外围电路。

由于集成电路内部绝大多数为直接耦合，集成电路损坏时（如某一个 PN 结击穿或开路）会引起后级电路饱和或截止，使总电流发生变化。所以通过测量总电流的方法也可以判断集成电路的好坏。

5.2 万用表检测光电耦合器

光电耦合器亦称光电隔离器，简称光耦。光电耦合器以光为媒介传输电信号，它对输入、输出信号具有良好的隔离作用，因此在各种电路中得到了广泛应用。目前，光电耦合器已成为种类最多、用途最广的光电器件之一。光电耦合器一般由 3 部分组成：光的发射、光的接收及信号放大。输入的电信号驱动发光二极管，使之发出一定波长的光，被光探测器接收而产生光电流，再经过进一步放大后输出，这就完成了光-电-光的转换，从而起到隔离输入、输出的作用。由于光电耦合器输入、输出间互相隔离，电信号传输具有单向性等特点，因而具有良好的电绝缘能力和抗干扰能力。常见光电耦合器的实物外形如图 5-8 所示。

图 5-8 常见光电耦合器的实物外形

5.2.1 光电耦合器的分类及结构

1. 光电耦合器的分类

（1）按光路径分类

光电耦合器按光路径分类，可以分为外光路光电耦合器（光电断续检测器）和内光路光电耦合器，外光路光电耦合器又分为透过型和反射型光电耦合器。

（2）按输出形式分类

光电耦合器按输出形式分类，可以分为以下几类。

① 光敏器件输出型，其中包括光敏二极管输出型、光敏三极管输出型、光电池输出型和光可控硅输出型等。

② NPN 三极管输出型，其中包括交流输入型、直流输入型、互补输出型等。

③ 达林顿三极管输出型，其中包括交流输入型和直流输入型。

④ 逻辑门电路输出型，其中包括门电路输出型、施密特触发器输出型、三态门输出型等。

⑤ 低导通输出型（输出低电平毫伏数量级）。

⑥ 光开关输出型（IGBT/MOSFET 等输出）。

光电耦合器常见类型如图 5-9 所示。

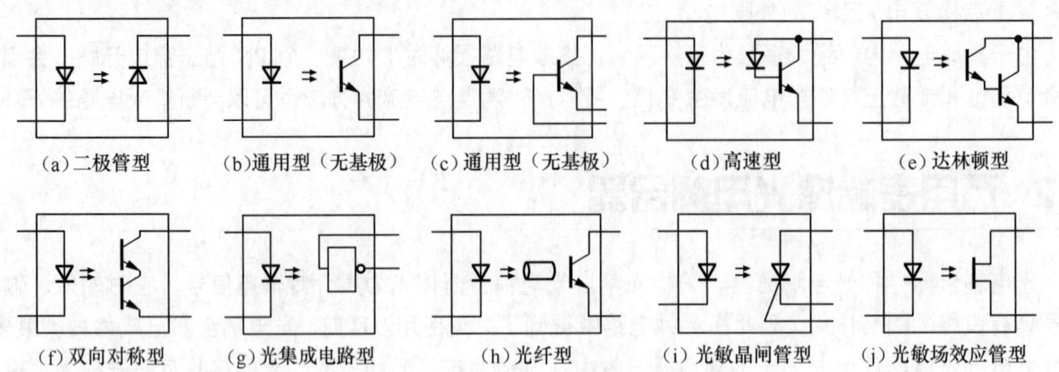

图 5-9　光电耦合器常见类型

（3）按封装形式分类

光电耦合器按封装形式分类，可以分为同轴型、双列直插型、TO 封装型、扁平封装型、贴片封装型以及光纤传输型。

（4）按传输信号分类

光电耦合器按传输信号分类，可以分为数字型光电耦合器（OC 门输出型、图腾柱输出型及三态门电路输出型等）和线性光电耦合器（低漂移型、高线性型、宽带型、单电源型、双电源型等）。

（5）按速度分类

光电耦合器按速度分类，可以分为低速光电耦合器（光敏三极管、光电池等输出型）和高速光电耦合器（光敏二极管带信号处理电路或者光敏集成电路输出型）。

（6）按通道分类

光电耦合器按通道分类，可以分为单通道、双通道和多通道型。

2. 光电耦合器的结构

在应用电路中，使用较多的是通用型光电耦合器，分四引脚型和六引脚型两种，均为双列直插结构，其内部结构如图 5-10 所示。

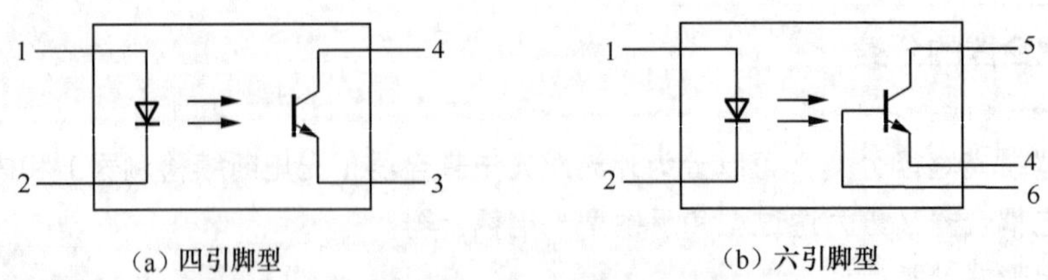

图 5-10　通用型光电耦合器的内部结构

对于四引脚型的器件，输入端 1、2 引脚内接一发光二极管，1 引脚为正极，2 引脚为负极；输出端 3、4 引脚内接一光敏三极管，4 引脚为集电极 C，3 引脚为发射极 E。当输入端发光管导通发光时，使输出端 3、4 之间呈导通状态，表现出较小的导通电阻。输入端电流越大，导通电阻就越小，从而实现了输入对输出的电气控制。对于六引脚型器件，其 3 脚为空脚，6 脚为光敏管的基极 B。使用时 6 脚可以悬空，也可以通过电阻给其加一定的偏压。由于光电耦合器输入与输出是完全隔离的，绝缘电压可达几千伏，所以将它用在电视机的电源稳压控制及自动保护电路中，既可以起到传输信号的作用，又可以起到沟通冷、热底板的桥梁作用。

5.2.2 光电耦合器的主要技术参数

（1）发光二极管正向压降 V_F：二极管通过的正向电流为规定值时，正、负极之间所产生的电压降。

（2）正向电流 I_F：在被测管两端加一定的正向电压时，二极管中流过的电流。

（3）反向电流 I_R：在被测管两端加规定的反向工作电压 V_R 时，二极管中流过的电流。

（4）反向击穿电压 V_{BR}：被测管通过的反向电流 I_R 为规定值时，在两极间所产生的电压降。

（5）结电容 C_J：在规定偏压下，被测管两端的电容值。

（6）反向击穿电压 $V_{(BR)CEO}$：发光二极管开路、集电极电流 I_C 为规定值时，集电极与发射极间的电压降。

（7）输出饱和压降 $V_{CE(sat)}$：发光二极管工作电流 I_F 和集电极电流 I_C 为规定值时，并保持 $I_C/I_F \leqslant CTR_{min}$ 时（CTR_{min} 在被测管技术条件中规定），集电极与发射极之间的电压降。

（8）反向截止电流 I_{CEO}：发光二极管开路，集电极至发射极间的电压为规定值时，流过集电极的电流为反向截止电流。

（9）电流传输比 CTR：电流传输比是光电耦合器的重要参数，通常用直流电流传输比来表示。当输出电压保持恒定时，它等于直流输出电流 I_C 与直流输入电流 I_F 的百分比。其公式为：

$$CTR=I_C/I_F\times100\%$$

采用一只光敏三极管的光电耦合器，CTR 的范围大多为 20%～300%（如 4N35），而 PC817 则为 80%～160%，达林顿型光电耦合器（如 4N30）可达 100%～5000%。

此外，光电耦合器在传输数字信号时还需考虑上升时间、下降时间、延迟时间和存储时间等参数。

5.2.3 光电耦合器的检测方法

1. 测量输入端

由于光电耦合器输入端的内部是一只发光二极管，二极管具有单向导电性，当所加正向电压在 1.3V 左右时二极管就能导通，而加反向电压时二极管截止。测量时将指针式万用表置于 R×1k 挡，万用表红表笔接发光二极管的负极，黑表笔接发光二极管的正极，测得的是二极管的正向电阻，若所测正向电阻为 0，则说明发光二极管内部短路；若所测正向电阻为无穷大，则说明发光二极管内部断路。交换红、黑表笔的位置，测量发光二极管的反向电阻，反向电阻应接近无穷大，若所测反向电阻为 0，则说明发光二极管内部短路。

注意，测量发光二极管正向电阻时不要采用 R×10k 挡，因为发光二极管的工作电压一般在 1.5~2.5V，而 R×10k 挡电池电压在 9~15V，会导致发光二极管被击穿。

2. 测量输出端

将指针式万用表置于 R×1k 挡，黑表笔接光敏管的 C 极，红表笔接光敏管的 E 极，万用表测量 C、E 之间的电阻应为无穷大，交换两表笔测量，万用表所测电阻也应为无穷大。

注意，因光电耦合器的接收方式不尽相同，所以测量应针对不同结构进行判断。例如，对于 B、

C、E 三个引出脚的光敏管，应按测量三极管的方法进行检查，即用模拟万用表 R×1k 挡对接收管的集电结与发射结均进行正、反向电阻测量，B-C、B-E 间均应有单向导电特性。

3. 实测举例

下面介绍 4N25 型光电耦合器的测试过程。4N25 型光电耦合器属于通用型光电耦合器，采用双列直插式封装，共有 6 个引脚，其外形及引脚排列如图 5-11 所示。

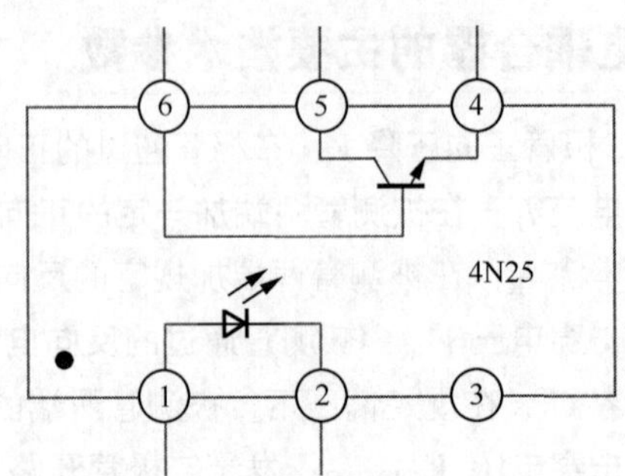

图 5-11 4N25 型光电耦合器的外形及引脚排列

4N25 型光电耦合器检测步骤如下所示。

第 1 步，检测内部发光二极管。将指针式万用表置于 R×1k 挡，黑表笔接 1 脚（发光二极管的正极），红表笔接 2 脚（发光二极管的负极），测得发光二极管正向电阻为 28kΩ，然后交换表笔测量反向电阻接近无穷大，说明发光二极管的单向导电性能正常，检测过程如图 5-12 所示。

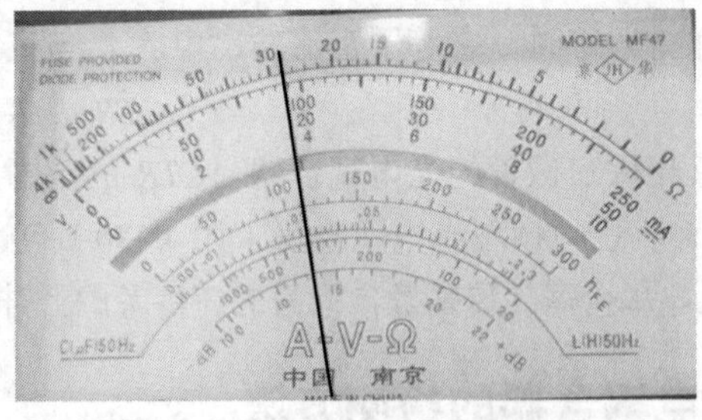

(a) 测量正向电阻

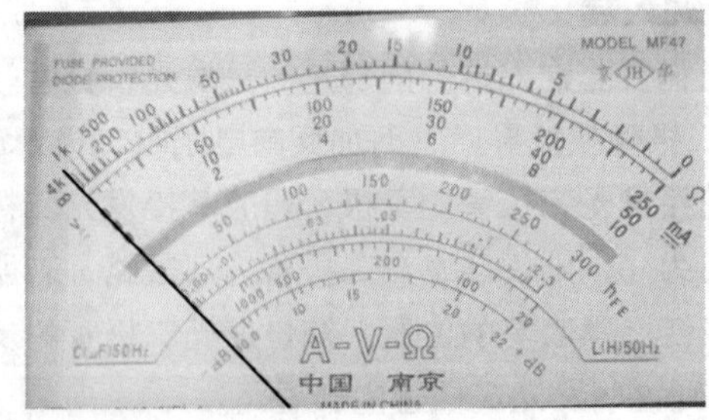

(b) 测量反向电阻

图 5-12 检测 4N25 内部发光二极管过程

第 2 步，检测内部光敏管。

(1) 检测光敏管 PN 结正向电阻

检测过程如图 5-13 所示，将指针式万用表置于 R×1k 挡，黑表笔接 6 脚（接收管 B 极），红表笔接 5 脚（接收管 C 极），测得 B、C（集电结）之间的正向电阻为 10kΩ；黑表笔仍然接 6 脚，将红表笔接至 4 脚（接收管 E 极），测得 B、E（发射结）之间的正向电阻为 10kΩ。检测结果表明被测光电耦合器内部光敏管正常。

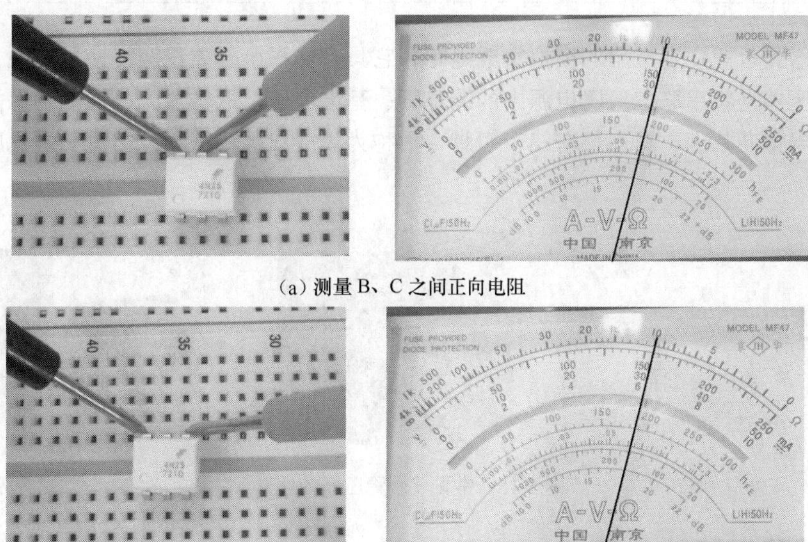

（a）测量 B、C 之间正向电阻

（b）测量 B、E 之间正向电阻

图 5-13　检测光敏管 PN 结正向电阻

（2）检测光敏管 PN 结反向电阻

检测过程如图 5-14 所示，将红表笔接 6 脚，黑表笔依次接 5 脚和 4 脚，分别测量 B、C 和 B、E 之间的反向电阻，测量结果均为无穷大。测量结果表明光敏管的集电结和发射结都是正常的。

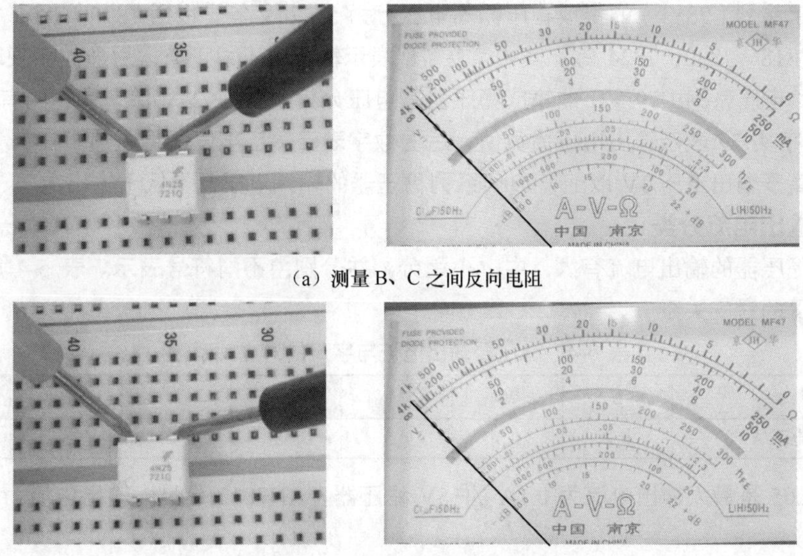

（a）测量 B、C 之间反向电阻

（b）测量 B、E 之间反向电阻

图 5-14　检测光敏管 PN 结反向电阻

5.3 万用表检测三端稳压器

三端稳压器是目前广泛应用的模拟集成电路，它具有体积小、重量轻、使用方便、可靠性高等特点。三端稳压器是将串联型稳压电源中的调整管、基准电压、取样放大、启动和保护电路等全部集成在一块半导体芯片上，其外部有三个引脚，故称为集成三端稳压器。常见三端稳压器的外形如图 5-15 所示。

图 5-15 常见三端稳压器的外形

5.3.1 三端稳压器的分类

1. 根据输出电压能否调整分类

集成三端稳压器的输出电压有固定和可调输出之分。固定输出电压是由制造厂预先调整好的，输出为固定值。例如，78L05 型集成三端稳压器，输出为固定+5V。可调输出电压式稳压器输出电压可通过少数外接元件在较大范围内调整，当调节外接元件值时，可获得所需的输出电压。例如，CW317 型集成三端稳压器，输出电压可以在 12～37V 范围内连续可调。

2. 固定输出电压式集成三端稳压器根据输出电压的正、负分类

输出正电压系列（78××）的集成稳压器其电压分为 5～24V 等，包括 7805、7806、7809、7810、7812、7815、7818、7820、7824 等，其中字头 78 表示输出电压为正值，后面数字表示输出电压的稳压值。输出负电压系列（79××）的集成稳压器其电压分为 -5～-24V 等，常见的有 7905、7906、7912 等，其中字头 79 表示输出电压为负值，后面数字表示输出电压的稳压值。78××系列稳压器的输入电压通常高于输出电压 3V 以上；79××系列稳压器的输入电压通常低于输出电压 3V 以上。

3. 根据输出电流分类

三端集成稳压器的输出电流有大、中、小之分，并分别由不同符号表示。表 5-4 所示为稳压器输出电流与字母的对应关系。

表 5-4 稳压器输出电流与字母的对应关系

字母	L	N	M	无字母	T	H	F
最大输出电流/A	0.1	0.3	0.5	1.5	3	5	10

例如，78L05 是最大输出电流为 0.1A 的+5V 稳压器，AN7812 是最大输出电流为 1.5A 的+12V 稳压器。

4. 根据封装形式分类

集成三端稳压器按封装形式可分为金属封装和塑料封装两大类。

5. 根据焊接方式分类

集成三端稳压器按焊接方式可分为直插式和贴片式两大类。

5.3.2 三端稳压器的主要技术参数

（1）输出电压 U_o

输出电压是指稳压器的各工作参数符合规定时的输出电压值。对于固定输出稳压器，它是常数；对于可调式输出稳压器，它是输出电压范围。

（2）输出电压偏差

对于不可调稳压器，实际输出的电压值和规定的输出电压 U_o 之间往往有一定的偏差，这个偏差值一般用百分比表示，也可以用电压值表示。

（3）最大输出电流 I_{CM}

最大输出电流指稳压器能够保持输出电压时的最大电流。

（4）最小输入电压 U_{imin}

最小输入电压是指稳压器正常工作时允许外加的最小电压值。三端稳压器输入电压值在低于最小输入电压值时，稳压器将不能正常工作。

（5）最大输入电压 U_{imax}

最大输入电压是指稳压器安全工作时允许外加的最大电压值。

（6）最小输入、输出电压差

最小输入、输出电压差是指稳压器能正常工作时的输入电压 U_i 与输出电压 U_o 的最小电压差值，该压差不能低于 2.5V。

（7）电压调整率 S_v

电压调整率是指当稳压器负载不变而输入的直流电压变化引起的输出电压的相对变化量，电压调整率是用来表示稳压器维持输出电压不变的能力。

电压调整率有时也用某一输入电压变化范围内的输出电压变化量表示。

（8）电流调整率 S_I

电流调整率是指当输入电压保持不变而输出电流在规定范围内变化时，稳压器输出电压相对变化的百分比。

电流调整率有时也用负载电流变化时输出电压的变化量来表示。

（9）输出电压温漂 S_T

输出电压温漂也叫输出电压的温度系数，在规定的温度范围内，当输入电压和输出电流不变时，单位温度变化引起的输出电压变化量就是输出电压温漂。

（10）输出阻抗 Z

输出阻抗是指在规定的输入电压和输出电流的条件下，在输出端上所测得的输出电压与输出电流之比。输出阻抗反映了在动态负载状态下，稳压器的电流调整率。

（11）输出噪声电压 V_N

输出噪声电压是指当稳压器输入端无噪声电压进入时，在其输出端所得到的噪声电压值。输出噪声电压是由稳压器内部产生的，它会给负载的正常工作带来一定影响。

5.3.3 三端稳压器的工作原理

1. 固定式三端稳压器的工作原理

78××系列固定式三端稳压器由启动电路（恒流源）、取样电路、基准电路、误差放大器、调整管、保护电路等构成，如图 5-16 所示。

当 78××系列三端稳压器输入端有正常的供电电压 U_i 输入后，该电压不仅加到调整管 VT 的 C 极，而且通过恒流源为基准电路供电，由基准电路产生基准电压，基准电压加到误差放大器后，误差放大器为 VT 的 B 极提供基准电压，使 VT 的 E 极输出电压，该电压经 R_1 限流，再通过三端稳压器的输出端子输出后，为负载供电。

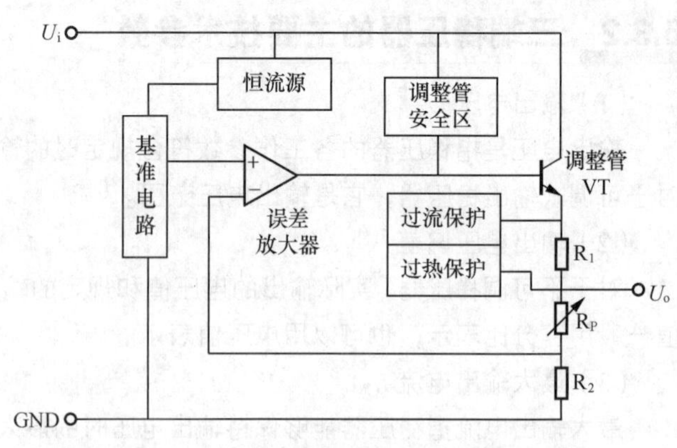

图 5-16　78××系列三端稳压器的内部结构

当输入电压升高或负载变轻引起三端稳压器输出电压 U_o 升高时，通过取样电阻 R_P、R_2 取样后的电压升高，该电压加到误差放大器后，使误差放大器为调整管 VT 提供的电压减小，VT 因 B 极输入电压减小从而导通程度减弱，它的 E 极输出电压也随之减小，最终使 U_o 下降到规定值。当输出电压 U_o 下降时，稳压控制过程相反。这样，通过该电路的控制确保稳压器输出的电压 U_o 不随供电电压 U_i 和负载的变化而变化，实现稳压控制。

当负载异常引起调整管过电流时，被过电流保护电路检测后，使调整管 VT 停止工作避免调整管过电流损坏，实现了过电流保护。另外，VT 过电流时，温度会大幅度升高，被芯片内的过热保护电路检测后，也会使 VT 停止工作，避免 VT 过热损坏，实现了热保护。

79××系列固定式三端稳压器的构成与 78××系列固定式三端稳压器基本相同，区别在于 79××系列采用的是负电压供电和负电压输出方式。

78××系列和 79××系列稳压器的外形及接线图如图 5-17 所示。

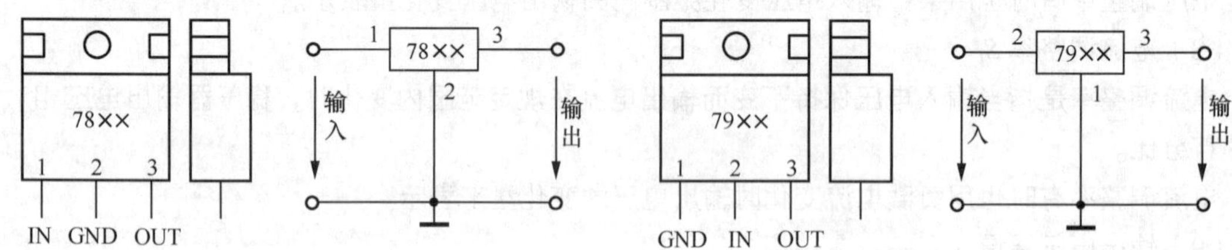

图 5-17　78××系列和 79××系列稳压器的外形及接线图

2. 可调式三端稳压器的工作原理

可调式三端稳压器由启动电路（恒流源）、基准电路、调整器（调整管）、误差放大器、保护电路等构成。可调式三端稳压器 LM317 的内部结构如图 5-18 所示。

当稳压器 LM317 的输入端有正常的供电电压输入后，该电压不仅为调整管供电，而且通过恒流源为基准电压放大器供电，由它产生基准电压，基准电压加到误差放大器的同相输入端后，误差放大器为调整器提供导通电压，使调整器开始输出电压，该电压通过输出端子输出后，为负载供电。

当输入电压升高或负载变轻，引起稳压器 LM317 输出电压升高时，误差放大器反相输入端输入的电压增大，误差放大器为调整器提供的电压减小，调整器输出电压减小，最终使输出电压下降到规定值。输出电压下降时，稳压控制过程相反。这样，通过该电路的控制确保稳压器输出的电压不随供电电压和负载的变化而变化，实现稳压控制。

稳压器 LM317 没有设置接地端，它的 1.25V 基准电压发生器接在调整 ADJ 上，这样改变 ADJ

端子电压，就可以改变 LM317 输出电压的大小。例如，通过控制电路的调整使 ADJ 端子电压升高后，基准电压发生器的输出电压就会升高，误差放大器的电压因同相输入端电压升高而升高，该电压加到调整器后，调整器输出电压升高，稳压器为负载提供的电压升高，通过控制电路的调整使 ADJ 端子电压减小后，稳压器为负载提供的电压降低。

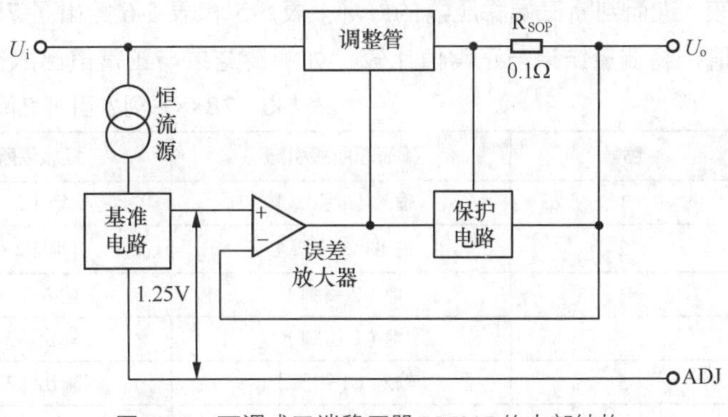

图 5-18 可调式三端稳压器 LM317 的内部结构

5.3.4 三端稳压器的检测方法

（1）电阻法

检测三端稳压器的好坏可以通过万用表检测其各个引脚之间的电阻值进行判断。检测时，指针式万用表置于 R×1k 挡，红表笔和黑表笔依次分别接其余各引脚，测量稳压器各引脚之间的电阻值，如图 5-19 所示。

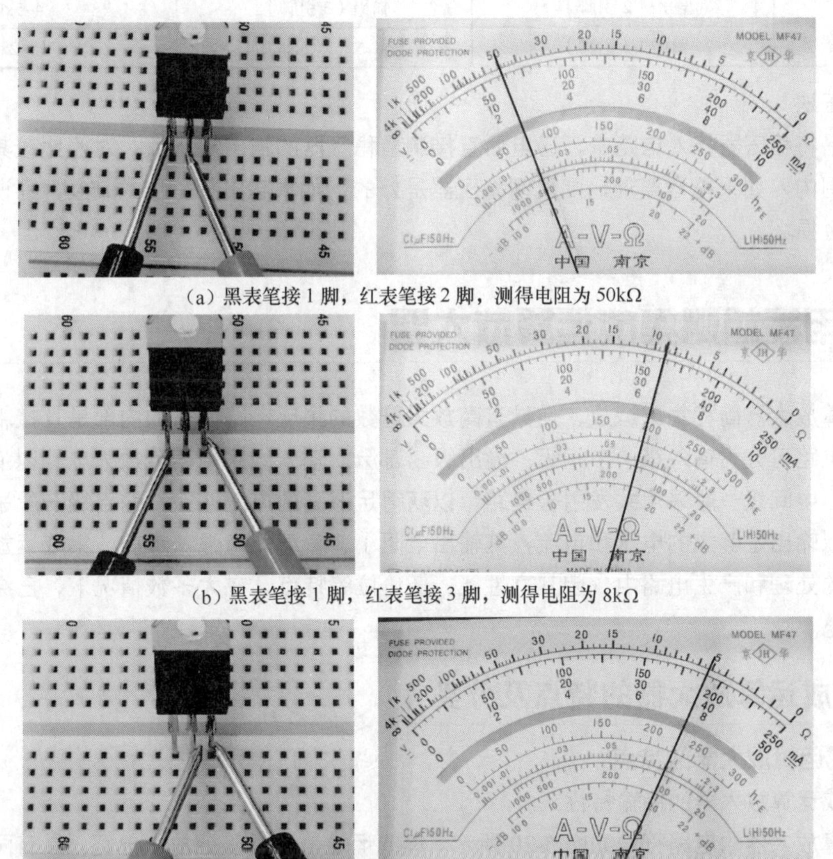

（a）黑表笔接 1 脚，红表笔接 2 脚，测得电阻为 50kΩ

（b）黑表笔接 1 脚，红表笔接 3 脚，测得电阻为 8kΩ

（c）红表笔接 2 脚，黑表笔接 3 脚，测得电阻为 5kΩ

图 5-19 电阻法检测三端稳压器

使用这种方法时，检测之前要知道三端稳压器各引脚之间的电阻值，然后将实际测量值与之比较，进而判断三端稳压器的好坏。表 5-5 和表 5-6 给出了 78××和 79××系列稳压器各引脚之间的电阻值，将测量结果与正常值比较，如测量结果与正常值出入很大，则说明该稳压器已损坏。

表 5-5　78××系列各引脚之间的电阻值

序号	黑表笔所接引脚	红表笔所接引脚	正常值
1	输入（1 引脚）	地（2 引脚）	15~50kΩ
2	输出（3 引脚）	地（2 引脚）	5~15kΩ
3	地（2 引脚）	输入（1 引脚）	3~10kΩ
4	地（2 引脚）	输出（3 引脚）	3~7kΩ
5	输入（1 引脚）	输出（3 引脚）	30~50kΩ
6	输出（3 引脚）	输入（1 引脚）	4.5~10Ω

表 5-6　79××系列各引脚之间的电阻值

序号	黑表笔所接引脚	红表笔所接引脚	正常值
1	输入（2 引脚）	地（1 引脚）	4~5kΩ
2	输出（3 引脚）	地（1 引脚）	2.5~3.5kΩ
3	地（1 引脚）	输入（2 引脚）	14.5~16kΩ
4	地（1 引脚）	输出（3 引脚）	2.5~3.5kΩ
5	输入（2 引脚）	输出（3 引脚）	4~5kΩ
6	输出（3 引脚）	输入（2 引脚）	18~22Ω

（2）电压法

电压法是将稳压器接入电路中，通电后直接测量稳压器的输出电压值，对照比较其是否在标称值的允许范围内，如果符合要求，则说明稳压器是好的；如果超出标称值的±5%，则说明稳压器性能不好或已经损坏。

5.4 万用表检测集成运算放大器

集成运算放大器简称集成运放，是具有高放大倍数的集成电路。它的内部是直接耦合的多级放大器，整个电路可分为输入级、中间级、输出级 3 部分。输入级采用差分放大电路以消除零点漂移和抑制干扰；中间级一般采用共发射极电路，以获得足够高的电压增益；输出级一般采用互补对称功放电路，以输出足够大的电压和电流，其输出电阻小、负载能力强。目前，集成运放已广泛应用于模拟信号的处理和产生电路中，因其高性能、低价位等特点，在大多数情况下，已经取代了分立元件放大电路。

5.4.1 集成运算放大器的特点及分类

1. 集成运算放大器的特点

（1）集成运算放大器的传输特性

理想运算放大器的电路符号如图 5-20 所示。集成运放是一个差分放大电路，具有同相和反相两个输入端，一个输出端。两个输入信号之间的差称为差模信号 $u_{id}=u_{+}-u_{-}$，两个输入信号的平均值称为共模信号 $u_{ic}=(u_{+}+u_{-})/2$。

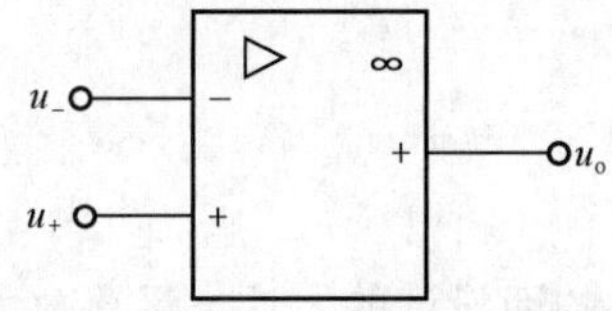

图 5-20　理想运算放大器的符号

当 $u_{id}=u_+-u_-$ 处于零值附近很小范围内时，运放的输出电压 u_o 与输入电压 u_{id} 之间呈线性关系，当 $\left|u_{id}\right|$ 稍大时，输出电压趋于一个定值，此时运放工作在饱和区。集成运放的传输特性如图 5-21 所示。

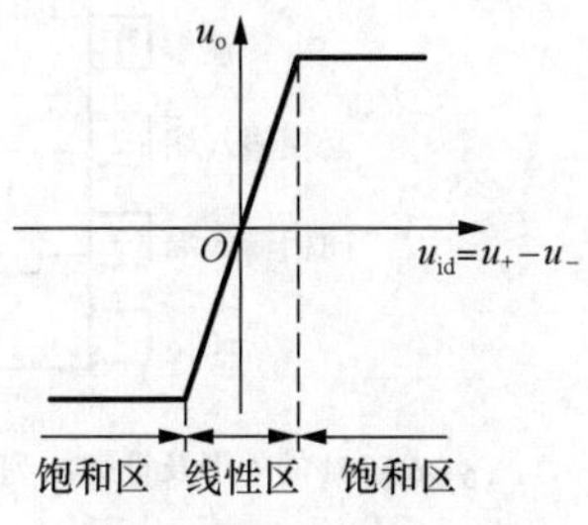

图 5-21　集成运放的传输特性

（2）集成运算放大器的理想特性

常用的集成运放具有很高的开环电压增益和共模抑制比，因此在实际使用中可以将集成运放理想化，等效电路如图 5-22 所示。理想运放有如下特性。

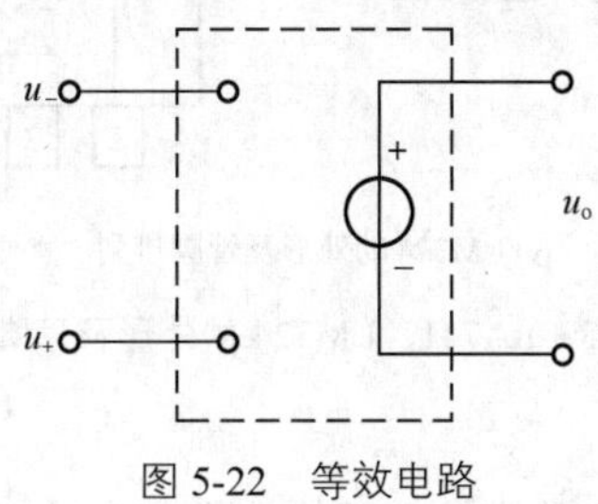

图 5-22　等效电路

① 差模输入信号增益为无限大。

② 共模输入信号增益为零。

③ 输入阻抗为无限大。

④ 输出阻抗为零。

⑤ 无限带宽。

（3）理想运算放大器工作在线性区的特点

虚短：同相和反相两个输入端的电位接近，相当于短路，但实际不是短路，这种两输入端虚假短路称为“虚短”，即 $u_+=u_-$。

虚断：流过同相输入端和反相输入端的电流等于零，两个输入端之间相当于断路，但实际不是断路，称为“虚断”，即 $i_+=i_-=0$。

（4）理想运算放大器工作在非线性区的特点

理想运算放大器工作在非线性区时，输入输出不再满足线性关系，只要输入端加上一个微小的电压变化量，都将使输出电压马上达到正、负饱和值。在非线性区“虚短”的概念不再成立，而“虚断”的概念仍然成立。

2. 集成运算放大器的分类

（1）通用型运算放大器

通用型运算放大器是以通用为目的而设计的。这类运算放大器的主要特点是价格低廉、产品量大面广，其性能指标能适合于一般性使用。常见的通用型运算放大器有μA741（单运放）、LM358（双运放）、LM324（四运放）及以场效应管为输入级的LF356等。常见通用型运算放大器μA741和LM324的外形及管脚排列如图5-23所示。

(a) μA741的外形及管脚排列

(b) LM324的外形及管脚排列

图5-23　μA741、LM324的外形及管脚排列

（2）高阻型运算放大器

高阻型集成运算放大器的特点是差模输入阻抗非常高，输入偏置电流非常小，一般差模输入阻抗 R_{id}>（10^9~10^{12}）Ω，输入偏置电流 I_{IB} 为几皮安到几十皮安。常见的高阻型运算放大器有LF356、LF355、LF347（四运放）及更高输入阻抗的CA3130、CA3140等。

（3）低温漂型运算放大器

在精密仪器、弱信号检测等自动控制仪表中，总是希望运算放大器的失调电压要尽可能小且不随温度的变化而变化。低温漂型运算放大器就是为此而设计的。目前，常用的高精度、低温漂移运算放大器有OP-07、OP-27、AD508及由MOSFET组成的斩波稳零型低温度漂移器件ICL7650等。

（4）高速型运算放大器

高速型运算放大器主要特点是转换速率高和频率响应宽。常见的高速型运算放大器有LM318、μA715等，其转换速率 SR=50~70V/ms，单位增益宽度 BWG>20MHz。

（5）低功耗型运算放大器

由于电子电路集成化的最大优点是能使复杂电路小型轻便，所以随着便携式仪器应用范围的扩大，必须使用低电源电压供电、低功率消耗的运算放大器。常用的低功耗型运算放大器有TL-022C、

TL-060C 等，其工作电压为 ± 2V~ ± 18V，消耗电流为 50~250mA。目前，产品功耗已达微瓦级，如 ICL7600 的供电电源为 1.5V，功耗为 10mW，可采用单节电池供电。

（6）高压大功率型运算放大器

运算放大器的输出电压主要受供电电源的控制。在普通的运算放大器中，输出电压的最大值一般仅为几十伏，输出电流仅为几十毫安。若要提高输出电压或增大输出电流，集成运算放大器就必须要加辅助电路。高压大电流集成运算放大器外部不需附加任何电路，即可输出高电压和大电流，如 D41 集成运放的电源电压可达 ± 150V，μA791 集成运放的输出电流可达 1A。

5.4.2 集成运算放大器的主要技术参数

1. 电源电压范围

电源电压范围是指集成运放正常工作所需要的电源电压的范围。通常集成运放需要对称的正、负双电源供电，部分集成运放可以在单电源情况下工作。

2. 最大允许功耗

最大允许功耗 P_M 是指集成运放正常情况下所能承受的最大耗散功率。使用中不应使集成运放的功耗超过 P_M。

3. 单位增益带宽

单位增益带宽 f_C 是指集成运放开环电压放大倍数 A=1（0dB）时所对应的频率。一般通用型集成运放的 f_C 约为 1MHz，宽带和高速运放的 f_C 可达 10MHz 以上，应根据实际需求选用。

4. 转换速率

转换速率 *SR* 是指在额定负载条件下，当输入边沿陡峭的大阶跃信号时，集成运放输出电压的单位时间最大变化率（单位为 V/μs），即输出电压边沿的斜率。在高保真音响设备中，选用单位增益带宽 f_C 和转换速率 *SR* 指标高的集成运放效果较好。

5. 输入阻抗

输入阻抗 *Z* 是指集成运放工作于线性区时，输入电压变化量与输入电流变化量的比值。采用双极型晶体管作为输入级的运放，其输入阻抗 *Z* 通常为几兆欧；采用场效应管作为输入级的运放，其输入阻抗 *Z* 可高达 $10^{12}\Omega$。

5.4.3 集成运算放大器的检测方法

1. 检测各引脚对地电阻值

检测时，指针式万用表置于 R×1k 挡，先用红表笔（表内电池负极）接集成运放的接地引脚，黑表笔（表内电池正极）接其余各引脚，测量集成运放各引脚对地的正向电阻，如图 5-24 所示。

接着，再用万用表测量集成运放各引脚对地的反向电阻，如图 5-25 所示。

LM324 各引脚对地正、反向电阻值参看表 5-7 所示数据。将测量结果与正常值比较，以判断该集成运放的好坏。如果测量结果与正常值出入较大，特别是电源端对地阻值为 0 或无穷大，则说明该集成运放已损坏。

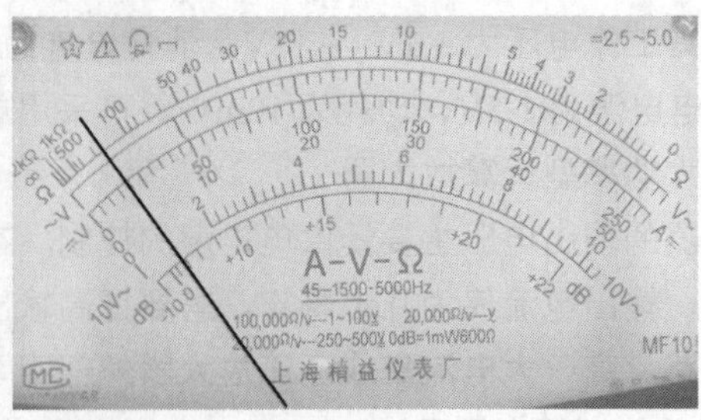

（a）检测 LM324 1脚对地正向电阻值约为 150kΩ

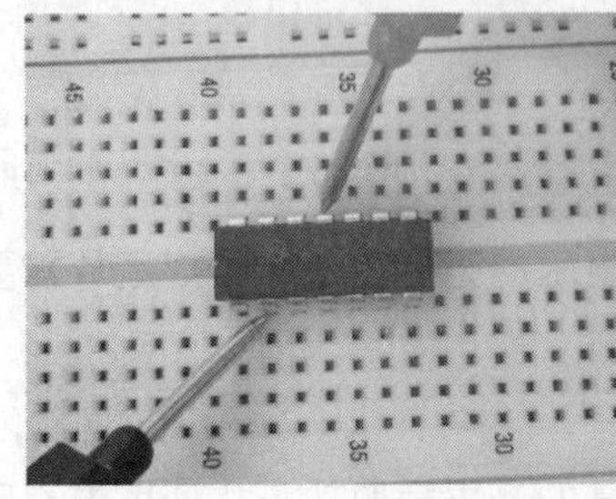
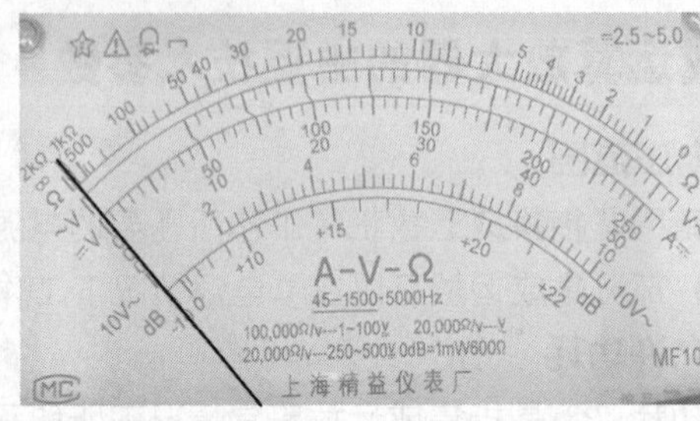

（b）检测 LM324 2脚对地正向电阻值为无穷大

图 5-24 检测 LM324 各引脚对地正向电阻

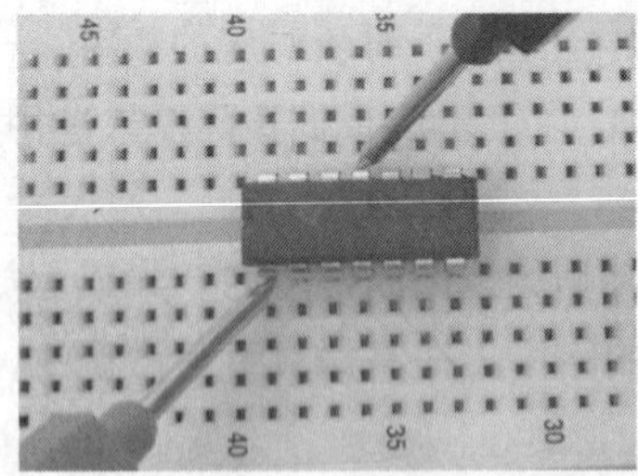
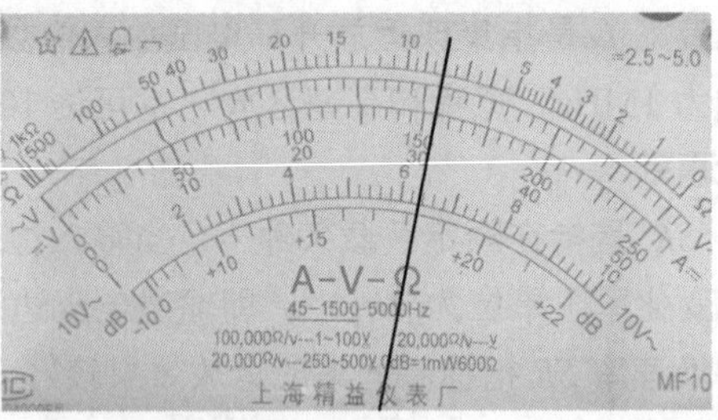

（a）检测 LM324 1 脚对地反向电阻值为8kΩ

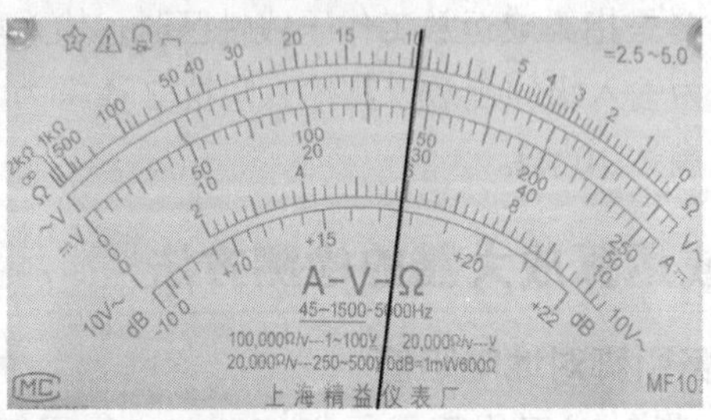

（b）检测LM324 2脚对地反向电阻值为 9.5kΩ

图 5-25 检测 LM324 各引脚对地反向电阻

表 5-7 LM324 四运放各引脚对地正、反向电阻值

引脚	1	2	3	4	5	6	7
正向电阻值/kΩ	150	无穷大	无穷大	20	无穷大	无穷大	150
反向电阻值/kΩ	7.6	8.7	8.7	5.9	8.7	8.7	7.6
引脚	8	9	10	11	12	13	14
正向电阻值/kΩ	150	无穷大	无穷大	地	无穷大	无穷大	无穷大
反向电阻值/kΩ	7.6	8.7	8.7		8.7	8.7	7.6

2. 检测静态电压值

检测时，根据被测电路的电源电压将万用表置于合适的直流电压挡。例如，被测电路的电源电压为 5V，则万用表置于直流“10V”挡，测量集成运放各引脚对地的静态电压值，如图 5-26 所示。

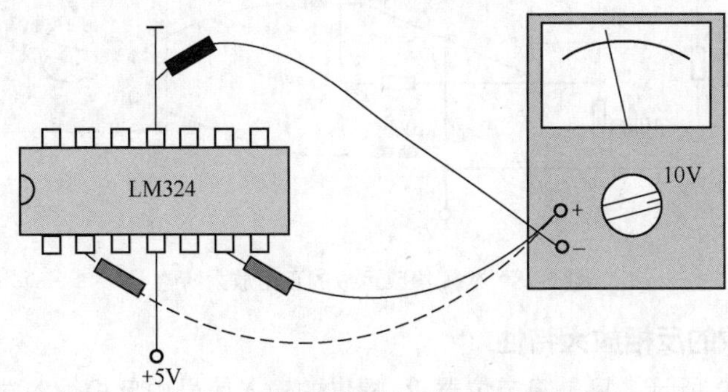

图 5-26 检测集成运放各引脚静态电压

将测量结果与各引脚电压的正常值相比较，即可判断该集成运放的工作是否正常。如果测量结果与正常值出入较大，而且外围元器件正常，则说明该集成运放已损坏。

3. 估测集成运算放大器的放大能力

检测时，按如图 5-27 所示给集成运放接上工作电源。为简便起见，可只使用单电源接在集成运放正、负电源端之间，电源电压可取 10~30V。万用表置于直流“V”挡，测量集成运放输出端电压，应有一定数值。

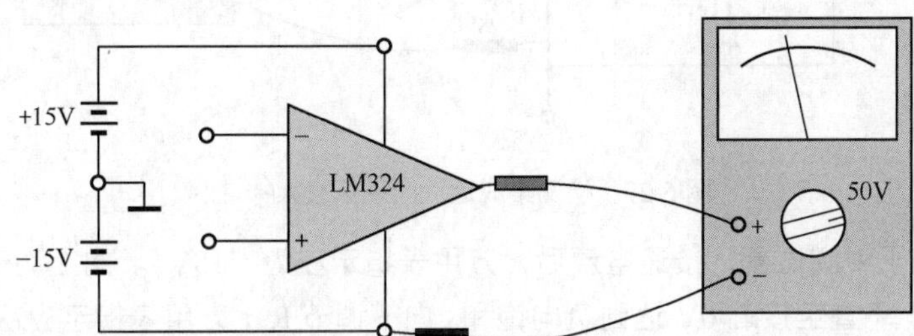

图 5-27 估测集成运放的放大能力

用小螺丝刀分别触碰集成运放的同相输入端和反相输入端，万用表指针应摆动，摆动越大说明集成运放的开环增益越高。如果万用表指针摆动很小，说明集成运放的放大能力差。如果万用表不摆动，说明该集成运放已损坏。

4. 检测集成运放的正相放大特性

检测电路如图 5-28 所示，工作电源取±15V，集成运放构成同相放大电路，输出信号由电位器 R_P 提供并接入同相输入端。万用表置于直流 50V 挡，红表笔接集成运放输出端，黑表笔接负电源端，这样连接可以不必使用双向电压表。

将电位器 R_P 置于中间位置，接通电源后，万用表指示应为“15V”，调节 R_P 改变输入信号，万用表指示的输出电压应随之变化。向上调节 R_P，万用表指示应从 15V 起逐步上升，直到 30V 达到正向饱和，向下调节 R_P，万用表指示应从 15V 起逐步下降，直至接近 0V 达到负向饱和。如果上、下调节 R_P 时，万用表指示的输出电压不随之变化或变化范围太小或变化不平稳，说明该集成运放已损坏或性能太差。

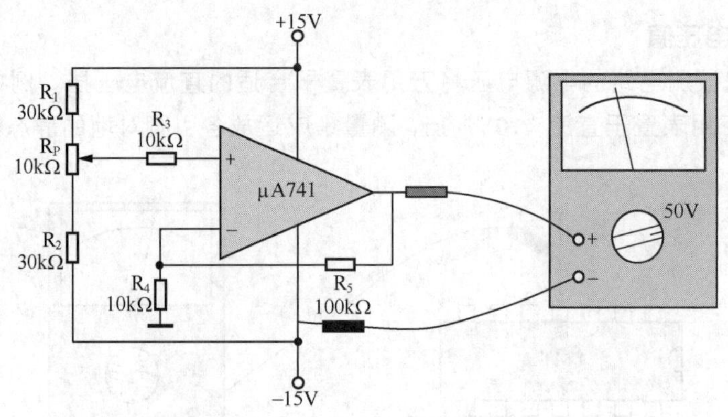

图 5-28 检测集成运放的正相放大特性

5. 检测集成运放的反相放大特性

检测电路如图 5-29 所示，只是将电位器 R_P 提供的输入信号由反相输入端接入，集成运放构成反相放大电路。万用表仍置于直流 50V 挡，红表笔接集成运放输出端，黑表笔接负电源端。

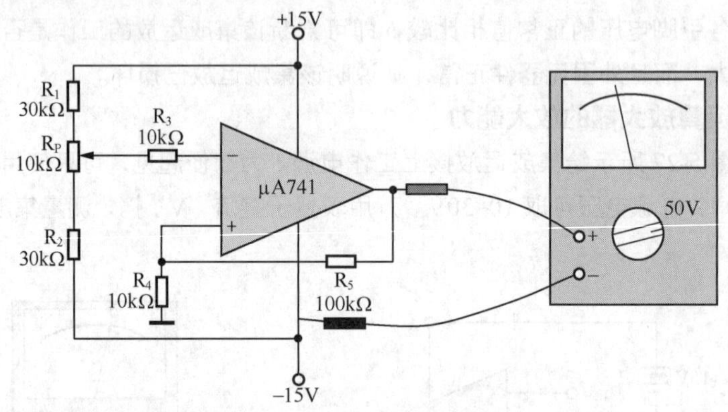

图 5-29 检测集成运放的反相放大特性

将电位器 R_P 置于中间位置，接通电源后，万用表指示应为“15V”。向上调节 R_P，万用表指示应从 15V 起逐步下降，直至接近 0V 达到负向饱和。向下调节 R_P，万用表指示应从 15V 起逐步上升，直到接近 30V 达到正向饱和。如果上、下调节 R_P 时，万用表指示的输出电压不随之变化或变化范围太小或变化不稳定，说明该集成运放已损坏或性能太差。

5.5 万用表检测 555 时基电路

555 时基电路又称为定时器，是一种将模拟电路和数字逻辑电路巧妙地组合在一起的中规模集成电路，外加少量的电阻、电容就可以组成性能稳定而精确的多谐振荡器、单稳态电路、施密特触发器等，广泛应用于波形的产生与变换、测量与控制、定时电路、家用电器、电子玩具等方面。

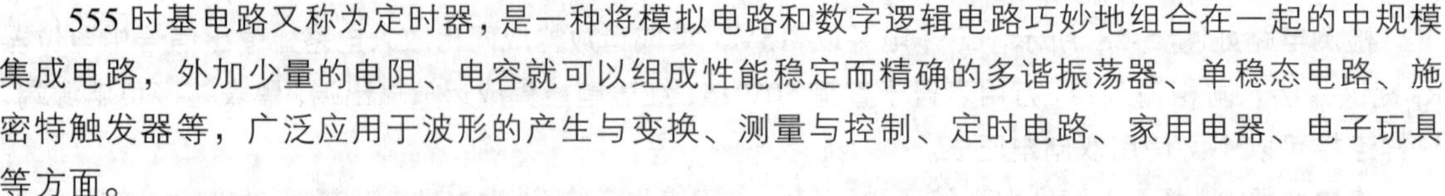

5.5.1 555 时基电路的特点及分类

通用 555 时基电路的内部结构框图如图 5-30 所示，它由分压器、比较器、RS 触发器、输出级和放电开关 5 部分组成。比较器的参考电压从分压器电阻上取得，分别为 $2U_{CC}/3$ 和 $U_{CC}/3$。高电平

触发端接比较器 A_1 的反相端，低电平触发端接比较器 A_2 的同相端，分别作为阈值端和外触发输入端，用来启动电路；复位端为低电平时，电路输出为低电平，不用时应接电源端；控制电压端可以在一定范围内调节比较器的参考电压，不用时接 0.01μF 电容器到地端，以防止干扰电压的引入。555 时基电路的功能表如表 5-8 所示。

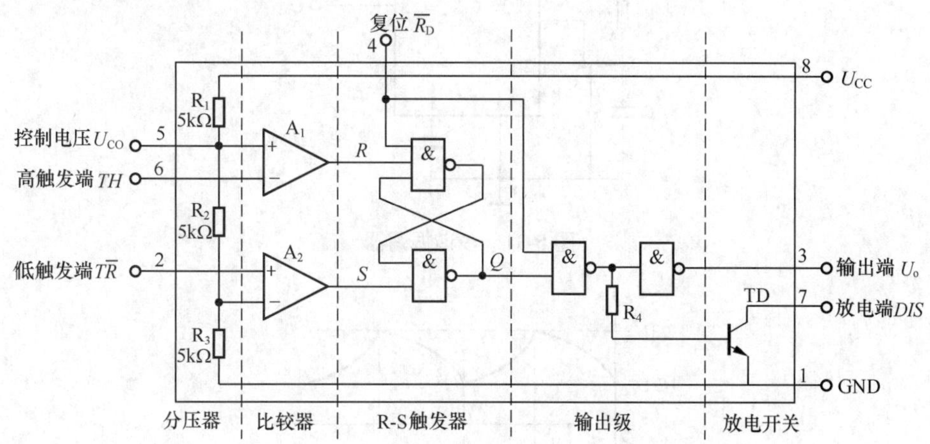

图 5-30　通用 555 时基电路的内部结构框图

表 5-8　555 时基电路的功能表

复位端 $\overline{R_D}$	高触发端 TH	低触发端 $\overline{TR}$	放电端 DIS	输出端 U_o
1	$>2/3U_{CC}$	$> 1/3U_{CC}$	导通	0
1	$< 2/3\ U_{CC}$	$>1/3U_{CC}$	保持不变	
1	×	$<1/3U_{CC}$	截止	1
0	×	×	导通	0

5.5.2　555 时基电路的应用

1. 构成多谐振荡器

用 555 时基电路构成多谐振荡器如图 5-31 所示。电路没有稳态，只有两个暂稳态，也不需要外加触发信号，利用电源 U_{CC} 通过 R_1 和 R_2 向电容 C 充电，使 U_C 逐渐升高，当达到 $2U_{CC}/3$ 时，输出跳变到低电平，放电晶体管导通，这时电容器 C 通过电阻 R_2 和 7 脚放电，使 U_C 下降，当降低到 $U_{CC}/3$ 时，输出跳变到高电平，放电端截止，电源 U_{CC} 又通过 R_1 和 R_2 向电容 C 充电。如此循环，连续振荡，电容在 $U_{CC}/3$ 和 $2U_{CC}/3$ 之间充电和放电。这样周而复始，就可以在输出端得到连续的矩形波，波形图如图 5-32 所示。

输出信号的时间参数为：

$T=t_{W1}+t_{W2}$　　$t_{W1} = (R_1+R_2)C\ln2$　　$t_{W2} = R_2C\ln2$

频率：$f=\dfrac{1}{T}=\dfrac{1}{t_{PH}+t_{PL}}=\dfrac{1}{(R_1+2R_2)C\ln 2}$

占空比：$q=\dfrac{t_{PH}}{t_{PH}+t_{PL}}=\dfrac{(R_1+R_2)C\ln 2}{(R_1+2R_2)C\ln 2}=\dfrac{R_1+R_2}{R_1+2R_2}$

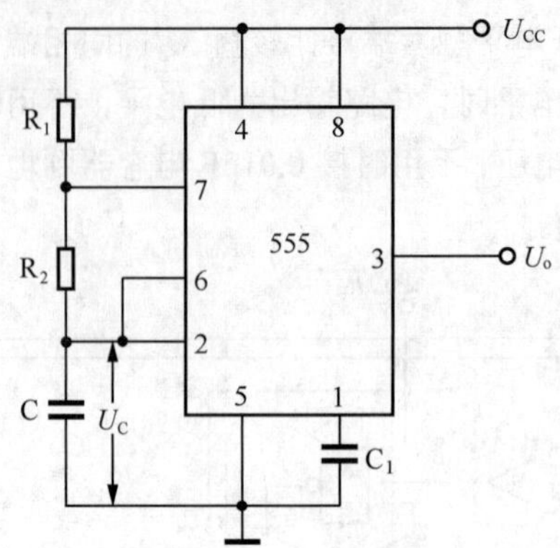

图 5-31　多谐振荡器

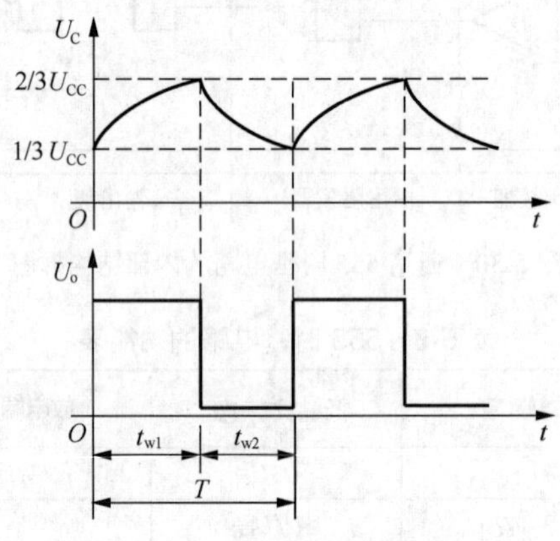

图 5-32　多谐振荡器波形图

2. 构成施密特触发器

施密特触发器是一种波形变换电路，它可以把正弦波、三角波、锯齿波等其他任何形状的波形变换成矩形波。这种电路是利用输入信号的高电平、低电平触发工作的。利用 555 时基电路构成的施密特触发器电路如图 5-33 所示，其中电容 C 为交流耦合电容，R_1 和 R_2 组成的分压器将交流输入信号叠加成幅度为 $U_{CC}/2$ 的直流电平。控制端 5 脚可加一个可调直流稳压电源 U_{CO}，其大小可改变 555 时基电路比较器的参考电压，U_{CO} 越大参考电压值越大，输出波形宽度越宽。

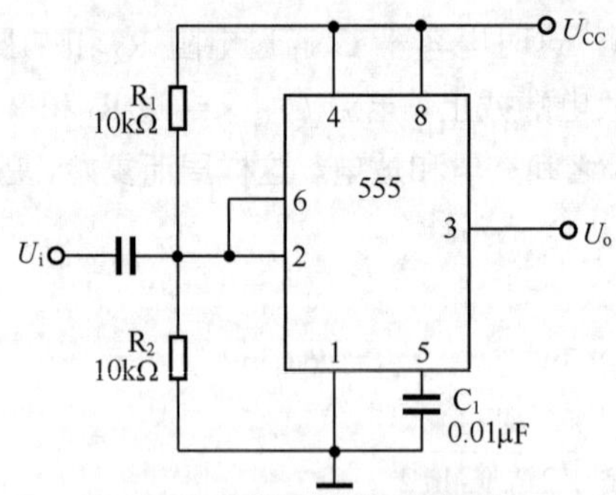

图 5-33　施密特触发器电路

工作原理：若假设输入信号为正弦波，当输入信号 U_i 上升到 $2U_{CC}/3$ 时，输出 U_o 从高电平翻转到低电平；当输入信号 U_i 下降到 $U_{CC}/3$ 时，输出 U_o 从低电平翻转到高电平。施密特触发器波形图如图 5-34 所示。

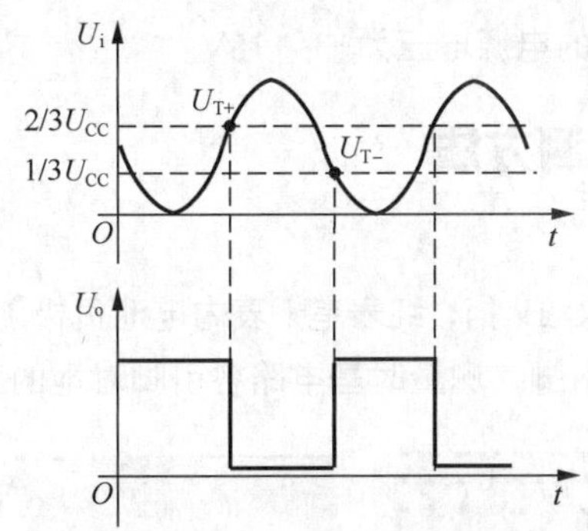

图 5-34　施密特触发器波形图

施密特触发器电路可方便地把正弦波、三角波变换成方波。该电路的回差电压为：

$$\Delta U_{T+}= U_{T+} - U_{T-}= 2U_{CC}/3 - U_{CC}/3= U_{CC}/3$$

如果要改变回差电压值，则可以通过改变控制端 5 的电压 U_{CO} 大小来实现，但控制电压 U_{CO} 的最大值不能超过电源电压 U_{CC}。

3．构成单稳态触发器

单稳态电路只有一个稳态、一个暂态。在未加输入信号时，电路一直处于稳态，当触发器的输入信号到来时，电路翻转到暂态，经过一定时间间隔后，电路又回到稳态。利用 555 时基电路和外接元件 R 和 C 构成的单稳态触发器电路如图 5-35 所示。

工作原理：稳态时 555 电路的 2 脚电压大于 $U_{CC}/3$，内部放电开关导通，电容 C 放电使 6、7 脚电压小于 $2U_{CC}/3$，输出端为低电平。当有一个外部负脉冲加到 2 脚时，此时 2 脚电压小于 $U_{CC}/3$，比较器 A_2 输出高电平，555 的输出为高电平，放电三极管截止，电源通过 R 对 C 充电，电路进入一个暂态过程，当电容 C 充电使 6、7 脚电压大于 $2U_{CC}/3$ 时，触发器又回到“0”态，即输出低电平。电路返回稳态后，如果再加信号，则电路又会重复上述过程。单稳态触发器波形图如图 5-36 所示。可以看出，输出高电平维持时间取决于 RC 的大小，这个时间称为脉宽，其大小为 t_W=1.1RC，改变 R、C 值，可以控制输出波形的宽度。因此，单稳态触发器常用于定时、延迟或整形电路。

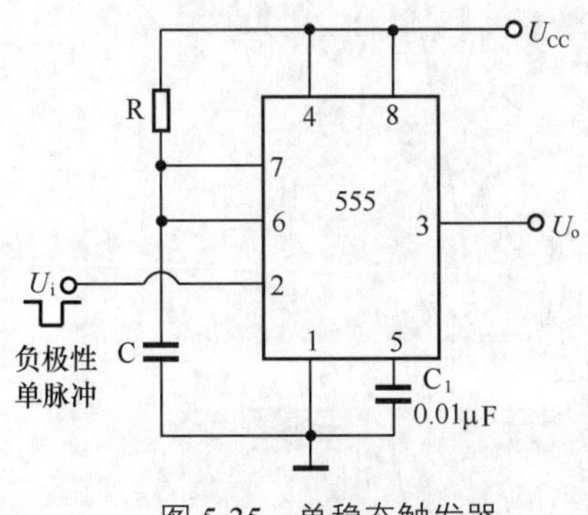

图 5-35　单稳态触发器

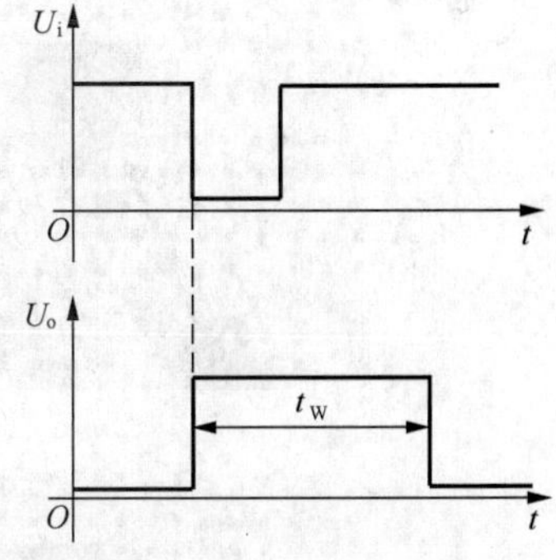

图 5-36　单稳态触发器波形图

4．555 定时器电路的分类

555 时基电路有双极型和 CMOS 型两大类。几乎所有的双极型产品型号最后 3 位数码都是 555 或 556，所有 CMOS 型产品型号最后 4 位数码都是 7555 或 7556。两者的结构与工作原理类似，逻辑功能和引脚排列完全相同，大多数情况下，两种定时器可以相互代换。555 和 7555 是单时基电路，556 和 7556 是双时基电路（片内装有两个独立的 555 电路）。双极型的电源电压为+5~+15V，输出最大电流可达 200mA；CMOS 型的电源电压为+3~+18V。

5.5.3 555 时基电路的检测方法

1. 检测各引脚对地电阻值

检测时，指针式万用表置于 R×1k 挡，红表笔（表内电池负极）接时基电路接地端，黑表笔（表内电池正极）依次分别接其余各引脚，测量时基电路各引脚对地的正向电阻，如图 5-37 所示。

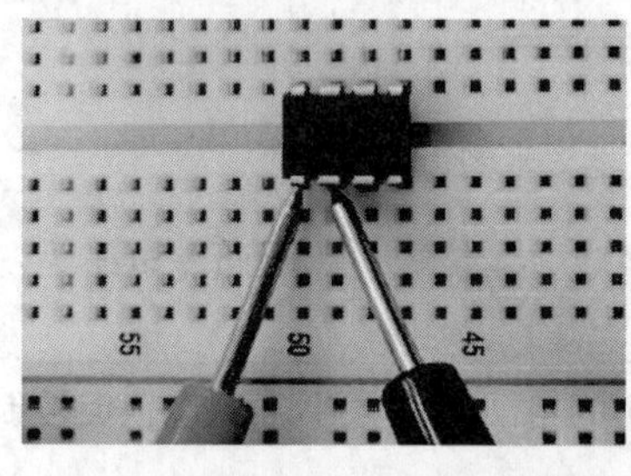

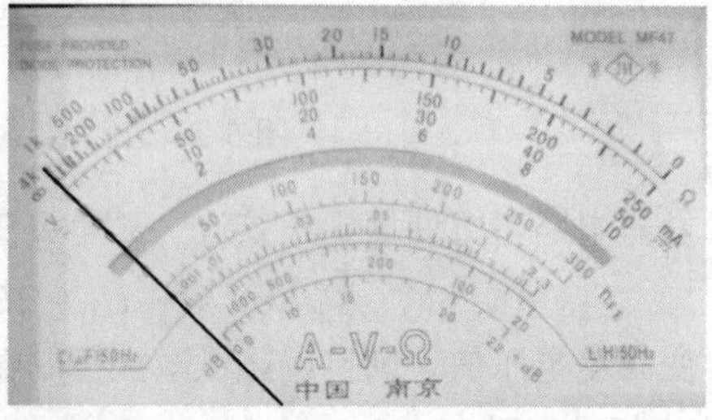

（a）检测 2 脚对地的正向电阻为无穷大

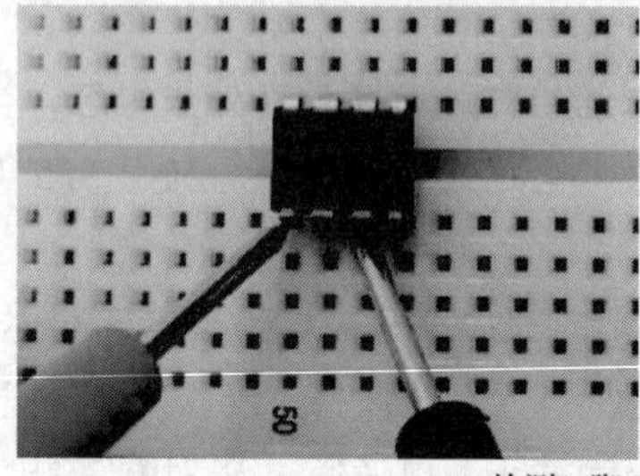

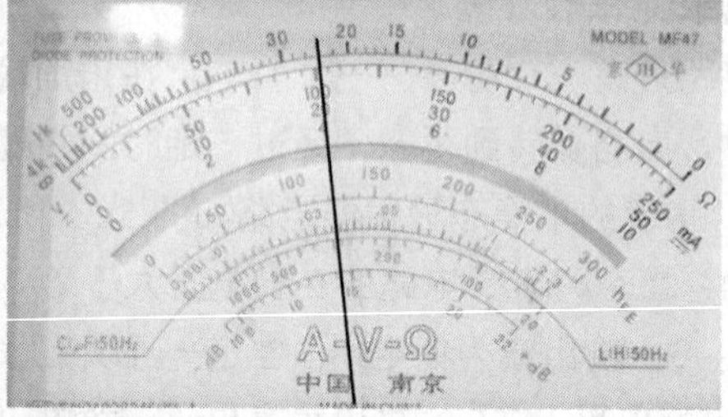

（b）检测 3 脚对地的正向电阻为 24kΩ

图 5-37 检测时基电路各引脚对地的正向电阻

然后将黑表笔接时基电路接地端，红表笔依次分别接其余各引脚，测量时基电路各引脚对地的反向电阻，如图 5-38 所示。

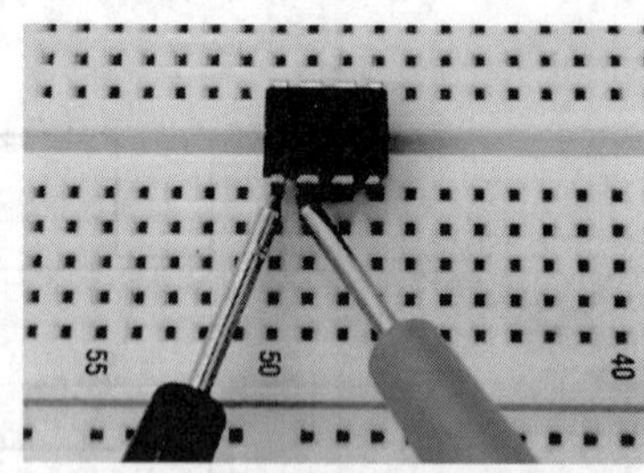

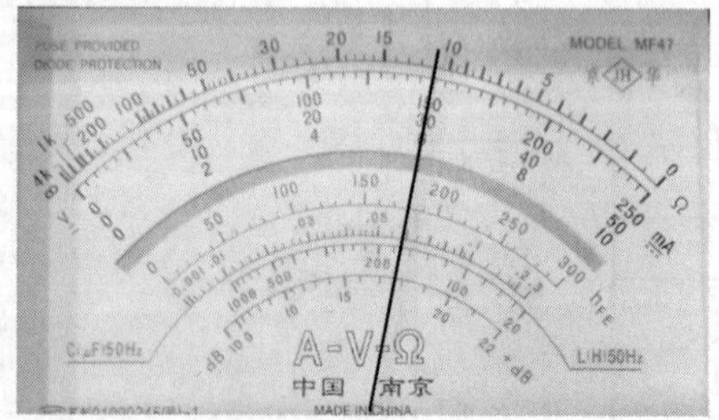

（a）检测 2 脚对地的反向电阻为 11kΩ

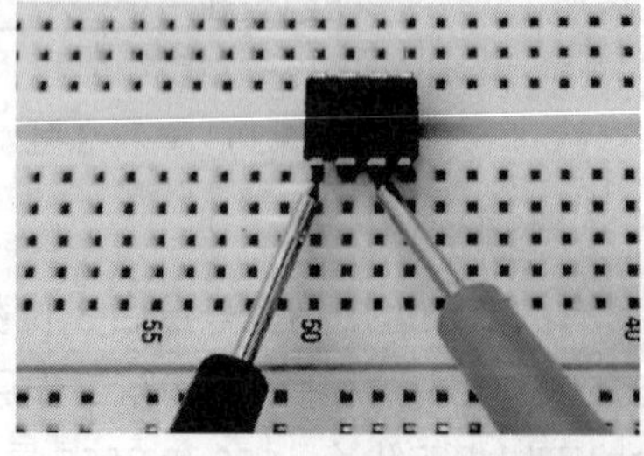

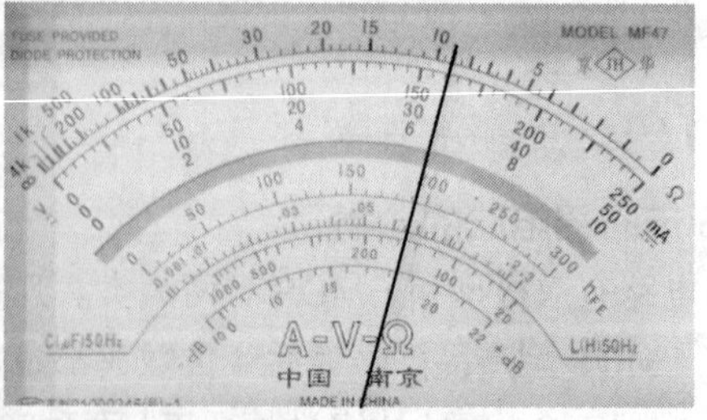

（b）检测 3 脚对地的反向电阻为 9kΩ

图 5-38 检测时基电路各引脚对地的反向电阻

时基电路各引脚对地的正、反向电阻值可参考表 5-9 数据。如果电源端对地电阻为 0Ω或无穷大，则说明该时基电路已损坏。如果各引脚对地的正、反向电阻与正常值比较差别很大，也说明该时基电路已损坏。

表 5-9 555 时基电路各引脚对地的正、反向电阻值

引脚	1	2	3	4	5	6	7	8
正向电阻值/kΩ	地	无穷大	24	无穷大	9.0	7.0	150	14
反向电阻值/kΩ	地	11	9.0	11	8.3	无穷大	7.6	8.2

2. 检测静态直流电压

检测静态直流电压时，万用表置于直流 10V 挡，测量在路时基电路各引脚对地的静态直流电压值，如图 5-39 所示。

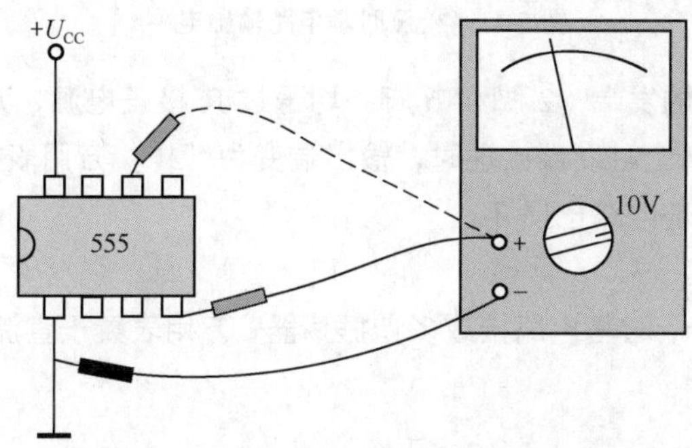

图 5-39 检测时基电路各引脚对地的静态直流电压

将测量结果与各引脚电压的正常值相比较，即可判断该时基电路是否正常。如果测量结果与正常值出入较大，而且外围元器件正常，则说明该时基电路已损坏。

3. 检测静态直流电流

检测电源可用一个直流稳压电源，输出电压为+12V 或+15V。如用电池作为电源，6V 或 9V 也可以。万用表置于直流 50mA 挡，红表笔接电源正极，黑表笔接时基电路电源端，时基电路接地端接电源负极，如图 5-40 所示。接通电源，万用表指示出时基电路的静态电流。

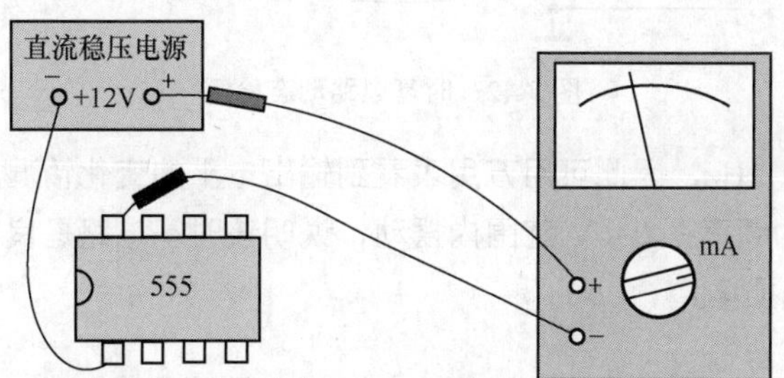

图 5-40 检测时基电路静态直流电流

正常情况下时基电路的静态直流电流不超过 10mA。如果测得的静态直流电流远大于 10mA，说明该时基电路性能不良或已损坏。

上述检测时基电路静态直流电流的方法，还可用于区分双极型时基电路和 CMOS 型时基电路，静态直流电流为 8~10mA 的是双极型时基电路，静态直流电流小于 1mA 的是 CMOS 型时基电路。

4. 检测输出电平

时基电路接成施密特触发器，万用表置于10V挡，检测时基电路输出电平电路如图5-41所示。

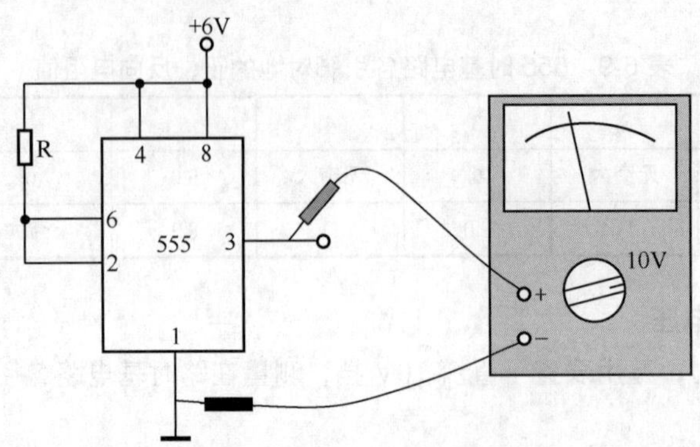

图5-41　检测时基电路输出电平

接通电源后，由于两个触发端（2脚和6脚）均通过R接正电源，万用表测量输出端（3脚）电压应为0V，当用导线将两个触发端接地时，输出端变为“1”，万用表指示应为6V。检测情况如不符合上述状态，说明该时基电路已损坏。

5. 动态检测

检测电路如图5-42所示，时基电路接成多谐振荡器，万用表置于直流10V挡，检测时基电路输出电平的动态变化情况。

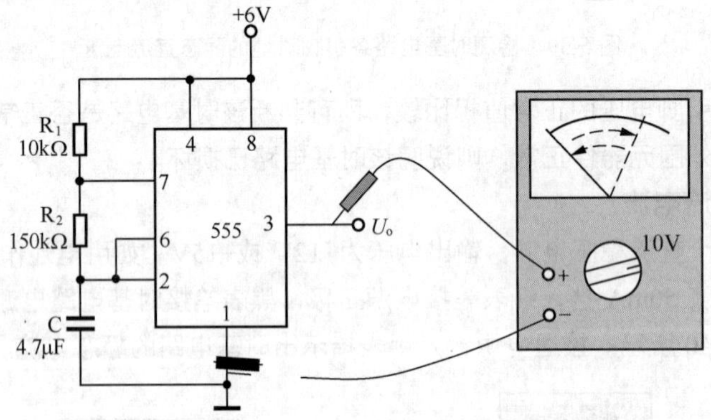

图5-42　时基电路动态检测

该电路振荡频率约为1Hz，因此可用万用表看到输出电平的变化情况。接通电源后，如果万用表的表针应以1Hz左右的频率在0~6V范围内摆动，说明该时基电路是良好的；如果万用表指针不摆动，说明该时基电路已损坏。

第 6 章

万用表检测传感器

传感器是能感受规定的被测量并按照一定规律将其转换成可用信号的器件或装置，通常由敏感元件和转换元件组成。它是一种检测装置，能感受到被测量的信息，并能将感受到的信息，按一定规律转换成电信号（电压、电流、频率或脉冲等）或其他所需形式的信息输出，以满足信息的传输、处理、存储、显示、记录和控制等要求。它是实现自动检测和自动控制的首要环节。本章主要介绍传感器的分类、命名规则及检测方法等内容。

6.1 传感器基本知识

6.1.1 传感器的分类

传感器的种类繁多、原理各异，一种被测量可以用不同传感器来测量，而同一类型的传感器通常又可测量多种被测量，因此缺乏统一的分类方法。习惯上可分为以下几类。

1. 按被测量分类

传感器按被测量的类型可分为温度、压力、位移、速度、湿度以及流量等类型。这种分类方法给使用者提供了方便，易于根据测量对象来选择所需的传感器。

2. 按转换原理分类

传感器按转换原理可分为电阻式、电容式、电感式、应变式、电热式、电磁式、压电式、压阻式、光电式、热电式以及热释电式等类型。这种分类方法便于说明传感器的原理。

3. 按输出信号的性质分类

传感器按输出信号的性质可分为模拟式和数字式两类。模拟式传感器的输出信号为模拟量，数字式传感器的输出信号为数字量。如果把 A/D 转换器置于模拟式传感器中，就可以构成数字式传感器。这种分类方法也给使用者提供了方便，一方面可以根据测控系统的输入要求选择所需的传感器，另一方面也可根据输出信号的性质设计控制电路。

6.1.2 传感器的命名

1. 传感器的名称

根据相关国家标准，一种传感器产品的名称，应由主题词加 4 级修饰语构成。

（1）主题词：传感器。

（2）第 1 级修饰语：被测量，包括修饰被测量的定语。

（3）第 2 级修饰语：转换原理，一般可后续以“式”字。

（4）第 3 级修饰语：特征描述，指必须强调的传感器结构、性能、材料特征、敏感元件及其他必要的性能特征，一般可后续以“型”字，非强调时可省略。

（5）第 4 级修饰语：主要技术指标（量程、精确度以及灵敏度范围等）。

命名方法的用法在不同场合下也有所差异，可参照如下规定执行。

（1）题目中的用法

在有关传感器的统计表格、图书索引、检索以及计算机汉字处理等特殊场合应采用规定的顺序。例如，传感器、位移、应变式、100mm。

（2）正文中的用法

在技术文件、产品样本、学术论文、教材及书刊的陈述句中，作为产品说明应采用与规定相反的说明顺序。例如，100mm 应变式位移传感器。

（3）修饰语的省略

当对传感器的产品名称简化表征时，除第 1 级修饰语外，其他各级可视产品的具体情况任选或省略。例如，附加的测试范围只适用于差压传感器。而在传感器科学研究的文献、报告及有关教材中，为便于对传感器原理及其分类的研究，允许只采用第 2 级修饰语，省略其他各级修饰语。例如，电容式传感器。

2. 传感器的代号

传感器的代号由大写拼音字母和阿拉伯数字构成，应包括 4 部分，其中第 2、3、4 部分之间须用连字符“-”连接，如图 6-1 所示。常见被测量的类型及代号、转换原理的类型及其代号如表 6-1 和表 6-2 所示。

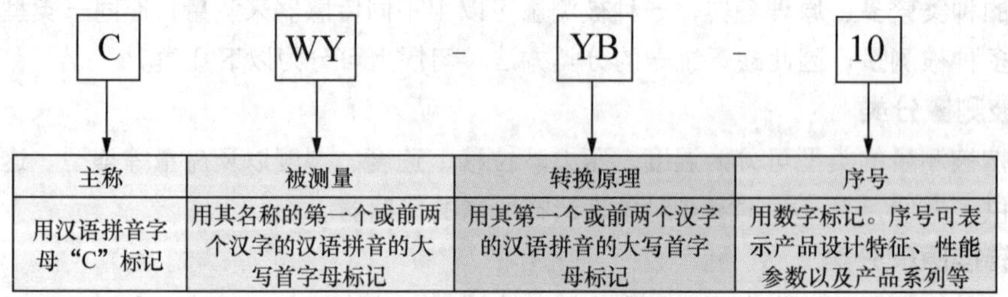

图 6-1　传感器的代号识读

表 6-1　常见被测量的类型及其代号

代号	被测量	代号	被测量	代号	被测量	代号	被测量
A	加速度	HG	红外光	LJ	力矩	WZ	位置
CQ	磁场强度	HS	转速	LL	流量	Y	压力
CT	磁通量	J	角度	MB	脉搏	（U）Y	（绝）压
DL	电流	JA	角加速度	Q	气体	YW	液位
DY	电压	JG	可见光	S	速度	ZD	振动
HD	照度	JS	角速度	W	温度	ZG	紫外光
H	湿度	L	力	WY	位移	ZL	重量（称重）

表 6-2　传感器转换原理的类型及其代号

代号	转换原理	代号	转换原理	代号	转换原理	代号	转换原理
BY	变压器	DO	电涡流	GO	光导	SB	（超）声波
CD	磁电	DR	电容	GY	感应	WU	蜗轮
CY	差压	DW	电位器	HE	霍尔	XZ	谐振
CZ	磁阻	DZ	电阻	JG	激光	YB	应变
DC	电磁	GD	光电	JZ	晶体振子	YD	压电
DD	电导	GF	光伏	RD	热电	YZ	压阻
DG	电感	GH	光化学	RH	热释电	ZK	阻抗

例如，CWY-YB-10：应变式位移传感器，序号为 10；CY-XZ-50：谐振式压力传感器，序号为 50。

6.1.3　传感器的技术指标

传感器的技术指标是衡量和评价传感器性能好坏的重要条件和主要依据。由于传感器应用广泛，类型较多，使用要求各不相同，所以传感器性能的基本参数、环境参数、可靠性等指标较多，表 6-3 列出了这几个方面的主要性能指标。对于一种具体的传感器而言，并不是全部指标都是必需的。

表 6-3　传感器的主要性能指标

基本参数指标	环境参数指标	可靠性指标	其他指标
量程指标：量程范围、过载能力等	温度指标：工作温度范围、温度误差、温度漂移、温度系数、热滞后等	工作寿命	供电方式（直流、交流）、频率及波形等
灵敏度指标：灵敏度、分辨力、满量程输出等	抗冲振指标：允许抗冲振的频率、振幅及加速度，冲振所引入的误差等	平均无故障时间、保险期	功率、各项分布参数值、电压范围与稳定度等
精度有关指标：精度、误差、线性、滞后、重复性、灵敏度误差、稳定性	抗潮湿、抗介质腐蚀能力等	疲劳性能、绝缘电阻	外形尺寸、重量、壳体材质、结构特点等
动态性能指标：固有频率、阻尼比、时间常数、频率响应范围、频率特性、临界频率、临界速度、稳定时间等	抗电磁场干扰能力等	耐压及抗飞弧等	安装方式、馈线电缆等

6.1.4　传感器的合理选用

传感器的种类和型号很多，其原理和结构也大不相同，而同一检测任务往往可用多种传感器实现，但其检测效果和性价比等指标往往各不相同。如何根据具体的检测任务、检测对象以及检测环境合理地选用传感器，是检测成败的关键。合理选用传感器是一个比较复杂的问题，灵活性很强，应综合考虑以下 3 个方面。

1. 检测要求

检测要求主要包括检测目的、检测信号的类型、检测信号的带宽、检测的范围、要求的量程和精度、检测所需要的时间及检测信号产生的频繁程度等。

2. 传感器的性能及特点

选用时主要考虑传感器的性能及特点，包括灵敏度、响应速度、稳定性、可靠性、精度、输出量类型及其电平、检测方式、环境要求、体积、安装方式、可维护性和价格等。

3. 传感器的使用条件

传感器的使用条件即检测场所的实际情况，包括环境（温度、湿度、振动等）、测量的时间、与处理系统之间的信号传输距离、与外设的连接方式以及所需功率等。

6.2 常用传感器

6.2.1 温度传感器

温度传感器是一种检测温度的传感器件。由于温度测量的普遍性，温度传感器的数量在各种传感器中占据首位，约占 50%。常见温度传感器的外形如图 6-2 所示。

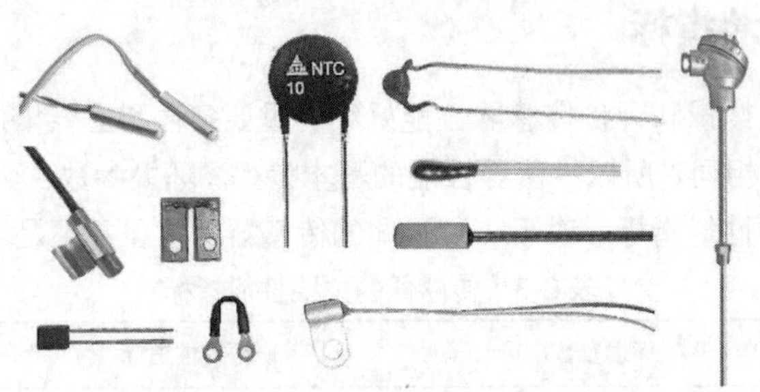

图 6-2　常见温度传感器的外形

温度传感器与被测对象的接触方式分为两大类：接触式和非接触式。接触式温度传感器需要与被测对象保持热接触，使两者进行充分的热交换而达到同一温度，如热电偶、电阻式、PN 结温度传感器等。由于在使用时必须与被测对象直接接触，并进行热交换，这就使其应用受到某些限制。非接触式温度传感器无须与被测对象直接接触，而是通过被测对象的热辐射或对流传递热量到温度传感器，以达到测温的目的。用这种方法测量时不会破坏被测对象的温度场，并可以实现远距离测量，如光学高温计、红外测温仪等。

温度传感器的种类较多，最常用的是电阻式、热电偶和集成温度传感器三类。

1. 电阻式温度传感器

电阻式温度传感器是利用导体或半导体的电阻值随温度变化而变化的特性来测量温度的。一般将金属导体铂、铜等制成的测温元件称为热电阻，而将半导体材料制成的测温元件称为热敏电阻。常见电阻式温度传感器的外形如图 6-3 所示。

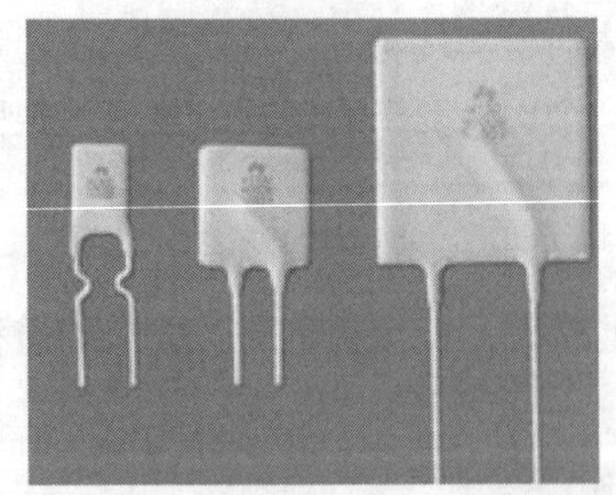

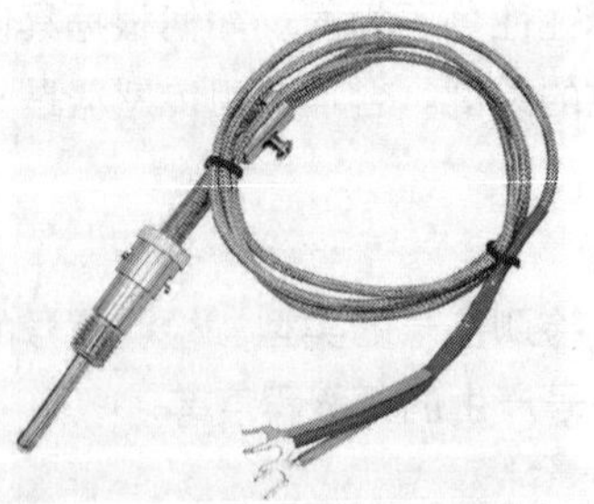

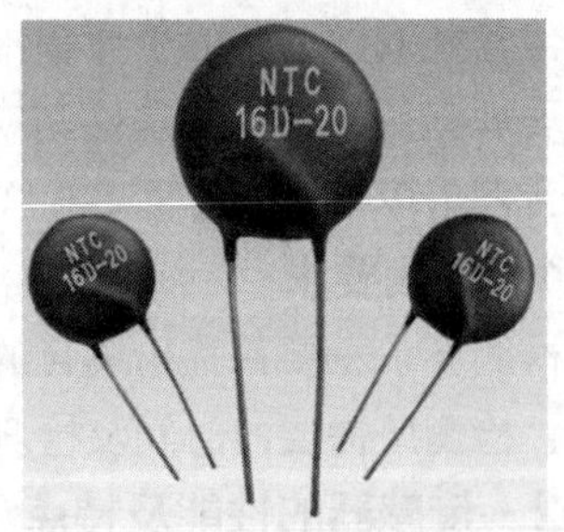

图 6-3　常见电阻式温度传感器的外形

热电阻传感器主要用于中、低温度范围的温度测量。其中，铂热电阻主要用于高精度的温度测量和标准测温装置，性能非常稳定，测量精度高，其测温范围为–200～+850℃；铜热电阻主要用于对测量精度和敏感元件尺寸要求不是很高的场合，价格便宜、易于提纯，并且复制性好，其测温范围为–50～+150℃。

热敏电阻传感器主要用于点温、小温差温度的测量，可实现远距离、多点测量与控制、温度补偿和电路的自动调节等，其测温范围为–50～+450℃。与其他温度传感器相比，热敏电阻具有温度系数大、灵敏度高、响应迅速、测量线路简单、体积小、寿命长、价格便宜以及可靠性高等优点，但其非线性较大，在电路上要进行线性补偿，互换性较差。热敏电阻的温度系数有正、负之分，大致可以分为正温度系数（PTC）、负温度系数（NTC）和临温度系数（CTR）三种。NTC 热敏电阻广泛应用于点温、表面温度、温差以及温度场等测温场合，此外还广泛应用于自动控制及电子线路的热补偿电路中，是运用最广泛的热敏电阻；PTC 热敏电阻主要用于彩电消磁、各种电器设备的过热保护以及发热源的定温控制等应用场合，也可作为限流元件使用；CTR 热敏电阻主要作为温度开关使用。

2. 热电偶温度传感器

热电偶温度传感器是利用热电偶（由两种不同材料的导体组成一个闭合回路）的热电效应将温度变化转换为热电势实现测温的。常见热电偶温度传感器的外形如图 6-4 所示。它具有测温范围广（–270～+2800℃）、准确度高、动态响应快、结构简单并且可实现远距离测量等优点，所以得到了广泛应用。但在使用时须进行冷端补偿。

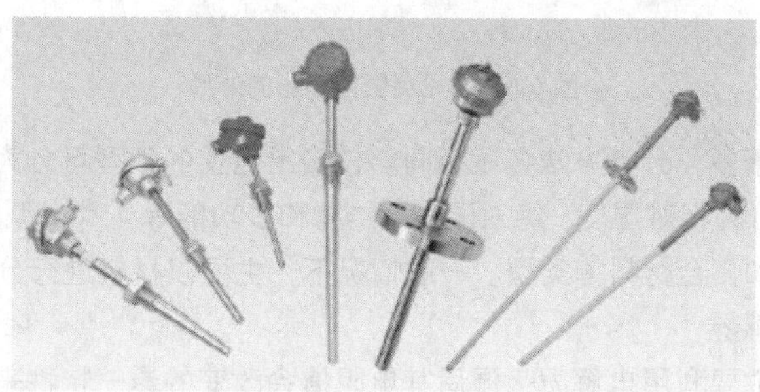

图 6-4 常见热电偶温度传感器的外形

热电偶按结构形式和用途可分为普通型热电偶、铠装热电偶、多点式热电偶、表面热电偶和薄膜热电偶等几种类型。普通型热电偶主要用于测量气体、蒸汽和流体等介质的温度，常用的有铂铑 10-铂热电偶、镍铬-镍硅热电偶、镍铬-镍铜热电偶等；铠装热电偶主要用于测量高压装置和狭窄管道的温度；多点式热电偶主要用于同时测量几点或几十个点的温度；表面热电偶主要用于测量各种状态（静态、动态和带电物体）固体表面的温度；薄膜热电偶主要用于测量瞬变的表面温度和微小面积上的温度。

3. 集成温度传感器

集成温度传感器是一种将感温元件、放大电路以及温度补偿电路等单元电路集成在单一芯片上的温度传感器，常见外形如图 6-5 所示，其测温范围为–50～+150℃，主要用于环境空间温度的检测、控制以及家用电器中的温度检测、控制和补偿。与传统的热电阻、热电偶相比，它具有线性好、灵敏度高、体积小、稳定性好、输出信号大且规范化等优点。而且它还具有绝对零度时输出电量为零的特性，利用这一特性可以很容易测量出绝对温度值。其输出形式可分为电压型（LM135/235/335 等）和电流型（AD590 等）两种，其中电压型的灵敏度一般为 10mV/℃，电流型的灵敏度一般为1μA/℃。

图 6-5　常见集成温度传感器的外形

6.2.2　湿度传感器

湿度传感器是一种检测大气（空气）湿度的传感器件，常见外形如图 6-6 所示。湿度是指单位体积大气中水蒸气的含量，通常用绝对湿度和相对湿度来表示。绝对湿度是指在一定温度及压力条件下，单位体积空气中所含的水蒸气的质量，而相对湿度是指空气中实际所含水蒸气密度（即绝对湿度）与同温度下饱和水蒸气密度的百分比。通常所说的湿度一般指相对湿度。

图 6-6　常见湿度传感器的外形

湿度传感器的种类繁多，分类方法各不相同。按输出电量的类型可分为电阻式、电容式和频率式等；按其探测功能可分为相对湿度、绝对湿度、结露和多功能等 4 种类型；按材料可分为电解质、高分子、陶瓷、半导体和复合材料等类型。一般情况下，主要以材料进行分类。

1. 电解质湿度传感器

电解质湿度传感器主要利用电解质吸湿后其电阻值会改变的这一特性来测量温度的。通常使用的电解质是氯化锂（LiCl），而且氯化锂湿度传感器也是最早出现的湿度传感器。它最突出的优点是长期工作的稳定性极强，因此通过严格的工艺制作，制成的仪表和传感器产品可以达到较高的精度。其主要缺点是测湿范围窄，应用环境要求高，其温度范围为 5～50℃，且温度不宜剧烈变化，更不能在结露时使用。

2. 高分子湿度传感器

高分子湿度传感器主要利用高分子湿敏材料的吸湿性和吸水膨胀性来测量温度的。只要选好材料，就能获得耐湿、防水、稳定性好的湿度传感器。它的优点是测湿范围宽、一致性好、成本低、小型化、轻量化，而且也有利于与外围电路实现一体化、集成化以及智能化。其主要缺点是机械强度、耐腐蚀性和耐高温性（一般低于 80℃）都较差。

3. 陶瓷湿度传感器

陶瓷湿度传感器主要利用多孔金属氧化物材料的多孔性表面能吸湿导电的特性来测量湿度的。它具有良好的热稳定性及物理化学稳定性，通过控制合理的组织和结构，可以制造出稳定性好、灵敏度高、响应快、湿滞小、测湿范围宽、耐高温（150℃以上）的高质量湿度传感器。其主要缺点是长期放置不稳定、一致性和再现性较差等。

6.2.3　气体传感器

气体传感器是指能将被测气体的类别、浓度或成分转换为与其成一定关系的电量输出的装置或器件，常见外形如图 6-7 所示。由于被测气体的种类繁多、性质各异，所以不可能用一种方法或一种传感器来检测所有气体，而只能检测某一类特定性质的气体。

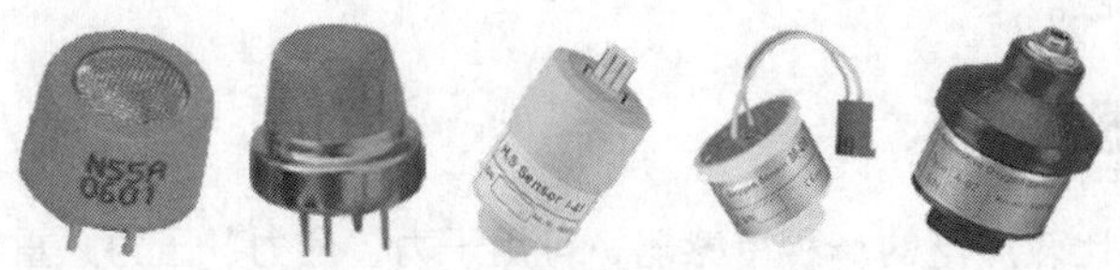

图 6-7　常见气体传感器的外形

气体传感器的种类很多，按照气敏元件的基本材料和检测原理可分为半导体式、接触燃烧式、固体电解式、热传导式、伽伐尼电池式、干涉式以及红外线吸收式等。实际应用中以半导体式和接触燃烧式两种为主。

1. 半导体式气体传感器

半导体式气体传感器是利用半导体气敏元件与气体接触，促使半导体性质发生变化的现象，实现特定气体的成分及浓度检测。半导体气体传感器一般可分为电阻型和非电阻型两种。电阻型半导体式气体传感器是用 SnO_2、ZnO 等金属氧化物材料制作的敏感元件，利用其阻值的变化来检测气体的浓度。根据气体的吸附和反应，利用半导体的功函数，对气体进行直接或间接检测。非电阻型半导体式气体传感器是用金属/半导体结型二极管或金属栅的 MOS 场效应管作为敏感元件，主要利用它们与气体接触后的整流特性以及晶体管作用的变化，对表面单位面积上的气体进行直接测定。常见半导体式气体传感器的外形如图 6-8 所示。

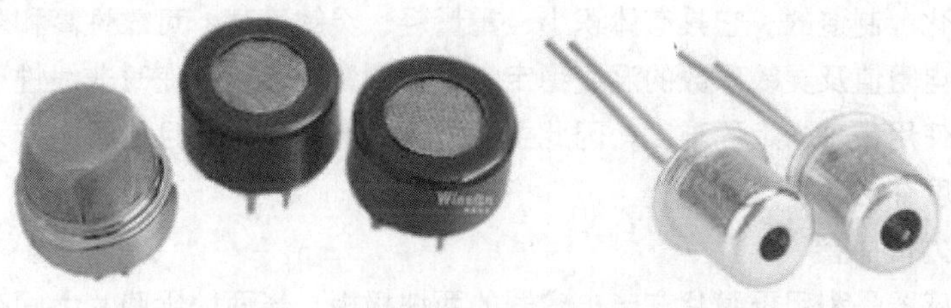

图 6-8　常见半导体式气体传感器的外形

半导体式气体式传感器具有灵敏度高、响应快、稳定性好、使用简单和价格低廉等特点，应用最为广泛。它主要用于检测低浓度的可燃性气体和毒性气体，如 CO、H_2、乙醇和甲醇等。虽然可以通过添加各种催化剂在一定程度上改变其主要气敏对象，但却很难消除对其他还原性气体的普遍性响应，并且它的信号响应线性范围很窄，主要用于定性及半定量范围内的气体检测。

2. 接触燃烧式气体传感器

接触燃烧式气体传感器是使用最早的可燃性气体传感器，是利用与被测气体进行的化学反应中产生的热量与气体浓度的关系进行检测的。其检测元件一般是在铂丝线圈上包以氧化铝或氧化铝和氧化硅组成的涂覆层，经一定温度烧结而成的球状多孔体（表面也可再涂铂、钯等稀有金属作为催化层）。使用时对铂丝线圈通入电流，使其保持 300～400℃的高温，此时若与可燃性气体接触，可燃性气体就会在稀有金属催化层上燃烧，使铂丝的温度上升，电阻值增大，通过测量铂丝的电阻值变化的大小，就可以得出可燃性气体的浓度。

接触燃烧式气体传感器具有选择性好、线性关系好、受温度和湿度的影响小以及响应快等优点，但也存在灵敏度低、人体易受催化剂侵害、价格较高等缺点。接触燃烧式气体传感器主要用于可燃性气体的检测，如 H_2、CH_4 等爆炸性气体，但不宜用于含 SO_2 等有毒气体的检测。常用于石油化工厂、造船厂、矿井和隧道等场合，以检测碳氢化合物及石油类可燃性气体的危险存量，防止可燃性气体泄漏造成的爆炸事故。

6.2.4 压力传感器

压力传感器是应用比较广泛的一种传感器，可用于力、应力、压力、重量、气压、液压、位移、速度、加速度、流量、振动等力学量和运动学量的测量。压力传感器的种类很多，常见外形如图 6-9 所示。传统的检测方法是利用弹性材料的形变和位移来进行检测，如弹簧管压力传感器、电阻应变片压力传感器。而目前常用的主要是压阻式和电容式两大类。

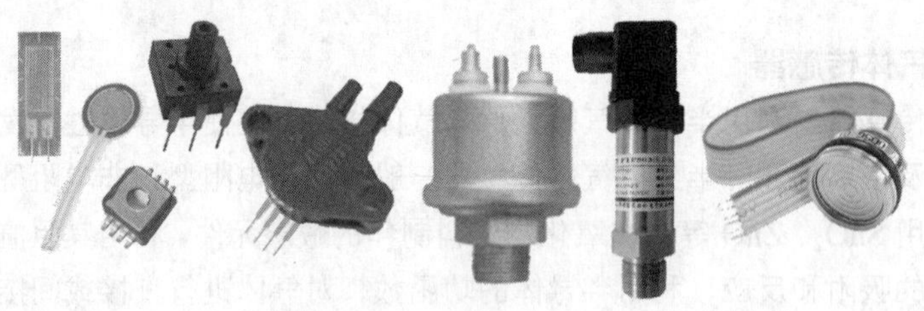

图 6-9 常见压力传感器的外形

1. 压阻式压力传感器

压阻式压力传感器是利用半导体材料的压阻效应（即对半导体应变片某一方向施加作用力，其电阻率就会发生变化）制造的。它具有体积小、重量轻、灵敏度高、可靠性高和寿命长等优点。但因半导体应变片的电阻值及灵敏系数的温度稳定性差、测量较大的应变时非线性严重和灵敏系数的离散性较大，为其使用带来一定的难度，因此主要用于动态测量中，且使用中应采用适当的温度补偿方法对其进行温度补偿。

2. 电容式压力传感器

电容式压力传感器是利用平膜片充当电容器的两块极板，当两块平膜片之间存在压力差时，导致极板间的距离发生变化，从而引起电容量发生变化这一原理制成的。它具有结构简单、灵敏度高、温度稳定性好、量程范围宽等优点。输出特性的非线性和电容漏电的影响是其主要缺点。而电容信号的检测，大多数基于阻抗测量技术，其测量方式主要有 4 种：交流电桥式、充放电式、调频式和谐振式，它们各有优缺点，应按实际应用场合选用。如交流电桥式，测量精度高，适合频率低于 100kHz 以下的应用环境；而谐振式适合小容量测量，但不适合在线连续测量。

6.2.5 声传感器

声传感器是将声信号转换为相应的电信号的装置。人耳能够听得到的声波传感器（频率为 20Hz ~ 20kHz），又称传声器。这里主要介绍超声波传感器（频率高于 20kHz），常见外形如图 6-10 所示。

图 6-10　常见超声波传感器的外形

超声波在空气中的传播速度与人耳能够听得到的声波一样都为 340m/s；传播方式为直线传播，但遇到障碍物时会反射和绕射；频率越高，反射越强，绕射越弱；在固体、液体里的穿透能力强，特别在不透明固体中，可以穿过几厘米厚的物体。正是由于超声波的以上特点，超声波传感器在测量和控制技术中得到了广泛的应用，如超声波无损探伤、厚度（高度）测量、距离测量、流体测量、超声显微镜、超声成像技术、超声遥控、声呐系统和车辆倒车防撞报警等。

超声波传感器习惯上称为超声波换能器或超声波探头，通常包含一个发射器和一个接收器，发射器向外发射一个固定频率的超声波信号，当遇到障碍物时，超声波返回被接收器接收。根据其工作原理可分为压电式、磁滞伸缩式和电磁式等，其中压电式最为常用。

使用超声波传感器时，应注意以下几点。

（1）抑制干扰

选择最佳的工作频率，外加干扰抑制电路或用软件来实现抗干扰。减少金属振动、空气压缩等外部噪声对信号探测产生的影响。

（2）环境条件

超声波适合在“空气”中传播，但不同气体对其传播会有不同程度的影响，空气的湿度和温度都对超声波的传播有影响。要注意防水，一般雨、雪等不会对超声波传感器有多大的影响，但是要防止水直接进入传感器内。被探测物体的温度对探测结果有很大的影响，一般探测高温物体时距离会减小。

（3）安装

如果发射器和接收器安装不够平行，就会缩短探测距离。安装得过于接近，接收器会接收到发射器发出的信号，而不是被测物体反射回来的信号；如果安装得很远，则会缩短探测距离，容易形成很大的死区；一般情况下最佳安装距离为 2～3cm。

6.2.6　光传感器

光传感器是利用光敏元件将光信号转换成电信号的器件。它的敏感波长在可见光波长附近，包括可见光波长、红外线波长和紫外线波长。光传感器不局限于对光的探测，它还可以作为探测元件构成其他传感器，检测许多其他类型的非电量，只要将这些非电量转换为光信号的变化即可。光传感器是目前产量最多、应用最广的传感器之一，在自动控制和非电量电测技术中占有非常重要的地位。

光传感器的种类很多，常用的有光电管、光电倍增管、光敏电阻器、光电二极管、光电三极管、光电池、热释电红外传感器、固态图像传感器和光电开关等，其外形如图 6-11 所示。

图 6-11　常见光传感器的外形

1. 光电管和光电倍增管

光电管和光电倍增管都是基于外光电效应（入射光子使吸收光的物质表面发射电子的现象，亦称光电发射效应）的光电变换器件。其内部金属在受到光照后向外发射电子，发射的数量与关照度有关，因此可用此发射电流反应光照的强度。

光电管一般可以分为真空光电管和充气光电管两类。它们的构造基本相同，不同之处在于玻璃泡内是否充有惰性气体。真空光电管在很宽的光强范围内，输入光强与输出电流成正比并且测量精确度高，缺点是灵敏度低。充气光电管的优点是灵敏度较高，但电流稳定性差、线性度低，而且暗电流、噪声都较大，响应时间也长。所以检测时一般选择真空光电管。在入射光很微弱时，光电管产生的光电流很小，在这种情况下即使光电流能被放大，但噪声也会同时被放大，为了克服这个缺点，就要采用光电倍增管。

光电倍增管是在光电管的基础上增加 4～14 个次级电子倍增极，从而使电流放大，灵敏度提高。因而光电倍增管对很微弱的光照也能产生较大的电流。在无热生电子状态，它甚至可以检测到单个光电子。常见的光电倍增管按进光部位可分为侧窗式和端窗式两类；按管内电极构造形状又可分聚焦式、百叶窗式和盒栅式等。光电倍增管噪声小、增益高、频带响应宽，在探测微弱光信号领域是其他光电传感器所不能取代的。但在使用时需要加多种高压直流电源，而且使用和存放时必须避免强光照射光电阴极面，以防损坏光电阴极。

2. 光敏电阻器

光敏电阻器，亦称光导管，是利用半导体光电导效应（在光的作用下物体的电导率发生变化的现象，属于内光电效应）制成的一种特殊电阻器，对光线十分敏感。它在无光照射时，呈高阻状态，电阻值（暗电阻）可达 1.5MΩ 以上；当有光照射时，其电阻值减小，随着照度的升高而迅速降低，电阻值（亮电阻）可降至 1kΩ 以下。光敏电阻没有极性，纯粹是一个电阻器件，使用时既可加直流电压，也可以加交流电压。

光敏电阻器按其光谱特性可分为可见光光敏电阻器（硫化镉晶体）、紫外光光敏电阻器（硫化锌晶体）和红外光光敏电阻器（砷化镓晶体）。可见光光敏电阻器主要用于各种光电自动控制系统、电子照相机和光报警器等电子产品中；紫外光光敏电阻器主要用于紫外线探测仪器；红外光光敏电阻器主要用于天文、军事等领域的自动控制系统中。

光敏电阻器具有灵敏度高、光谱响应范围宽、体积小、重量轻、机械强度高、性能稳定、寿命长以及价格便宜等优点。但由于光敏电阻器的光照特性呈非线性，因此它不宜作为测量元件，一般在自动控制系统中常用作开关式光电信号传感元件。而且光敏电阻器与其他半导体器件一样，受温度影响较大。当温度升高时，光敏电阻器的暗电阻变小，灵敏度下降，同时其光谱响应峰值向短波方向移动。因此，实际应用时必须采取降温措施。

3. 光电二极管和光电三极管

光电二极管和光电三极管都是以光伏效应（在光的作用下使物体内部产生一定方向电动势的现象，属于内光电效应）为工作机理的器件，统称光敏管。

光电二极管的结构与普通半导体二极管相似，它的管芯也是一个具有单向导电性的 PN 结，同时还具有光敏特性，且装在管体的顶部，其上面有一个透镜制成的窗口，以便使入射光能集中在 PN 结的敏感面上。光电二极管在电路中一般处于反向工作状态（反偏电压一般在 5V 以上）。当无光照射时，反向电阻很大，与普通二极管一样，电路中仅有很小的反向电流，称为暗电流；当有光照射在 PN 结上时，PN 结的反向电流增大，形成光电流，其强度随入射光照度增加而线性增加。光电二极管可分为 4 种类型：PN 结型、PIN 型、雪崩型和肖特基结型，最常用的是 PN 结型光电二极管，但其暗电流较大，响应速度也不快，在一些要求响应速度快、线性好和微弱信号检测的模拟电路中常采用 PIN 型和雪崩型光电二极管。光电二极管单独使用时输出电流（或电压）很小，需要加放大电路，而作为光控元件可用于各种物体的检测、光电控制以及自动报警等方面。

光电三极管与光电二极管的结构类似，但内部具有两个 PN 结，而与一般三极管不同的是，为扩大光照面积其发射极一般很小，而且往往基极不接引线，仅有集电极和发射极两端有引线，其在电路中的接法与普通三极管类似，只是没有基极。由于光照射产生的光电流相当于普通三极管的基极电流，因此集电极输出电流被放大了（β+1）倍，从而使光电三极管比光电二极管具有更高的灵敏度，但也有更大的暗电流和较大的噪声，且响应速度较慢。因此光电三极管不利于弱光和强光的检测，主要应用于低频的光电控制电路中。

光电二极管和光电三极管的响应峰值波长与材料有关，硅管为 900nm，锗管为 1500nm。而且由于锗管的暗电流较大，因此性能较差，故在检测可见光或探测炽热状态物体时，一般采用硅管；而在对红外光进行探测时，适宜采用锗管。

4. 光电池

光电池也是以光伏效应为工作机理的器件，俗称太阳能电池。当它受到光照时不需要再外加其他任何形式的能量就能产生输出电流，其输出电流与受到的光照有一定的关系，用它也可以反映光照的强度。常见光电池的外形如图 6-12 所示。

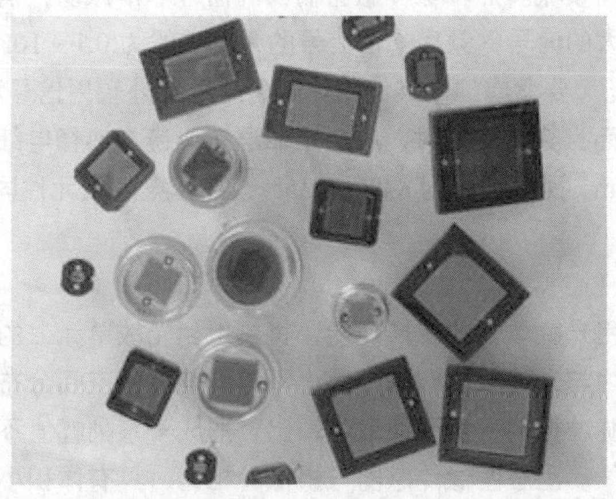

图 6-12 常见光电池的外形

光电池是一种用途很广的光敏器件，它的优点是体积小、重量轻、结构简单、寿命长、性能稳定、光照灵敏度较高、光谱响应频带较宽且本身不耗能，尤其在需要小型化和微功耗的仪器中，它是常用的换能器件。

光电池的种类很多，有硅光电池、锗光电池、硒光电池和磷化镓光电池等。其中硅光电池性能稳定、光谱范围宽、频率特性好、传递效率较高并且耐高温辐射，因此使用最为广泛。硒光电池的光谱峰值处于人的视觉范围内，而且价格便宜，所以常用于多种分析测量仪器中。此外，硅光电池的频率响应要比硒光电池高很多，因而在一些需要快速反应的场合往往采用硅光电池，如在需要高速计数的仪器上多用硅光电池。

5. 热释电红外传感器

热释电红外传感器是利用热释电效应（热释电元件在热辐射能量发生改变时，向外释放电荷的现象）检测红外辐射变化的器件。它主要由干涉滤光片、热释电陶瓷元件和场效应管匹配器组成，其中热释电陶瓷元件又称热电探测元，是由高热电系数的钛酸铅、硫酸三甘钛、钽酸锂等材料构成的，能够遥感人体发出的微量红外线，并且可以明显地察觉到其相对温度的变化过程，使探测元的自发极化值发生变化，即产生电荷变化。热释电红外传感器对红外辐射能量的绝对值并不敏感，而对红外辐射能量的变化量敏感。用于测量温度的传感器，其工作波长一般为 1～20μm；用于火焰探测的传感器，其工作波长一般为（4.35±0.15）μm；用于人体探测的传感器，其工作波长一般为 7～15μm。常见热释电红外传感器的外形如图 6-13 所示。

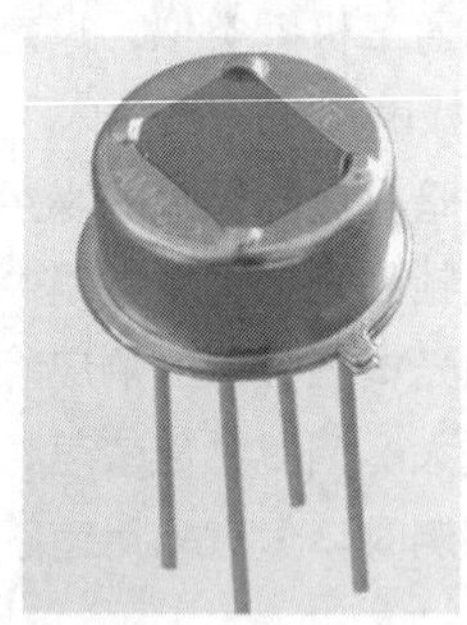

图 6-13　常见热释电红外传感器的外形

用于人体探测的热释电红外传感器又称为人体红外传感器，被广泛应用于防盗报警、来客告知以及非接触开关等红外应用领域。热释电传感器输出的信号非常微弱，需要进行放大。而且在设计放大器时既要考虑需要放大的信号的频率（该信号的频率一般为 0.1～10Hz），使人体辐射的微弱的低频信号得以通过、放大，又要考虑抑制其他物体辐射来的红外辐射信号和干扰信号，故选择 0.2～7Hz 的低频带通滤波器。而且实际使用时，应选用菲涅尔透镜与热释电红外传感器配套使用，可以使检测距离扩大到 10～15m，视角扩展到 84° ～135° 。热释电陶瓷元件同样具有压电效应，使用时应避免振动。

6. 固态图像传感器

固态图像传感器是利用光敏单元的转换功能，将投射到光敏单元上的光学图像转换成电信号，即将光强的空间分布转换为与光强成比例的、大小不等的电荷包空间分布，然后利用移位寄存器的功能将这些电荷包在时钟脉冲控制下实现读取与输出，形成一系列幅值不等的脉冲序列，经过运算处理后即可得到数字化图像。固态图像传感器与摄像管相比，具有体积小、重量轻、可靠性高、功耗低、寿命长以及失真度小等优点，因此在遥感、传真、检测、侦察、靶场跟踪、长度测量、文字和图像识别、航天航空摄影等领域得到了广泛应用。但是在分辨率及图像质量方面都还低于摄像管。

固态图像传感器所用的敏感器件有电荷耦合器件（CCD）、电荷注入器件（CID）、斗链式器件（BBD）和金属氧化物半导体器件（MOS）等。其中，CCD 和 BBD 器件具有电荷存储与转移功能，而 CID 和 MOS 器件仅具有电荷产生和存储功能，没有电荷转移功能。要使图像传感器输出图像的电信号，必须增加“选址”电路。

固态图像传感器可分为线型和面型两类。线型传感器主要用于测试、传真和光学文字识别技术等方面。而面型固态图像传感器的发展方向之一是用作磁带录像的小型照相机。

7. 光电开关

光电开关是光电接近开关的简称，它能将输入电流在发光器上转换为光信号后发射出去，收光器再根据接收到的光线的强弱或有无，实现对目标物体的探测。一般情况下，光电开关由发光器、收光器和检测电路三部分构成，发光器由发光二极管（LED）或激光二极管等组成，能够对准目标连续发射光束；收光器由光电二极管或光电三极管组成，它的前面一般装有光学元件如透镜和光圈等；收光器后面是检测电路，它能滤出有效信号并且应用该信号。常见光电开关的外形如图 6-14 所示。

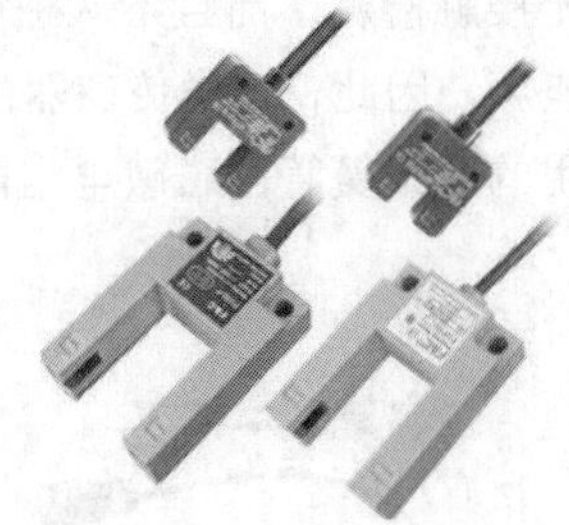

图 6-14　常见光电开关外形

光电开关按工作方式可以分为以下 4 类。

（1）槽式光电开关

将发光器和收光器相对安装在一个 U 形槽的两边（并形成一光轴）的光电开关称为槽式光电开关。发光器能发出红外光或可见光，在无阻情况下收光器能接收到光。但当检测物从 U 形槽中通过且阻断光轴时，光电开关便会动作，输出开关控制信号。槽式光电开关的检测距离因为受整体结构的限制一般只有几厘米，比较适合检测高速运动的物体，并且它能分辨透明与半透明物体，使用安全可靠。

（2）对射式光电开关

由结构上相互分离且光轴相对放置的发光器和收光器组成的光电开关称为对射分离式光电开关，简称对射式光电开关。将发光器和收光器分离，可增大检测距离，它的检测距离可达几米乃至几十米。使用时把发光器和收光器分别装在检测物通过路径的两侧，检测物通过时阻断光轴，收光器就会动作，输出一个开关控制信号。对射式光电开关检测不透明物体时非常可靠，但不能检测透明物体。

（3）镜面反射式光电开关

把发光器和收光器装入同一个装置内，在它的前方装一块反射镜，利用反射原埋完成光电控制作用的光电开关称为镜面反射式光电开关。正常情况下，发光器发出的光被反射镜反射回来被收光器接收到；一旦光路被检测物挡住，收光器收不到光时，光电开关就会动作，输出一个开关控制信号。镜面反射式光电开关的反射距离较远，适宜远距离检测，也可检测透明或半透明物体。

（4）漫反射式光电开关

该类型光电开关的发光器和收光器处于同一装置内，但前方没有反射镜。正常情况下发光器发出的光，收光器是接收不到的；当检测物通过时挡住了光，并把部分光反射回来，收光器就会接收到光信号，并输出一个开关控制信号。当检测物的表面光亮或其反光率极高时，漫反射式光电开关应作为首选。由于其工作距离被限定在光束的交点附近，所以能够避免背景物影响。

光电开关具有体积小、寿命长、精度高、响应速度快、检测距离远等优点。因此被广泛用于物位检测、液位控制、产品计数、宽度判别、速度检测、转速检测、定长剪切、孔洞识别、自动门传感、防盗警戒以及安全防护等诸多领域。但在使用光电开关时，应注意环境条件，应保证光电开关能够可靠工作。要注意避免强光源、防止相互干扰、排除背景物影响和消除台面影响等。

6.2.7 磁敏传感器

磁敏传感器是一种对磁感应强度、磁场强度和磁通量敏感的器件或装置。虽然磁敏传感器只直接对电磁量敏感，但通过将非磁量转换成磁量，就可以检测各种物理量，如位移、振动、力、转速、加速度、流量等。它不仅可实现无接触检测，而且不从磁场中获取能量，在很多情况下，可采用永久磁铁来产生磁场，不需要附加能源。因此，这类传感器的应用十分广泛。

磁敏传感器的种类很多，常用的有干簧管、磁敏电阻器、磁敏管和霍尔传感器等，其外形如图6-15所示。

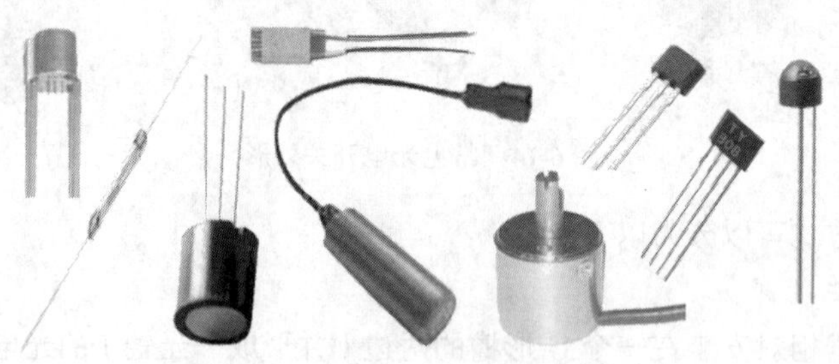

图 6-15 常见磁敏传感器的外形

1. 干簧管

干簧管是最简单的磁控机械开关，由带磁性和不带磁性的两个触点构成。在没有强磁场作用时，干簧管的触点处于断开（常开型）或接通（常闭型）状态；在强磁场作用下，干簧管的触点会闭合（常开型）或断开（常闭型）。由于干簧管具有结构简单、重量轻、体积小、吸合功率小、灵敏度高、价格低廉以及寿命长等优点，因此已被广泛应用于速度检测、转速检测、防盗警戒以及自动控制等方面。但也具有触点易粘连和易抖动等缺点。

2. 磁敏电阻器

磁敏电阻器是利用导体的磁阻效应（即导体的电阻值随磁场的强弱而变化）制作而成的一种特殊电阻器，对磁场十分敏感。引起电阻值增大的两种情况：一种是材料电阻率随磁场增强而增大，称为磁阻率效应；另一种是加入磁场后，使电流分布发生变化，从而使物体电阻值增大，称为几何磁阻效应。目前，实用的磁阻器件主要利用的是几何磁阻效应，而且一般在衬底上制作两个相互串联或4个接成电桥形式的磁敏电阻，以便应用在不同场合。

磁敏电阻器由于其阻值可变的特点，广泛应用在磁场检测、转速测量、图形识别、电流计、流量计、可变电阻和无触点开关等多种场合。以磁敏电阻器为核心部件构成的磁敏传感器主要有 360° 旋转的无触点电位器、直线位移传感器、压力传感器、精密倾斜角传感器、无触点开关传感器和文字图像识别传感器等。

3. 霍尔传感器

霍尔传感器是利用半导体霍尔元件的霍尔效应实现磁电转换的一种传感器。随着微电子技术的发展，霍尔传感器大多已集成化，将霍尔元件、放大器、温度补偿电路及稳压电路等单元电路集中在同一个芯片上，称为霍尔集成电路。霍尔集成电路具有体积小、重量轻、寿命长、可靠性高、安装方便、功耗小、响应频率高、耐振动、抗污染、耐腐蚀以及能够实现无接触检测等优点，因此得到了广泛应用，通过霍尔集成电路能够将许多非电、非磁的物理量转变成电量进行检测和控制。霍尔传感器的典型应用包括位移测量、力（压力）测量、角度测量、加速度测量、电流测量、功率测量、转速测量以及磁场强度测量等。常见霍尔传感器的外形如图 6-16 所示。

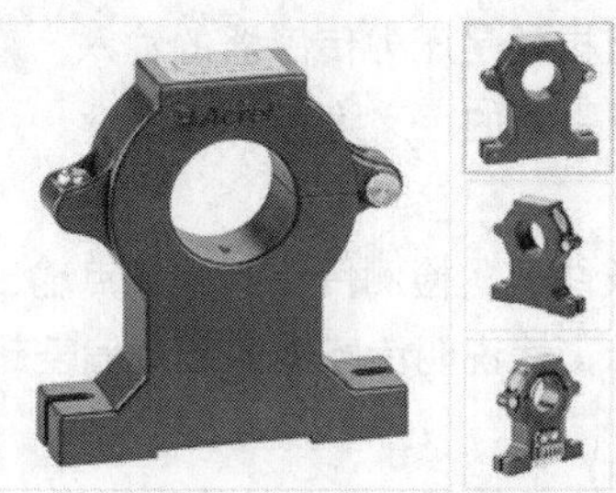

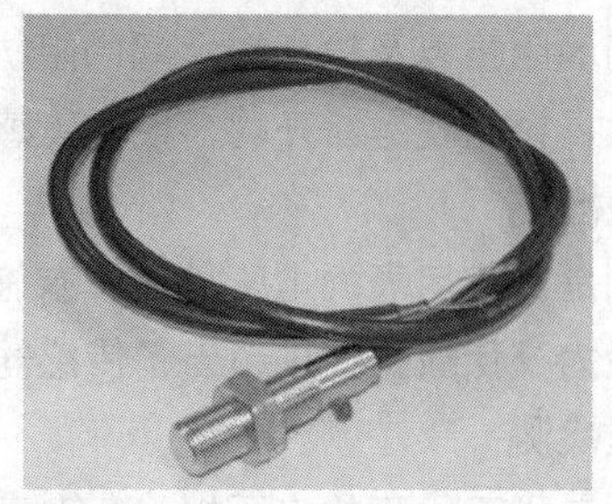

图 6-16　常见霍尔传感器的外形

按输出功能，霍尔集成电路可分为线性型和开关型。前者输出模拟量，后者输出数字量。线性型是将霍尔元件、恒流源和线性放大器等集成在同一个芯片上，其输出电压与外加磁感应强度呈线性关系，使用非常方便，已得到广泛的应用。它有单端输出和双端输出（差动输出）两种形式，外形结构有三端 T 型和八脚双列直插型。常用的线性型霍尔器件有 UGN3501、HT-2、THS102 等。而开关型则是将霍尔元件、稳压电路、放大器、施密特触发器和 OC 门等电路集成在同一个芯片上。当外加磁场强度超过规定的工作点时，OC 门由高电阻状态变为导通状态，输出低电平；当外加磁场强度低于释放点时，OC 门重新变为高电阻状态，输出高电平。开关型霍尔器件也有单端输出和双端输出两种形式，外形结构主要有三端 T 型和四端 T 型（双端输出）。较典型的开关型霍尔器件有 A04E、UGN-3000 系列和 CS 系列等。霍尔线性型集成电路的精度高、线性度好；霍尔开关型集成电路无触点、无磨损、输出波形清晰、无抖动、无回跳并与数字电路兼容。采用了各种补偿和保护措施的霍尔器件的工作温度范围宽，可达−55～150℃。

4. 磁敏管

磁敏二极管和磁敏三极管是继霍尔元件和磁敏电阻之后发展起来的一种磁电转换元件。这种元件具有很高的磁灵敏度（比霍尔元件高数百倍甚至数千倍），可以在较弱的磁场条件下获得较高的输出电压，这是霍尔元件和磁敏电阻所不及的，但在磁线性方面不如霍尔元件。它具有体积小、测试电路简单等特点，应用领域主要包括以下几个方面：磁场测量，特别适用于 10^{-6}T 以下的弱磁测量，并且能测出磁场的大小和方向；电流测量，特别适用于大电流不断线检测和保护；制作无触点接近开关和电位器，如计算机无触点电键、机床接近开关等；漏磁探伤以及位移、转速、流量、压力、速度等各种工业过程与自动控制中参数的测量。

磁敏管对温度比较敏感，受温度影响较大，因而在实际使用时需要考虑对其温度特性进行补偿。另外，为提高其灵敏度，在使用时一定要设法使磁力线垂直于敏感表面，以获得较高的磁灵敏度。

6.3 万用表检测传感器

6.3.1 万用表检测压力传感器

用万用表检测压力传感器只能进行简单的检测，检测结果也只供参考。大致可以进行桥路检测、零点检测和加压检测 3 项内容。

1. 桥路检测

桥路检测主要检测传感器的电路是否正确，一般是惠斯通全桥电路，利用万用表的欧姆挡，测量输入端之间的阻抗以及输出端之间的阻抗，这两个阻抗就是压力传感器的输入、输出阻抗。如果阻抗是无穷大，桥路就是断开的，说明传感器有问题或引脚的定义没有判断正确。

2. 零点检测

零点检测是用万用表的电压挡，没有施加压力的条件下，检测传感器的零点输出电压。此时的输出电压一般为毫伏级，如果超出了传感器的技术指标，就说明传感器的零点偏差超出范围。

3. 加压检测

加压检测是用万用表的电压挡，在传感器施加压力的条件下，检测其输出电压。简单的方法是：给传感器供电，用嘴吹压力传感器的导气孔，用万用表的电压挡检测传感器输出端的电压变化。如果压力传感器的相对灵敏度很大，这个变化量会很明显。如果丝毫没有变化，就需要改用气压源施加压力。

通过以上方法，基本可以检测一个压力传感器的大致状况。如果需要精确检测，就需要用标准的压力源给传感器压力，按照压力的大小和输出信号的变化量，对传感器进行校准，并在条件许可的情况下，进行相关参数的温度检测。总之，压力传感器的检测是一个复杂的任务，万用表可以进行一般的检测，在很多情况下可以适用于大多数情况，但是如果要求压力传感器在严格的环境下使用就得进行系统的检测。

6.3.2 万用表检测温度传感器

1. 万用表检测热电阻传感器

这里仅介绍用万用表检查 PT100 温度传感器的方法。

PT100 温度传感器，实际上是热电阻，一般分为两线式、三线式和四线式 3 种形式。PT100 采用哪种接线方式，主要由使用的二次仪表来决定。一般显示仪表提供三线接法，PT100 温度传感器 3 根芯线的接法如图 6-17 所示。PT100 铂电阻传感器有 3 条引线，可用 A、B、C 来代表 3 根线，A 线接在仪表上的一个固定端子，B 线和 C 线接在仪表上的另外两个固定端子，B 线和 C 线的位置可以互换，但都得接上。

3 根芯线之间有如下规律：常温下，A 与 B 或 C 之间的阻值在 110Ω 左右，B 与 C 之间的阻值为 0Ω，B 与 C 在内部是直通的，原则上没什么区别，如图 6-18 所示。

使用万用表的电阻挡，测量 PT100 温度传感器各引线之间的电阻，可以大致判断其好坏。下面给出常温下正常的电阻值。

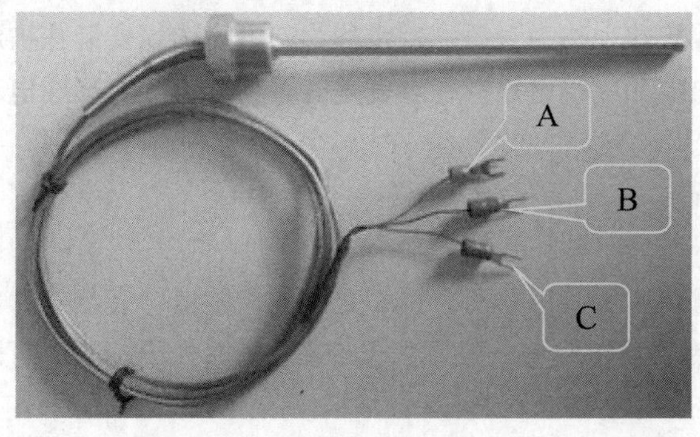

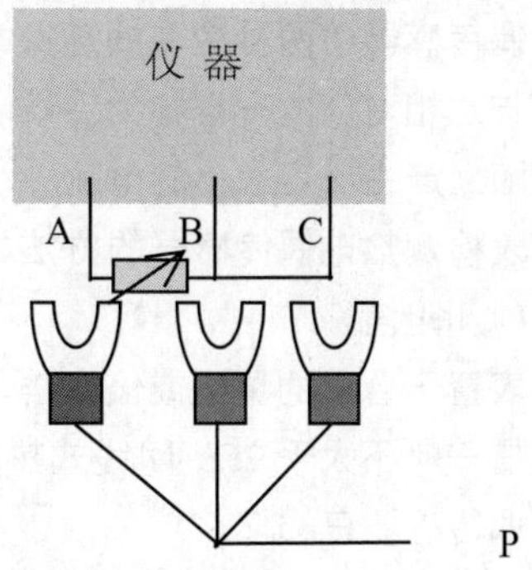

图 6-17　PT100 温度传感器 3 根芯线的接法

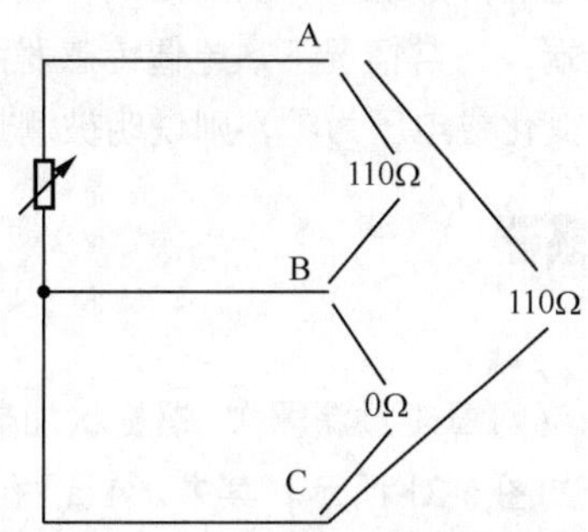

图 6-18　PT100 温度传感器 3 根芯线之间的电阻值

（1）两线式

两线式 PT100 温度传感器就两根引线，直接测量两引线之间的电阻即可，常温下其阻值在 110Ω左右。

（2）三线式

三线式 PT100 温度传感器其引线分别为 A、B、C。常温下 A 和 B 之间、A 和 C 之间，其阻值约为 110Ω；B 和 C 之间的电阻为 0Ω。

（3）四线式

四线式 PT100 温度传感器，其引线分别为 1、2、3、4。其中，1 和 2 之间、1 和 4 之间、3 和 2 之间、3 和 4 之间，其阻值为 110Ω左右；1 和 3 之间、2 和 4 之间，其阻值为 0Ω。

2. 万用表检测热电偶传感器

热电偶传感器是温度测量仪表中常用的测温元件，它可以直接测量温度，并把温度信号转换成热电动势信号，通过电气仪表（二次仪表）转换成被测介质的温度。各种热电偶传感器的外形常因需要而各不相同，但是它们的基本结构却大致相同，通常由热电极、绝缘套保护管和接线盒等主要部分组成，一般和显示仪表、记录仪表及电子调节器配套使用。

热电偶传感器是将 A、B 两种不同材料的金属的一端连接起来，利用热电效应来测量温度的传感器，热电偶传感器的电路示意图如图 6-19 所示。

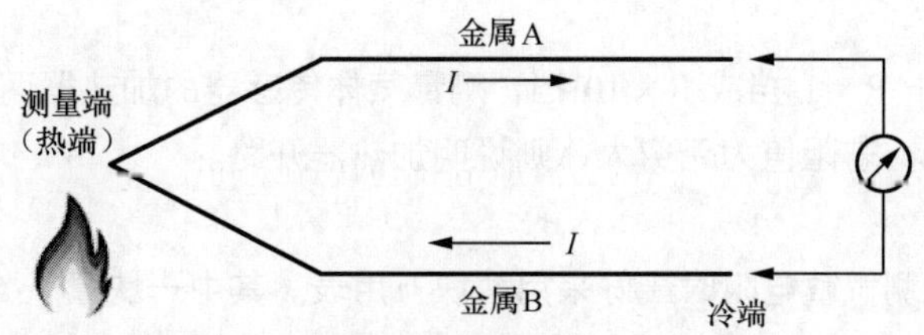

图 6-19　热电偶传感器的电路示意图

热电偶传感器中两种金属的连接端（焊接端）称为测量端，也称为热端，该端安装在被测温度的部位；与之相对应的一端称为冷端。当热端和冷端之间存在温度差时，两者之间将形成电动势，回路中会随之产生一定大小的电流。

万用表检测热电偶传感器的方法如下所示。

（1）检测阻值

万用表置于合适的量程或倍率挡，测量热电偶传感器两个引脚之间的电阻值，装配式热电偶传感器电阻值一般不大于 2Ω，网线式热电偶传感器电阻值一般不大于 50Ω。一般大于 1kΩ就可以确定被测热电偶传感器已损坏。

（2）检测电压

使用精度较高的电压表接在热电偶传感器两个引脚之间，测量其输出电压一般为毫伏级。用打火机稍微烫一下热电偶传感器的热端，正常情况下热电偶传感器两引脚之间的电压会发生变化，如果热电偶传感器两引脚之间电压无变化或电压为零，则说明被测热电偶传感器已损坏。

6.3.3 万用表检测气体传感器

1. 气体传感器的构成

气体传感器由气敏电阻、不锈钢网罩（过滤器）、螺旋状加热器、塑料底座和引脚构成，如图 6-20 所示。气体传感器的电路符号如图 6-21 所示，其中，A-a 两个脚内部短接，是气敏电阻的一个引出端；B-b 两个引脚内部短接，是气敏电阻的另一个引出端；H-h（许多资料将 H、h 脚标注为 F、f）两个引脚是加热器供电端。

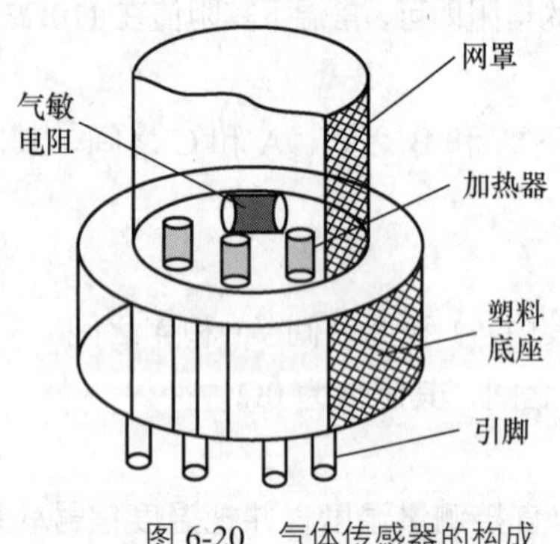

图 6-20　气体传感器的构成

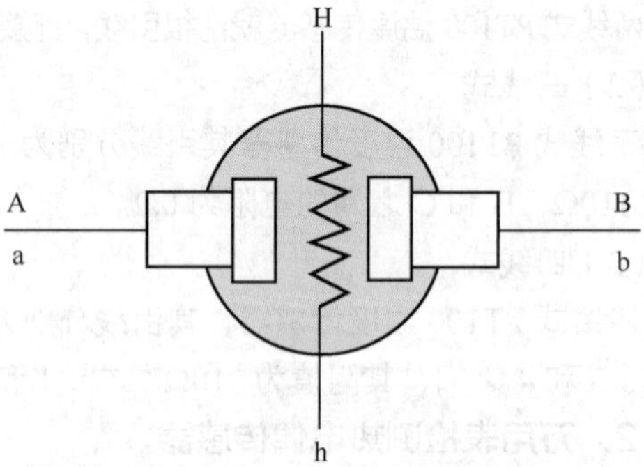

图 6-21　气体传感器的电路符号

加热器供电回路接通后，开始为气敏电阻加热，使气敏电阻的阻值急剧下降，随后进入稳定状态。进入稳定状态后，气敏电阻的阻值会随着气体的吸附值而发生变化。N 型气敏电阻的阻值随气体浓度的增大而减小，P 型气敏电阻的阻值随气体浓度的增大而增大。

2. 气体传感器的检测

（1）检测加热器

将指针式万用表置于 R×1 挡或 R×10 挡，测量气体传感器的加热器两个引脚间的阻值，正常情况下该阻值应接近 0Ω，若阻值为无穷大，则说明加热器开路。

（2）检测气敏电阻

如图 6-22 所示，检测气敏电阻时最好采用两块万用表。其中一块置于 500mA 电流挡，将两个表笔串接在加热器的供电回路中；另一块万用表置于 10V 直流电压挡，黑表笔接地，红表笔接在气体传感器的输出端，为气体传感器供电后，电压表的表针会反向偏转，几秒后返回到 0 的位置，然后逐渐上升到一个稳定值，电流表指示的电流在 150mA 内，说明气敏电阻已完成预热。此时将吸入口内的香烟对准气体传感器的网罩吐出，电压表的数值应该发生变化；否则就可确认气体传感器内部的气敏电阻异常。

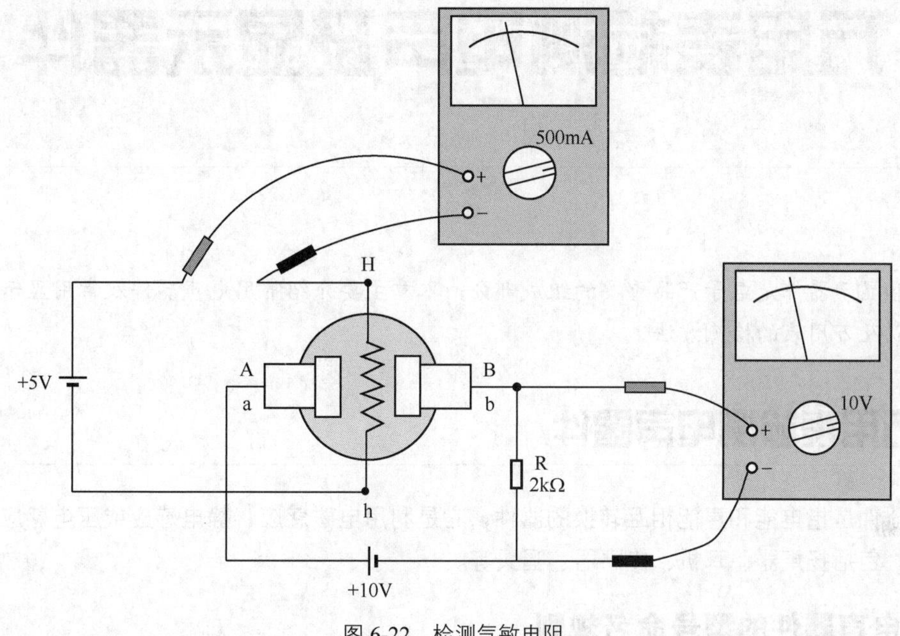

图 6-22　检测气敏电阻

若采用一块万用表检测气体传感器时，将吸入口内的香烟对准气体传感器的网罩吐出后，若气体传感器的输出端电压有变化，则说明该气体传感器正常。

第 7 章

万用表检测电声及显示器件

电声和显示器件是电子产品重要的组成部分，本章主要介绍常用电声器件及常用显示器件的结构、原理以及万用表的检测方法。

7.1 万用表检测电声器件

电声器件是指电能和声能相互转换的器件，它是利用电磁感应、静电感应或压电感应等完成电声转换的，包括扬声器、耳机、传声器、唱头等。

7.1.1 电声器件的型号命名规则

国产电声器件的型号命名由 4 部分组成，如图 7-1 所示。常见电声器件的名称、类型、特征及其代号如表 7-1~表 7-4 所示。

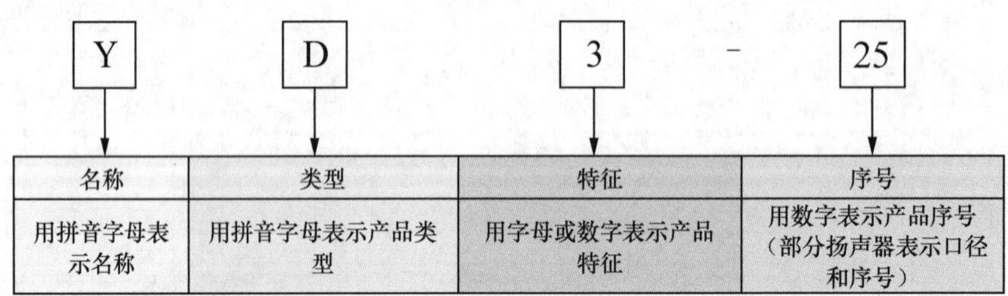

图 7-1　电声器件的型号命名规则

表 7-1　电声器件的名称及其代号

代号	名称	代号	名称	代号	名称	代号	名称
Y	扬声器	O	送话筒	N(OS)	送话器组	YZ	声柱扬声器
C	传声器	H	两用换能器	EC	耳机传声器组	HZ	号筒式组合扬声器
E	耳机	S	受话器	YX	扬声器箱		

表 7-2　电声器件的类型及其代号

代号	类型	代号	类型	代号	类型	代号	类型
C	电磁式	E	平膜音回式	P	气流式	Q	驻极体式

续表

代号	类型	代号	类型	代号	类型	代号	类型
D	电动式、动圈式	Y	压电式	R	电容式、静电式	Z	接触式
A	带式	T	碳粒式				

表 7-3　电声器件的特征及其代号

代号	特征	代号	特征	代号	特征	代号	特征
C	手持式，测试用	G	耳挂式，高频	J	舰艇式，接触式	P	炮兵用
D	头戴式，低频	H	号筒式	K	抗噪式	Q	球顶式
F	飞行式	I	气导式	L	立体声	T	椭圆形

表 7-4　电声器件的序号及其代号

代号	序号	代号	序号	代号	序号	代号	序号
I	1 级	025	0.25W	2	2W	15	15W
I	2 级	04	0.4W	3	3W	20	20W
III	3 级	05	0.5W	5	5W	50	50W
		1	1W	10	10W	100	100W

例如，YD3-25：电动式扬声器，功率为 3W，序号为 25。

7.1.2　万用表检测扬声器

1. 扬声器基础知识

扬声器俗称喇叭，是一种把电信号转变为声信号的换能器件，扬声器的性能优劣对音质的影响很大，扬声器在音响设备中是一个最薄弱的器件，而对于音响效果而言，它又是一个最重要的部件。扬声器的种类繁多，而且价格相差很大。音频电能通过电磁、压电或静电效应，使纸盆或膜片振动并与周围的空气产生共振（共鸣）而发出声音。常见扬声器的实物外形及电路符号如图 7-2 所示，在电路中常用字母“B”或“BL”表示。

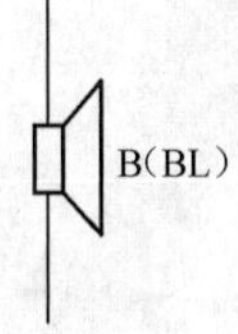

图 7-2　常见扬声器的实物外形及电路符号

扬声器按换能方式可分为电动式扬声器、静电式扬声器、舌簧式扬声器、压电式扬声器和气动式扬声器等；按结构可分为纸盆式扬声器、球顶式扬声器、号筒式扬声器、带式扬声器和平板式扬声器等；按工作频率范围可分为高音扬声器、中音扬声器、低音扬声器和全频扬声器。扬声器在收音机、录音机、电视机、计算机、音响、家庭影院系统、影院、剧场、体育场馆、交通设施等领域得到了非常广泛的应用。

（1）电动式扬声器

电动式扬声器应用最为广泛，它又分为纸盆式、号筒式和球顶式 3 种。

① 纸盆式扬声器

纸盆式扬声器的外形及结构如图 7-3 所示。纸盆式扬声器的固定部分主要由金属支架、永久磁铁、铁质夹板、铁芯柱等部件组成；振动部分由纸盆、纸桶、线圈、定芯环形支架、防尘罩和沿纸盆敷设的引线等几部分组成。线圈绕制在纸桶上与纸盆粘接成一体，经环形支架和折环固定在扬声器支架上，使线圈固定在桶形铁芯上并且能在小范围轴向移动。

当扬声器加上音频信号时，线圈中有交变电流通过并产生交变磁场。该交变磁场与永久磁铁建立的固定磁场相互吸引和排斥，使线圈产生轴向机械运动。由于线圈固定在桶形骨架和锥形纸盆上，而纸盆又经弹性支架固定在盆状支架上，则纸盆随线圈一起做轴向振动，压迫空气产生声波，从而实现将音频电信号转换成人们可以听到的声音。其声音强度与音频电信号的强度成正比例关系。

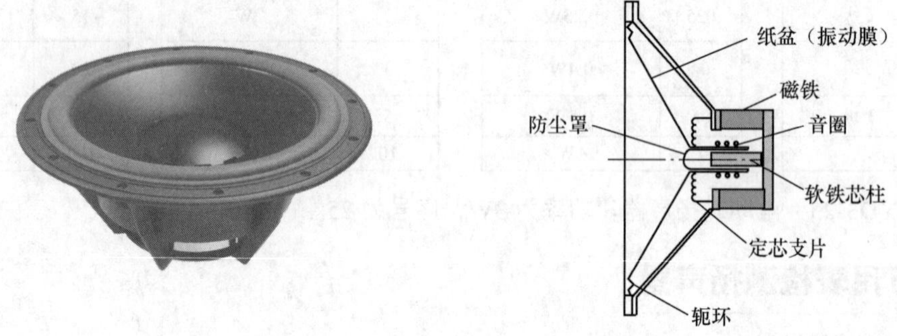

图 7-3 纸盆式扬声器的外形及结构

② 号筒式扬声器

号筒式扬声器是在电动式扬声器的基础上，将纸盆制成球形音膜，并将产生的声波利用号筒汇聚起来，朝一个方向传送。其中，号筒起到汇聚声波的作用，反射缩短了号筒的长度。号筒式扬声器的外形及结构如图 7-4 所示。

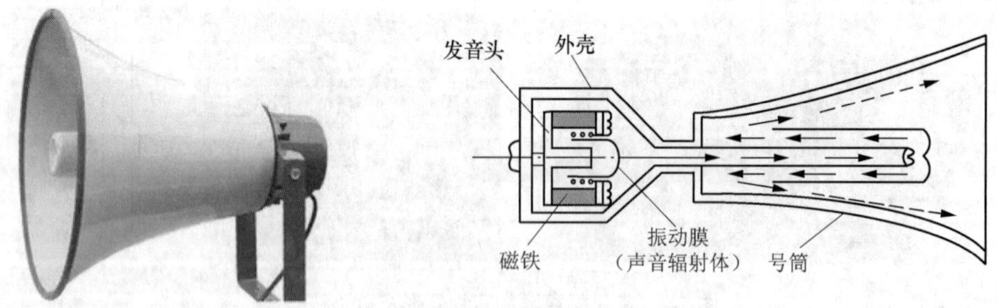

图 7-4 号筒式扬声器的外形及结构

③ 球顶式扬声器

球顶式扬声器是目前音箱中使用最广泛的电动式扬声器之一，其最大优点是中、高频响应优异和指向性较宽。此外，它还具有瞬态特性好、失真小和音质较好等优点。球顶式扬声器适用于目前市场上所有的家庭影院系列音箱，其外形及结构如图 7-5 所示。

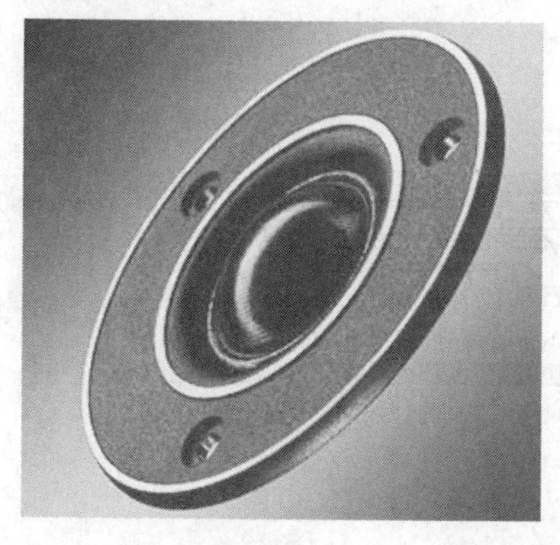

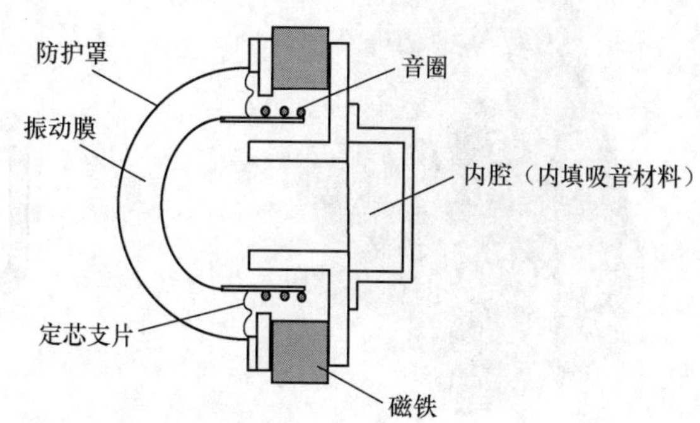

图 7-5　球顶式扬声器的外形及结构

（2）磁式扬声器

磁式扬声器亦称“舌簧式扬声器”。在磁式扬声器结构中，永磁体两极之间有一可动铁芯的电磁铁。当电磁铁的线圈中没有电流时，可动铁芯受永磁体两磁极相等的吸引力的吸引，在中央保持静止；当线圈中有电流流过时，可动铁芯被磁化而成为一条形磁体。随着电流方向的变化，条形磁体的极性也相应变化，使可动铁芯绕支点做旋转运动，可动铁芯的振动由悬臂传到振膜（纸盆）推动空气热振动。磁式扬声器的外形及结构如图 7-6 所示。

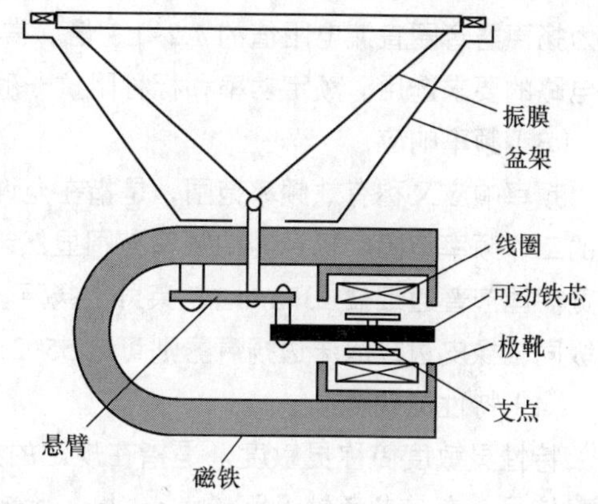

图 7-6　磁式扬声器的外形及结构

（3）压电式扬声器

电介质（如石英、酒石酸钾钠等晶体）在压力作用下发生极化，使两端表面间出现电势差，我们称其为“压电效应”。它的逆效应，即置于电场中的电介质会发生弹性形变，称为“逆压电效应”或“电致伸缩”。利用压电材料的逆压电效应而工作的扬声器称为压电式扬声器。压电式扬声器具有体积小、重量轻、易于安装、具有很高的上限频率等优点，应用日益增多。

压电式扬声器的外形及结构如图 7-7 所示，这种扬声器没有磁铁，它是利用压电陶瓷的压电效应和振膜制成的。当有音频电信号输入时，由于压电效应，压电陶瓷晶体片将发生机械伸缩或弯曲，从而带动膜发声。

压电式扬声器同电动式扬声器相比不需要磁路，和静电式扬声器相比不需要偏压，结构简单、价格便宜，缺点是失真大而且工作不稳定。目前市场上，压电式扬声器多为压电陶瓷扬声器。

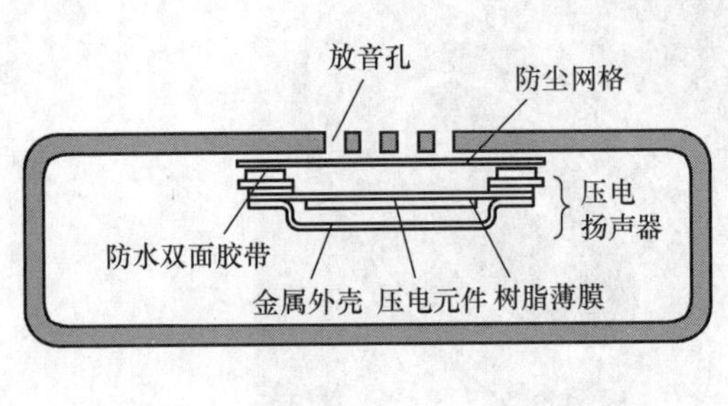

图 7-7　压电式扬声器的外形及结构

2. 扬声器主要参数

（1）额定功率

额定功率是指扬声器在长期正常工作时所能输入的功率，常用扬声器的功率有 0.1W、0.25W、0.5W、1W、3W、5W、10W、60W、120W 等。选用扬声器时，不宜使扬声器长时间工作在超过其额定功率的状态，否则易损坏扬声器。

（2）标称阻抗

标称阻抗是指扬声器工作时输入的信号电压与流过的信号电流之比值，是指交流阻抗，在数值上为扬声器音圈直流电阻值的 1.2~1.3 倍。常用扬声器的标称阻抗有 4Ω、8Ω 和 16Ω 等，应按照实际电路的要求选用。额定功率和标称阻抗一般均直接标注在扬声器表面上。

（3）频率响应

频率响应又称有效频率范围，是指在允许一定的输出声压变化幅度范围内（一般为–3dB）扬声器的工作频率范围。扬声器的频率范围显然越宽越好，但受结构、工艺等因素的限制，一般不可能很宽。国产普通纸盆 130mm（5 英寸）扬声器的频率响应大多为 120~10000Hz，相同尺寸的优质发烧级同轴橡皮边或泡沫边扬声器则可达 55~21000Hz。

（4）特性灵敏度

特性灵敏度简称灵敏度，是指在规定的频率范围内，自由场条件下，反馈给扬声器 1W 粉红噪声信号，在其参考轴上距参考点 1m 处能产生的声压。扬声器的灵敏度越高，其声电转换效率就越高。

（5）谐振频率

谐振频率是指扬声器在有效频率范围的下限值，通常谐振频率越低，扬声器的低音重放性能就越好，优秀的重低音扬声器的谐振频率为 20~30Hz。

3. 万用表检测扬声器的方法

（1）检测音圈

检测扬声器的音圈可以通过测量其直流电阻值从而判别其好坏。扬声器铁芯的背面通常有一个直接打印或贴上去的铭牌，该铭牌上一般都标有扬声器阻抗的大小。检测时，模拟万用表置于 R×1 挡，并进行欧姆调零，数字万用表选择电阻挡的最小量程。将万用表两表笔（不分正、负）接扬声器两引出端，如图 7-8 所示，万用表所指示的电阻值即为扬声器音圈的直流电阻，测量值应为 8Ω 左右，如果所测直流电阻为无穷大，则说明音圈断路，如果所测直流电阻为 0Ω，则说明音圈短路。

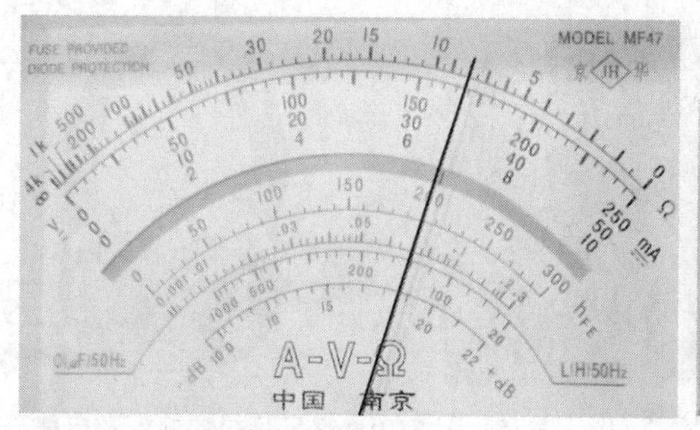

图 7-8　检测扬声器音圈

另外，可以将万用表两表笔（不分正、负）断续触碰扬声器两引出端，扬声器中应发出“咔、咔”声，否则说明该扬声器已损坏。“咔、咔”声越大越清脆越好，如“咔、咔”声小或不清晰，则说明该扬声器质量较差。

（2）判别扬声器相位

在多只扬声器组成的音箱中，为了保持各扬声器的相位一致就必须搞清楚扬声器两引出端的正极与负极。这时可将扬声器口朝上放置，万用表置于直流 50μA 挡，两表笔分别接扬声器两引出端，如图 7-9 所示。用手轻轻向下压一下纸盆，在向下压的瞬间，如果表针向右偏转，则黑表笔所接为扬声器“+”端，红表笔所接为扬声器“ - ”端。在向下压纸盆的时候，可同时检查音圈位置是否有偏斜。如感觉到音圈与磁钢或芯柱有擦碰，则该扬声器不宜使用。

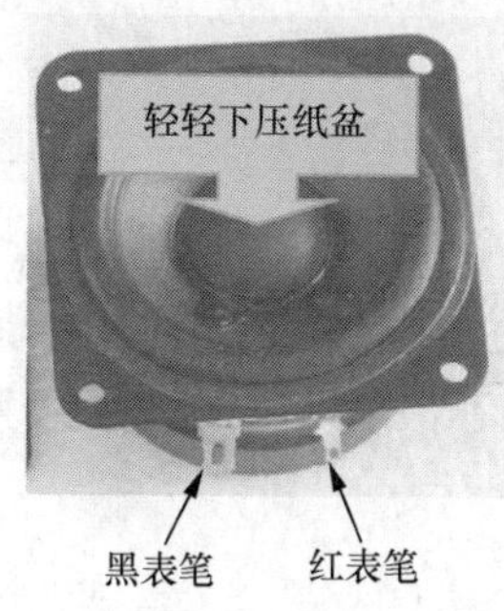

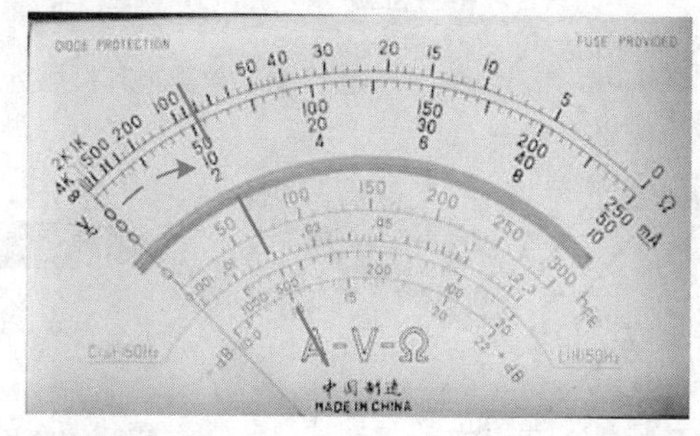

图 7-9　判别扬声器相位

还有一种方法是将指针式万用表置于 R×1 挡，用两个表笔分别点击扬声器的两个端子，在点击的瞬间及时观察扬声器的纸盆振动方向，若纸盆向上振动，说明黑表笔所接端子为扬声器的正极，若纸盆向下振动，说明黑表笔所接端子为扬声器的负极。

7.1.3　万用表检测耳机

1. 耳机基础知识

耳戴式扬声器俗称耳机，主要用于个人聆听音乐，是小型的扬声器，只采用平板型音膜作为振动发声部件。耳机的文字符号是 BE，常见耳机的外形及电路符号如图 7-10 所示。

耳机按其外形不同，可分为头戴式耳机和耳塞机两类；按传送声音的不同，可分为单声道耳机和立体声耳机两种；按照换能方式的不同可分为动圈式、压电式和平板式耳机等。对于立体声耳机或耳塞机，一般均标有左、右声道标志“L”“R”，使用时应正确佩戴才能聆听到正常的立体声。

图 7-10　常见耳机的外形及电路符号

2. 耳机插头与插座

耳机插头主要由触头、接地外层、绝缘层及外壳组成，其直径有 2.5mm、3.5mm 和 6.5mm 等规格。耳机插头可分为立体声耳机和单声道耳机。单声道耳机只有一个放音单元，其插头上有两个接点，分别是音频线接点和地线接点，如图 7-11 所示。立体声耳机具有两个独立工作的放音单元，可以分别插放不同声道的声音。3 个引脚的立体声耳机插座可同时对左、右两个声道输出的音频信号进行切换输出。四个引脚的立体声耳机插座除具有 3 个引脚的功能外，另一个引脚接传声器正极。立体声耳机插头的外形及接线如图 7-12 所示。

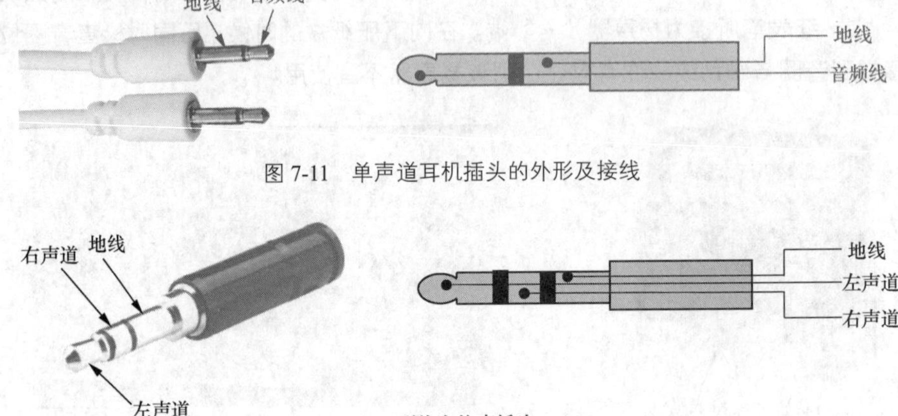

图 7-11　单声道耳机插头的外形及接线

（a）三引线立体声插头

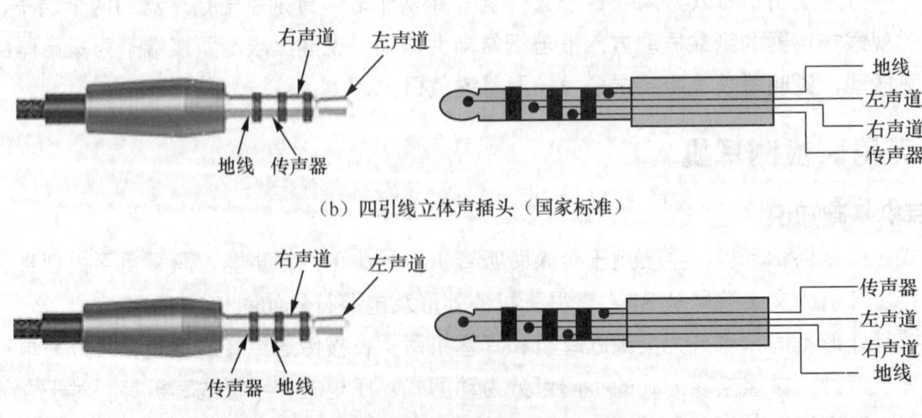

（b）四引线立体声插头（国家标准）

（c）四引线立体声插头（国际标准）

图 7-12　立体声耳机插头的外形及接线

插座主要由动片、定片和接地外层构成。耳机的插座有两种，即不带开关的插座和带开关的插座。带开关的插座上一般增加一个引脚；当耳机插头没有插入插座时，信号引脚与插座增加的引脚处于导通状态；耳机插头插入插座时，信号引脚与增加的引脚处于断开状态。常见耳机插座的外形如图 7-13 所示。

图 7-13　常见耳机插座的外形

3．耳机的主要技术参数

（1）阻抗

耳机的阻抗是其交流阻抗的简称，它的大小是线圈直流电阻与线圈的感抗之和。民用耳机和专业耳机的阻抗一般都在 100Ω以下，有些专业耳机阻抗在 200Ω以上，这是为了在一台功放驱动多只耳机时减小功放的负荷。驱动阻抗高的耳机需要的功率更大。

（2）灵敏度

平时所说的耳机的灵敏度实际上是耳机的灵敏度级，它是施加于耳机上 1mW 的电功率时，耳机所产生的耦合于仿真耳（假人头）中的声压级，1mW 的功率是以频率 1000Hz 时耳机的标准阻抗为依据计算的。灵敏度的单位是 dB/mW，另一个不常用的单位 dB/Vrms，即 1Vrms 电压施与耳机时所产生的声压级。灵敏度高意味着达到一定的声压级所需功率要小，动圈式耳机的灵敏度一般都在 90dB/mW 以上。

（3）谐波失真

谐波失真就是一种波形失真，在耳机指标中有标示，失真越小，音质也就越好。

4．万用表检测耳机的方法

（1）单声道耳机的检测方法

单声道耳机有两根引出线，没有极性区别，用万用表电阻挡可以检测其好坏。

正常情况下，用指针式万用表测量两根引线间的阻值和声音即可判断其是否良好，具体步骤如下所示。

第 1 步：将指针式万用表置于 R×10 挡，并进行短路调零。数字万用表选择合理的电阻挡量程（如 200Ω）。

第 2 步：将红、黑表笔（不分正、负）接在耳机插头的地线和芯线上，此时万用表测得的电阻值约为几百欧姆（本例中约为 180Ω），如图 7-14 所示。若表笔断续碰触两引线，耳机会发出“咔、咔”声，表明耳机正常。若测量时万用表显示一定阻值且耳机发出“咔啦”的响声，则表明耳机的性能不良。若检测时耳机声音越大，则表明耳机的灵敏度越高。若检测时声音失真，则表明音圈损坏或不正常。

（2）双声道耳机的检测方法

双声道耳机有 3 根引出线，分别是左声道、右声道和公共端（即地线）。正常情况下，用指针式万用表 R×10 挡分别测量公共端与左、右声道之间的电阻值即可判断其是否良好，具体步骤如下所示。

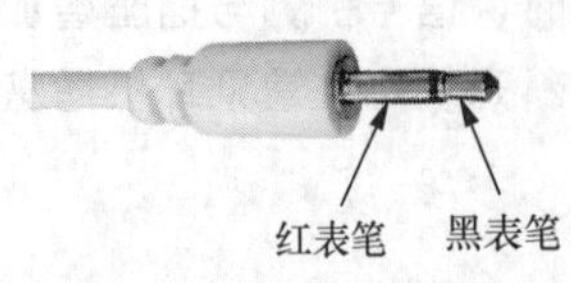

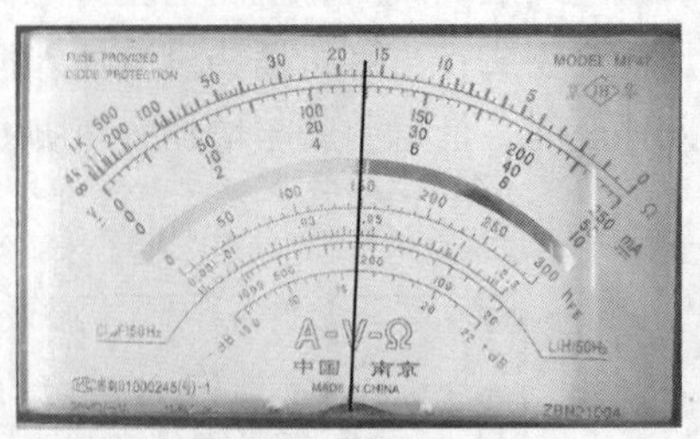

图 7-14　万用表检测单声道耳机

第 1 步：将万用表置于 R×1 挡，并进行短路调零。数字万用表选择合理的电阻挡量程（如 200Ω）。

第 2 步：将红、黑表笔（不分正、负）分别接在耳机插头的公共端（即地线）和左声道芯线上，如图 7-15 所示，此时万用表测得的电阻值约为几百欧姆（本例中约为 180Ω）。若表笔断续碰触两引线，耳机会发出"咔、咔"声，表明耳机左声道正常。若测量时万用表显示一定阻值且耳机发出"咔啦"的响声，则表明耳机左声道性能不好。若测得的阻值为无穷大，则说明耳机左声道内部断路。

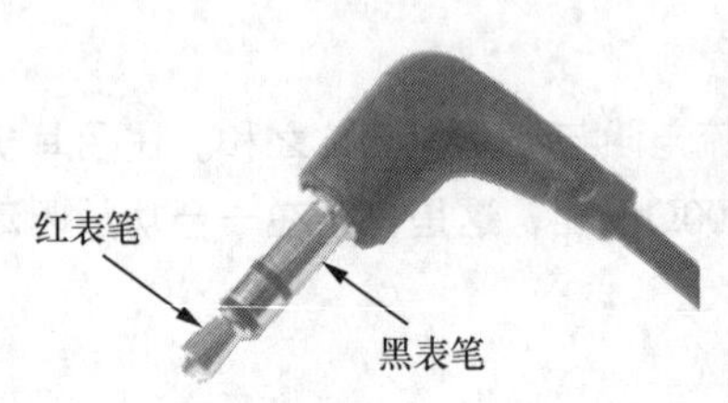

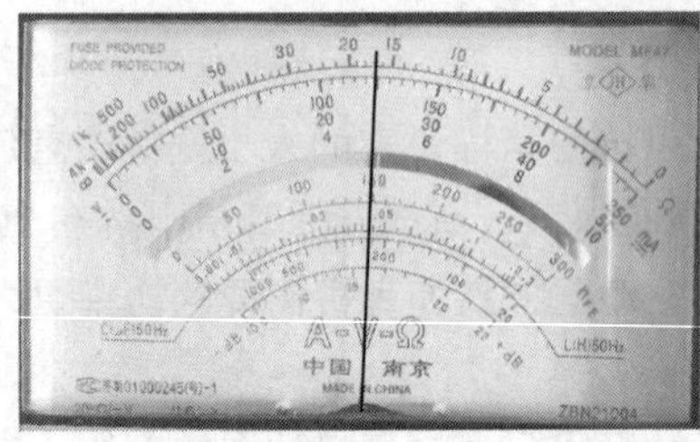

图 7-15　万用表检测耳机左声道

第 3 步：将红、黑表笔（不分正、负）分别接在耳机插头的公共端（即地线）和右声道芯线上，此时万用表测得的电阻值约为 180Ω，如图 7-16 所示。若表笔断续碰触两引线，耳机会发出"咔、咔"声，则表明耳机右声道性能良好。若测量时万用表显示一定阻值且耳机发出"咔啦"的响声，则表明耳机右声道性能不好。若测得的阻值为无穷大，则表明耳机右声道内部断路。

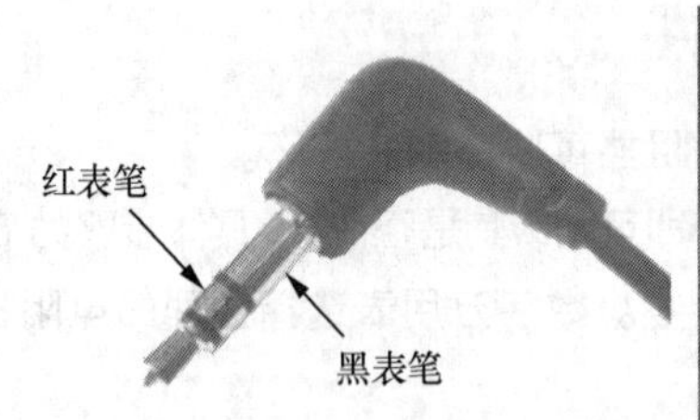

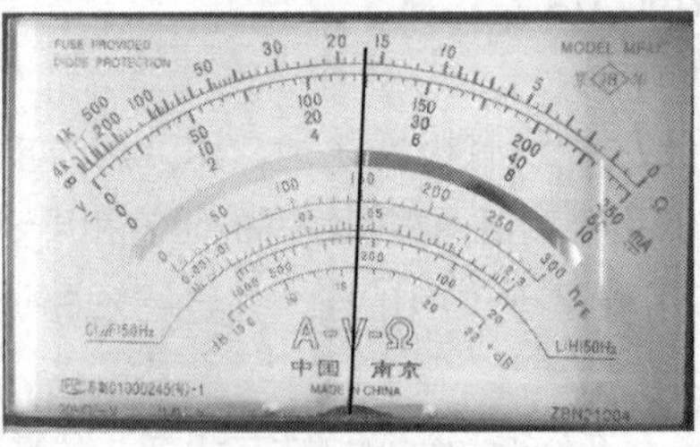

图 7-16　检测耳机右声道

正常情况下，双声道耳机的直流电阻值为几欧姆到几百欧姆，左、右声道的阻值应相等或相近。若所测阻值超过其范围，则表明耳机的性能不良。将表笔与搭接点断续碰触，正常情况下，耳机会发出清脆的"咔、咔"声。"咔、咔"声越大且清脆，则表明其灵敏度、电声性能越好。若所测阻值正常而耳机发出的声音较弱，则表明耳机的性能不良。若耳机无声且万用表所测电阻值为无穷大，则表明耳机的音圈开路或连线断开、内部焊点脱焊。

7.1.4 万用表检测传声器

1. 传声器的基本知识

传声器俗称话筒，又称麦克风，它是一种将声音信号转换为电信号的声电器件。常见传声器的外形如图 7-17 所示。

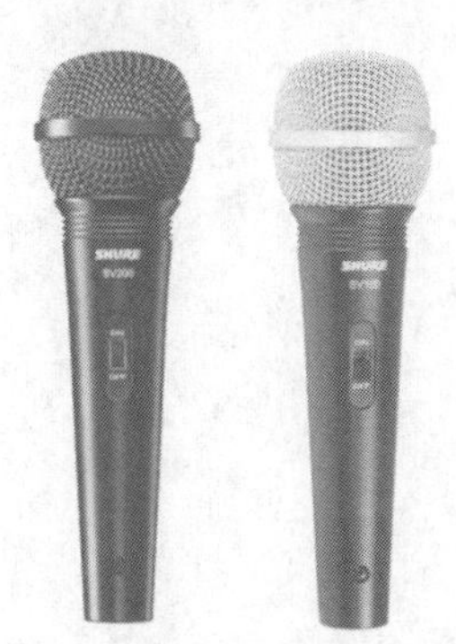

图 7-17 常见传声器的外形

传声器按声电转换原理不同可分为：电动式（动圈式、铝带式）、电容式（直流极化式）、压电式（晶体式、陶瓷式）、电磁式、碳粒式、半导体式等。

传声器按声场作用力不同可分为：压强式、压差式、组合式、线列式等。

传声器按电信号的传输方式不同可分为：有线传声器和无线传声器两种。

传声器按用途不同可分为：测量话筒、人声话筒、乐器话筒、录音话筒等。

传声器按指向性不同可分为：心型、锐心型、超心型、双向型（8 字形）、无指向型（全向型）。

（1）动圈式传声器

动圈式传声器又叫电动式传声器，它在结构上与电动式扬声器相似，也是由磁铁、音圈以及音膜等组成的，动圈式传声器的结构示意图如图 7-18 所示。

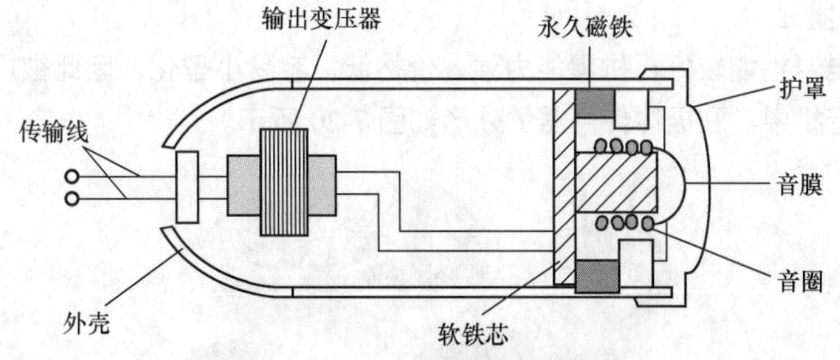

图 7-18 动圈式传声器的结构示意图

动圈式传声器的音圈处在磁铁的磁场中，当声波作用在音膜上使其产生振动时，音膜便带动音圈相应振动，使音圈切割磁力线而产生感应电压，从而完成声—电转换。由于音圈的匝数很少，它的阻抗很低，阻抗匹配变压器的作用就是用来改变传声器的阻抗，以便于放大器的输入阻抗相匹配。动圈式传声器的输出阻抗分高阻和低阻两种，高阻抗的输出阻抗一般为几十 kΩ，低阻抗的输出阻抗为 200~600Ω。动圈式传声器的频率响应一般为 200~5000Hz，质量高的可达 30~18000Hz。动圈式传声器具有坚固耐用、工作稳定等特点，具有单向指向性，价格低廉，适用于语言、音乐扩音和录音。

（2）普通电容式传声器

电容式传声器是一种靠电容量变化而起到换能作用的传声器。接收信号的振膜（金属膜或镀金属塑料膜）和后极板组成一个电容器（极头），这个电容器又串接到有直流极化电源和负载电阻的电路中，普通电容式传声器的结构示意图如图 7-19 所示。

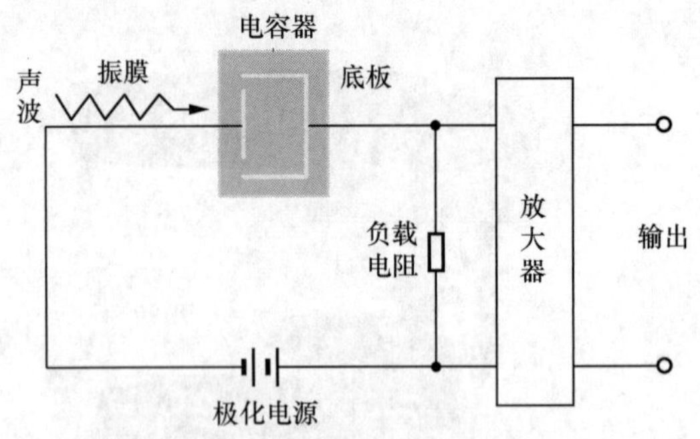

图 7-19　普通电容式传声器的结构示意图

电容式传声器的工作原理可简单概括为：当声波作用于金属膜片时，膜片发生相应的振动，于是就改变了它与固定极板之间的距离，从而使电容量发生变化，电路中的电流也相应变化，负载电阻上也就有相应的电压输出。如果声音响度大，膜片的振动幅度就大，则输出电压幅度就大；如果声音的音调高，膜片的振动频率就高，则输出电压变化的频率也高；如果声音的音色不同，膜片的振动规律（波形）就不同，则输出电压也有相应的波形变化。于是，就将声音的三要素（响度、音调、音色）转换成了电信号的三要素（幅度、频率、波形）。因为极头的电容量非常小，阻抗很高，不能用电缆线直接引出，需要一个前置放大器紧接在极头后面做阻抗变换。所以，普通电容式传声器一般由极头、前置放大器和极化电源 3 部分组成，电容式传声器是目前各项指标都较为优秀的一种传声器，具有频率特性较好、音质优秀、构造坚固、体积小巧等优点，广泛应用在广播电台、电视台、电影制片厂及厅堂扩声等场合。

（3）驻极体传声器

驻极体传声器电声性能较好，抗震能力强，价格低，容易小型化，因此被广泛应用于一般录音机，特别是盒式录音机中。驻极体传声器的外形如图 7-20 所示。

图 7-20　驻极体传声器的外形

驻极体传声器由声电转换和阻抗变换两部分组成，声电转换的关键元件是驻极体振膜，它是一片极薄的塑料膜片，在其中一面蒸发上一层纯金薄膜，然后再经过高压电场驻极后，两面分别驻有异性电荷，膜片的蒸金面向外，与金属外壳相连通，膜片的另一面与金属板之间用薄的绝缘衬圈隔离开，这样，蒸金膜与金属极板之间就形成一个电容。当驻极体膜片遇到声波振动时，引起电容两端的电场发生变化，从而产生随声波变化而变化的交变电压。驻极体膜片与金属板之间的电容量比较小，一般为几十皮法，输出的电信号极为微弱，但输出阻抗极高，可达数百兆欧以上。因此，它不能直接与放大电路相连接，必须连接阻抗变换器。通常用一个专用的场效应管和一个二极管复合组成阻抗变换器，其外形及内部电气原理图如图 7-21 所示。专用场效应管中接二极管的目的是在场效应管受强信号冲击时起保护作用。

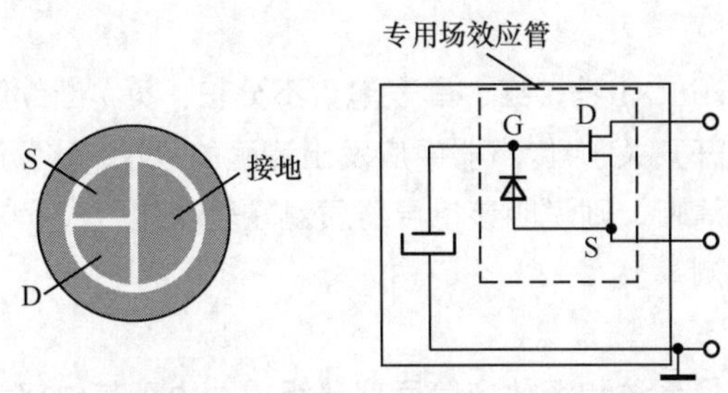

图 7-21　驻极体传声器专用场效应管的外形及内部电气原理图

驻极体传声器与电路的接法有两种：源极输出和漏极输出，如图 7-22 所示。

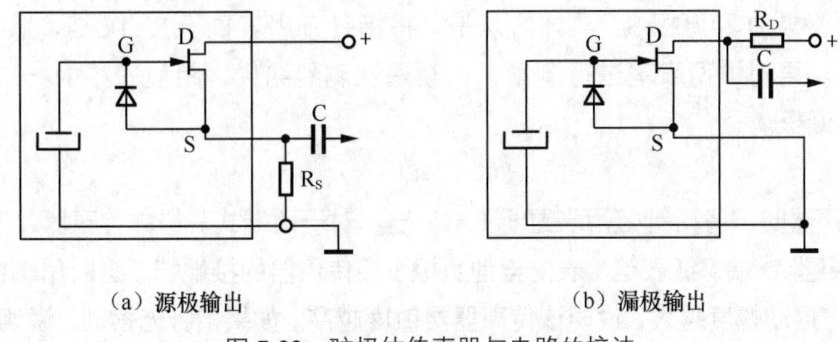

图 7-22　驻极体传声器与电路的接法

源极输出类似于晶体三极管的发射极输出，需要 3 根引出线，漏极 D 接电源正极，源极 S 与地之间接一电阻 R_S 来提供源极电压，信号由源极经电容 C 输出，编织线接地起屏蔽作用，源极的输出阻抗小于 2kΩ，电路比较稳定，动态范围大，但输出信号比漏极输出小。

漏极输出类似晶体三极管的共发射极放大器，只需要两根引出线，漏极 D 与电源正极之间接一个漏极电阻 R_D，信号由漏极 D 经电容 C 输出，源极 S 与编织线一起接地，漏极输出有电压增益，因而灵敏度比源极输出时要高，但电路动态范围小。

2. 传声器的性能指标

① 频率特性：传声器在受声波作用时，对各个频率不同的信号所产生的灵敏度是不同的，这种灵敏度随频率变化的特性，称为传声器的频率特性。

② 灵敏度：传声器的输出电压与作用于该传声器上的声压之比，以伏每帕（V/Pa）或毫伏每帕（mV/Pa）为单位。

③ 指向特性：传声器的灵敏度随声波入射方向而不同的特性。

④ 阻抗特性：当传声器作为信号源输出信号时，传声器的输出阻抗（即传声器的源阻抗）有高阻和低阻之分。低阻抗传声器抗干扰能力强，高频衰减小，且不明显，同时允许使用较长的线缆。

⑤ 信噪比：即传声器信号电压与本身产生的噪声电压之比。信噪比越大，传声器的灵敏度越高，性能越好；反之亦然。

⑥ 最大声压级：传声器在一定声压级作用下，其谐波失真限制在一规定值（如 1%或 3%），此

声压级即为该传声器的最大声压级。

3. 万用表检测传声器的方法

（1）动圈式传声器的检测

检测动圈式传声器，可以通过测量传声器的电阻值来判断好坏。将指针万用表置于 R×10 挡或R×100 挡，两表笔（不分正、负）与传声器的两引出端相接（设有控制开关的传声器应先打开开关），低阻传声器的电阻值应小于 1kΩ，高阻传声器的电阻值应为几十千欧姆。如果相差太大，则说明该传声器质量较差。

另外，将指针万用表置于 R×1 挡，红、黑表笔（不分正、负）断续触碰传声器的两引出端（设有控制开关的传声器应先打开开关），传声器中应发出清脆的“咔、咔”声，如果无声则说明该传声器已损坏。如果声音小或不清晰，则说明该传声器质量较差。

（2）驻极体传声器的检测

① 判别极性

驻极体传声器由声电转换系统和场效应管两部分组成，由于其内部场效应管有两种接法，所以在使用驻极体话筒之前首先要对其进行极性的判别。

由于在场效应管的栅极与源极之间接有一只二极管，因而可利用二极管的正、反向电阻特性来判别驻极体话筒的漏极 D 和源极 S，具体方法是：将指针万用表置于 R×1k 挡，黑表笔接任一电极，红表笔接另一电极。再对调两表笔进行测量，比较两次测量结果，阻值较小的一次黑表笔接的是源极，红表笔接的是漏极。

② 判别好坏

检测驻极体传声器时，将指针万用表置于 R×1k 挡。对于两端式驻极体传声器，万用表黑表笔（表内电池正极）接传声器 D 端，红表笔（表内电池负极）接传声器的接地端。这时用嘴向传声器吹气，万用表指针应有摆动。摆动幅度越大，说明该传声器灵敏度越高。如果指针无摆动，说明该传声器已损坏。

对于三端式驻极体传声器，万用表黑表笔（表内电池正极）接传声器的 D 端，红表笔（表内电池负极）同时接传声器的 S 端和接地端，然后按上述方法吹气检测。

7.2 万用表检测显示器件

显示器件是电子计算机最重要的终端输出设备，是人机对话的窗口。显示器由电路部分和显示器件组成，采用何种显示器件，决定了显示器的电路结构，也决定了显示器的性能指标。指示或显示器件主要分为机械式指示装置和电子显示器件。传统的电压或电流表头就是一个典型的指示器件，它广泛用于稳压电源、万用表等仪器上。随着电子仪器自动化水平的提高，电子显示器件的使用日益广泛，主要有发光二极管、数码管、液晶显示器、荧光屏等。常见显示器件的外形如图 7-23 所示。

图 7-23　常见显示器件的外形

7.2.1 显示器件的分类

1. 发光二极管

是一种将电能转化为光能的半导体器件，由一个 PN 结构成，是利用 PN 结正向偏置条件下，注入到 N 区和 P 区的载流子被复合时会发出可见光和不可见光的原理制成的。根据使用材料的不同，可发出红黄绿蓝紫等颜色的可见光。有的发光二极管还能根据所加电压高低发出不同颜色的光，称为变色发光二极管。而发光的亮度和正向工作电流成正比。发光二极管在电子电路中常用作指示装置，有单支和组合的，也有用发光管组成数字或符号的 LED 数码管。当正向电压为 1.5~3V 时，有正向电流通过，发光二极管就会发光。

2. 数码管

数码显示器件按显示方法不同，可分为字形重叠式显示器、分段式显示器、点阵式显示器。分段式显示器有 7 段和 8 段显示之分。

3. 液晶显示器

液晶是一种液态晶体，它是有机化合物，在电场作用下会产生电光效应，其特点是工作电压低、微功耗、易于和 CMOS 数字集成电路配合使用。这种显示器不能用直流驱动，因为直流电场会使液晶发生电化学分解反应，工作寿命短，因此必须采用交流驱动。它的结构是由一个公共电极和 7 个电极组成的 7 段字形。

4. CRT 显示器

CRT（阴极射线管）显示器属于电真空器件，CRT 显示器亮度、发光效率、对比度都比较高，具有彩色性能卓越、显示品质好、显示速度快等优点，在图像显示领域占一席之地。

7.2.2 万用表检测 LED 数码管

LED 数码管是由多个发光二极管封装在一起组成“8”字形的器件，引线已在内部连接完成，只需引出他们的各个笔画和公共电极即可。LED 数码管主要用于数字仪器仪表、数控装置、家用电器、电脑的功能或数字显示等领域。常见的 LED 数码管显示器件的实物外形及引脚排列如图 7-24 所示。

（a）实物外形

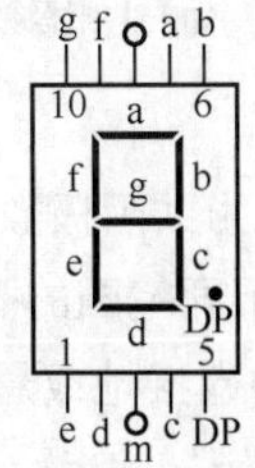

（b）引脚排列

图 7-24 LED 数码显示器件的实物外形及引脚排列

1. LED 数码管的型号命名规则

国产 LED 数码管的型号命名由四部分组成，如图 7-25 所示。

例如：BS12.7R1，字符高度为 12.7mm 的红色共阳极数码管。

2. LED 数码管的主要参数

（1）8 字上沿与下沿的距离。比外形高度小，通常用英寸来表示，范围一般为 0.25~20 英寸。

（2）长×宽×高。长—数码管正放时，水平方向的长度；宽—数码管正放时，垂直方向的长度；

高—数码管的厚度。

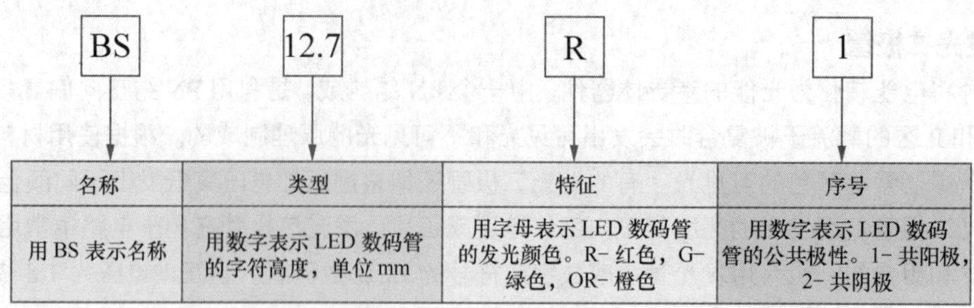

图 7-25　LED 数码管的型号命名规则

（3）时钟点。4 位数码管中，第 2 位数字“8”与第 3 位数字“8”中间的两个点，一般用于显示时钟中的秒。

（4）数码管使用的电流与电压。电流：在静态时，推荐使用 10~15mA；在动态扫描时，平均电流为 4~5mA，峰值电流为 50~60mA。电压：查看引脚排列图，看一下每段的芯片数量是多少。为红色时，使用 1.9V 乘以每段的芯片串接的个数；为绿色时，使用 2.1V 乘以每段的芯片串接数。

3. LED 数码管的结构

LED 数码管应用较多的是 7 段数码管，又名半导体数码管或 7 段数码管，如果内部还有 1 个小数点，称为 8 段数码管，根据 LED 的接法不同分为共阳极和共阴极两类。图 7-26 所示是共阳极和共阴极数码管的内部结构，它们的发光原理是一样的，只是电源极性不同而已。将多只 LED 的阳极连在一起即为共阳式，而将多只 LED 的阴极连在一起即为共阴式。

图 7-26（a）所示为共阳极数码管电路，8 个 LED（7 段笔画和 1 个小数点）的阳极连接在一起接地，译码电路按需给不同笔画的 LED 阴极加上负电压，使其显示出相应的数字。

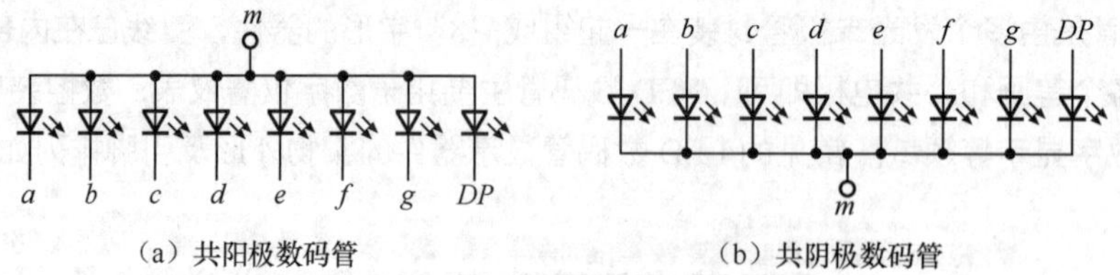

图 7-26　数码管的内部结构

图 7-26（b）所示为共阴极数码管电路，8 个 LED（7 段笔画和 1 个小数点）的阴极连在一起接地，译码电路按需给不同笔画的 LED 阳极加上正电压，使其显示出相应的数字。例如，将“b”和“c”段接正电源，其他端接地或悬空，那么“b”和“c”段发光，此时，数码管显示将显示数字“1”；而若将“a”　“b”　“g”　“d”　“e”段都接正电源，其他引脚悬空，此时数码管将显示“2”。其他字符的显示原理类同，共阴极 LED 数码管的字段显示码如表 7-5 所示。

表 7-5　共阴极 LED 数码管的字段显示码

显示字符	a	b	c	d	e	f	g
0	1	1	1	1	1	1	0
1	0	1	1	0	0	0	0
2	1	1	0	1	1	0	1
3	1	1	1	1	0	0	1
4	0	1	1	0	0	1	1
5	1	0	1	1	0	1	1

续表

显示字符	a	b	c	d	e	f	g
6	1	0	1	1	1	1	1
7	1	1	1	0	0	0	0
8	1	1	1	1	1	1	1
9	1	1	1	1	0	1	1
A	1	1	1	0	1	1	1
b	0	0	1	1	1	1	1
C	1	0	0	1	1	1	0
D	1	1	1	1	1	1	0
E	1	0	0	1	1	1	1
F	1	0	0	0	1	1	1

4．万用表检测数码管的方法

LED 数码管一般有 10 个引脚，通常分为两排，当字符面朝上时，左下角的引脚为第 1 脚，然后顺时针排列其他引脚，如图 7-27 所示。一般上排和下排中间的引脚相通，为公共极，其余 8 个引脚为 7 段笔画和 1 个小数点。

图 7-27　数码管引脚识别

（1）万用表检测数码管结构类型

判别数码管的结构类型就是判别数码管是共阴极还是共阳极。

将指针万用表置于 R×10k 挡，将红表笔固定接在公共端，然后用黑表笔接触其他任意管脚，若指针大幅度摆动，同时对应的笔段均发光，则说明被测数码管为共阴极数码管，如图 7-28 所示；如果万用表指针指在无穷大位置，则调换表笔，将黑表笔固定接在公共端，然后用红表笔接触其他任意管脚，若指针大幅度摆动，同时对应的笔段均发光，则说明被测数码管为共阳极数码管。

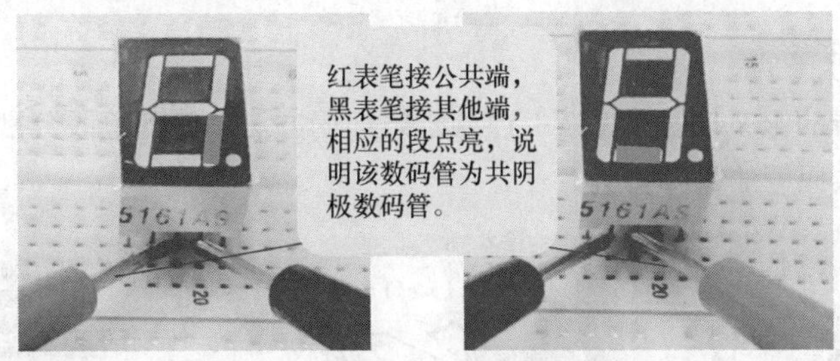

图 7-28　检测数码管的结构类型

用数字万用表判断时，功能开关置于二极管/蜂鸣挡，将黑表笔固定接在公共端，然后用红表笔接触其他任意管脚。如果数据显示 1.7 左右（不同的数码管数据会有差异），同时对应的笔段发光，则说明被测数码管为共阴极数码管，如图 7-29 所示。如果万用表显示开路，即显示为“1”，则调换表笔，将红表笔固定接在公共端，然后用黑表笔接触其他任意管脚。如果数据显示 1.7 左右（不同的数码管数据会有差异），同时对应的笔段发光，则说明被测数码管为共阳极数码管。

图 7-29　数字万用表检测数码管的结构

（2）判断好坏

按上述检测方法判断出数码管的结构后，如果是共阳极数码管，用指针万用表黑表笔接公共端，再用红表笔依次去触碰数码管的其他管脚，表针均摆动，同时对应的笔段应点亮；如果是共阴极数码管，用红表笔接公共端，再用黑表笔依次去触碰数码管的其他管脚，表针均摆动，同时对应的笔段点亮，如图 7-30 所示。若触到某个管脚时，所对应的笔段不能点亮，万用表指针也不摆动，则说明该笔段已经损坏。

用数字万用表判断时，如果是共阳极数码管，用万用表红表笔接公共端，再用黑表笔依次去触碰数码管的其他管脚，万用表应有数据显示，同时对应的笔段点亮；如果是共阴极数码管，用黑表笔接公共端，再红表笔依次去触碰数码管的其他管脚，万用表应有数据显示，同时对应的笔段点亮。若触到某个管脚时，所对应的笔段不能点亮，则说明该笔段已经损坏。

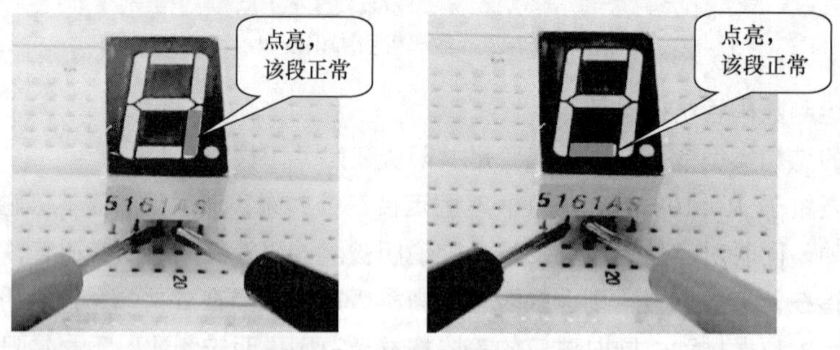

图 7-30　检测数码管的好坏

（3）判别管脚排列

仍使用指针万用表的 R×10k 挡，按上述判别好坏的方法，使各笔段分别点亮，按照如图 7-31 所示操作便可判断出数码管的管脚排列。

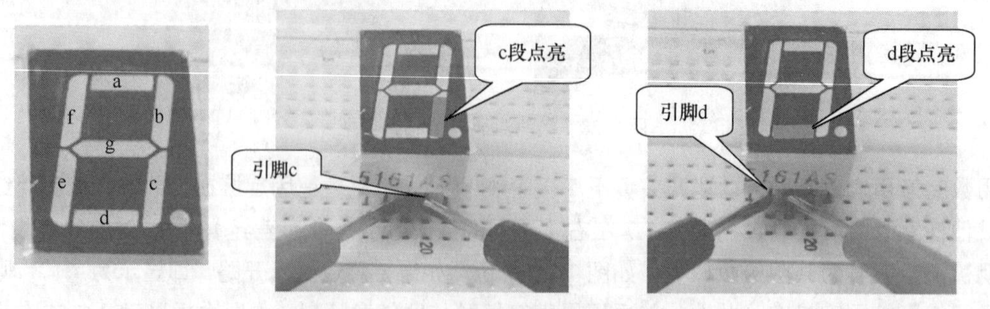

图 7-31　判断数码管的管脚排列

7.2.3 万用表检测 LED 点阵屏

1. LED 点阵屏的基本知识

LED 点阵屏是以发光二极管 LED 为像素点，通过环氧树脂和塑膜封装而成的。LED 点阵屏具有高亮度、功耗低、引脚少、视角大、寿命长、耐腐蚀等特点。

LED 点阵屏有 4×4、4×8、5×7、5×8、8×8、16×16、24×24、40×40 等多种，常见外形如图 7-32 所示。

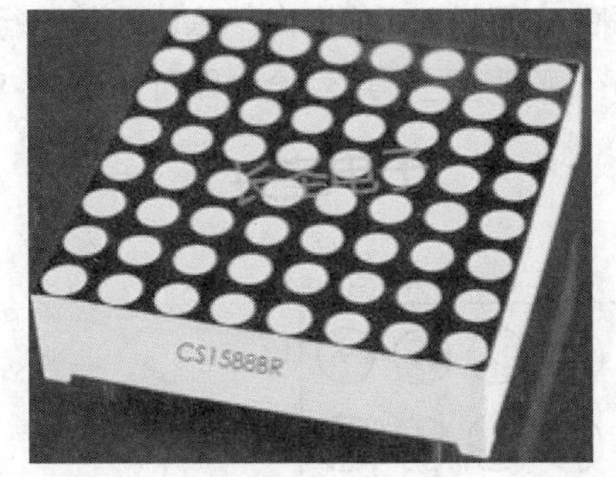

图 7-32 常见 LED 点阵屏的外形

其中，8×8 点阵屏应用最为广泛。共阳极 8×8 点阵屏的内部结构如图 7-33 所示。8× 8 点阵共由 64 个发光二极管组成，且每个发光二极管是放置在行线和列线的交叉点上，当对应的某一行置“1”（行所接的是二极管的阳极，所以为高电平），某一列置“0”（列所接的是二极管的阴极，所以为低电平）时，相应的二极管就点亮；如果将第一行接高电平， 第一列接低电平，则第一个 LED 灯就点亮了；如果要将第一行点亮，则第 9 脚要接高电平，而 13、3、4、10、6、11、15、16 引脚接低电平，那么第一行就会全部点亮；如果要将第一列点亮，则 9、14、8、12、1、7、2、5 引脚接高电平，而第 13 脚接低电平，那么第一列就会全部点亮。

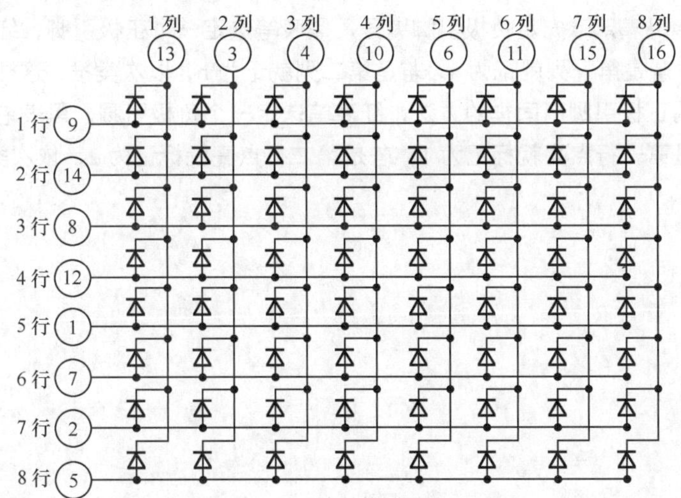

图 7-33 共阳极 8×8 LED 点阵屏的内部结构

根据显示颜色的数目，LED 点阵屏分为单色、双基色、全彩色等几种。

单色 LED 点阵显示屏只能显示固定的色彩，如红、绿、黄等单一颜色。通常这种屏用来显示比较简单的文字和图案信息。商场、酒店的信息牌等双基色和全彩色 LED 点阵屏所显示内容的颜色由不同颜色的发光二极管点阵组合方式决定，如红绿都亮时可显示黄色，若按照脉冲方式控制二极管的点亮时间，则可实现256或更高级灰度显示，即可实现全彩色显示。

按照驱动方式的不同，LED点阵屏分为电脑驱动型和单片机驱动型两种工作方式。电脑驱动型的特点是，LED点阵屏由电脑驱动，不但可以显示字形、图形，还可以显示多媒体彩色视频内容。单片机驱动型的特点是，体积小、重量轻、成本较低，有基础的无线电爱好者经过简单学习，只需要购置少量的元器件就可以自己动手制作LED点阵屏。

2. 万用表检测LED点阵屏的方法

一般情况下，在测试LED点阵屏的引脚次序时，将有标号的一面朝下，从上向下依次是第一行至第八行，从左向右依次是第一列至第八列。各引脚分别对应哪行哪列通过万用表检测即可知道，8×8 LED点阵屏引脚排列如图7-34所示。

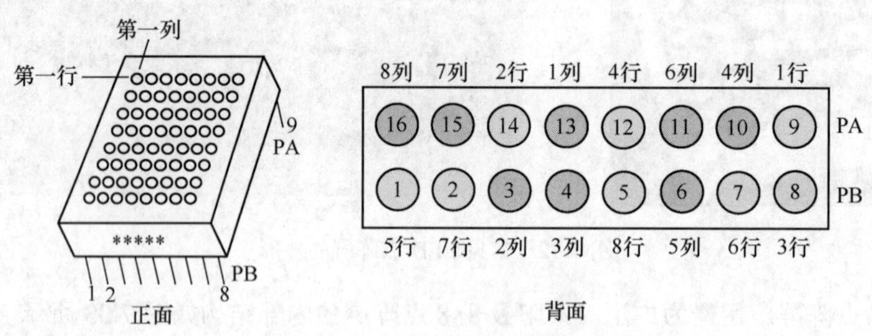

图7-34　8×8 LED点阵屏引脚排列

将数字式万用表置于R×10k挡，先用黑表笔（接表内电源正极）随意选择一个引脚，红表笔分别接触余下引脚，看点阵中是否有点发光，若没有发光就用黑表笔再选择一个引脚，红表笔分别接触余下引脚，当点阵发光时黑表笔接触的那个引脚为正极，也就是点阵的行引脚；红表笔接触的引脚为负极，也就是点阵的列引脚。

当检测出引脚的正、负极之后，须将点阵的引脚正、负分布情况记下来，正极（行）用数字表示，负极（列）用字母表示，先定负极引脚编号，黑表笔选定一个正极引脚，红表笔接负极引脚，看是第几列的点亮，若是第一列就记为a，若是第二列就记为b，以次类推，这样就把点阵的一半引脚都编号了。剩下的正极引脚用同样的方法，红表笔选定一个负极引脚，黑表笔接正极引脚，看是第几行的点亮，若是第一行点亮就标记为1，若是第二行点亮就标记为2，依次类推。

第 8 章

万用表检测应用实例

万用表虽然结构简单，但在电气电子工程与日常生活中应用极其普遍。本章在前面章节讲解万用表构造和功能的基础上，通过几个工程和生活应用案例讲述万用表的具体使用方法。

8.1 万用表检测电吹风机

电吹风机是现代家庭常用的一种小家用电器，主要用于吹干头发与整定发型，也可用于局部烘干与加热。电吹风机是一种小型家用电热产品，出现故障时，可借助万用表检测其主要电气部件来判断故障部位。

8.1.1 电吹风机的结构及工作原理

1. 电吹风机的构造及其作用

常见电吹风机的外形如图 8-1 所示，主要由壳体、电动机、风叶和电热元件等组成。

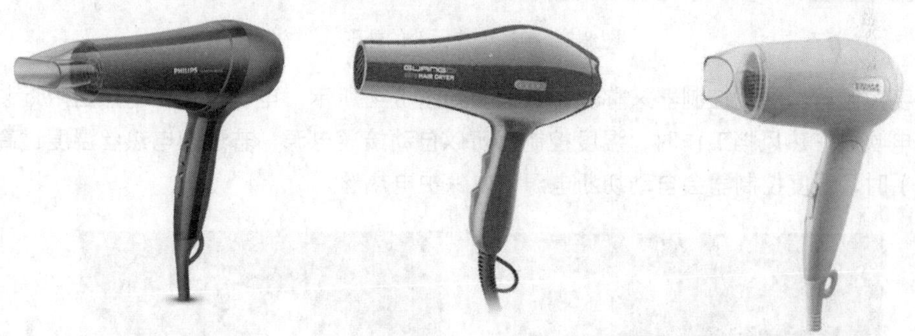

图 8-1 常见电吹风机的外形

（1）壳体。它是保护内部机件的，同时又可以作为外部装饰件。

（2）电动机和风叶。电动机装在壳体内，风叶装在电动机的轴端上。常见的电动机和风叶的外形如图 8-2 所示。

电动机旋转时，由进风口吸入空气，由出风口吹出。永磁式电动机和串激式电动机转速高，多用于轴流式电吹风机；感应式电动机转速低，多用于离心式电吹风机。风叶由金属薄板或塑料制成，要求其风量大、效率高、风损小。

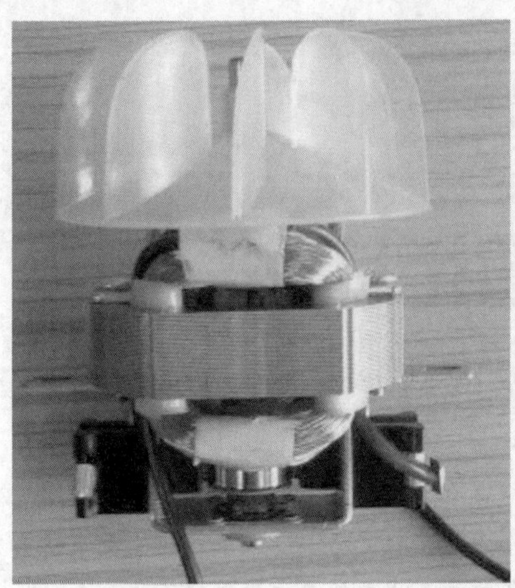
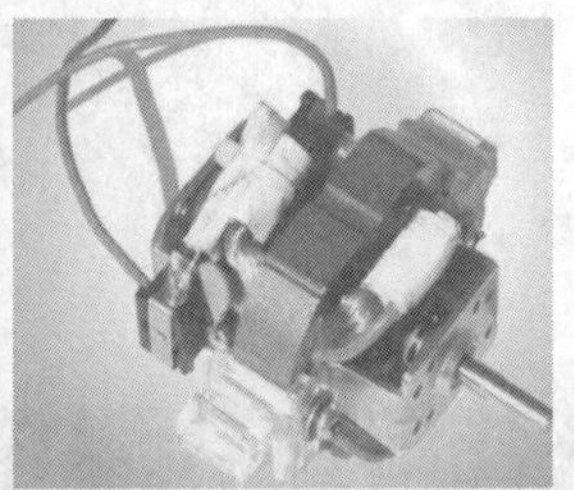

图 8-2　常见的电动机和风叶的外形

（3）电热元件。电吹风机的电热元件是用电热丝绕制而成的，装在电吹风机的出风口处，电动机排出的风在出风口被电热丝加热，变成热风送出。有的电吹风机在电热元件附近装上恒温器，温度超过预定温度时切断电路，从而起保护作用。电热元件一般用镍铬丝缠绕在瓷质或云母支架上构成，大多数电热元件上装有过热保护装置，并可调节加热温度。较新型的电吹风机采用 PTC 元件作为电热元件，其本身就有过热保护功能。常见电热元件的外形如图 8-3 所示。

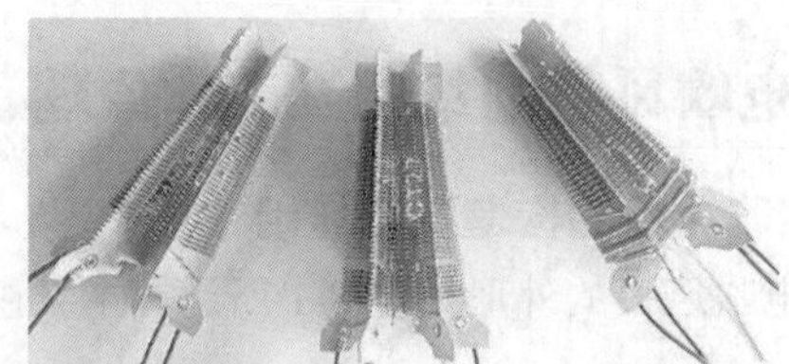

图 8-3　常见电热元件的外形

（4）温度控制器。温度控制器又称温控开关，如图 8-4 所示，电吹风机在电热丝附近装有温度控制器，当电吹风在热风挡工作时，温度控制器可以自动接通电源，若遇到电热丝温度过高（如出风口被遮挡）时，温度控制器会自动切断电源，以保护电热丝。

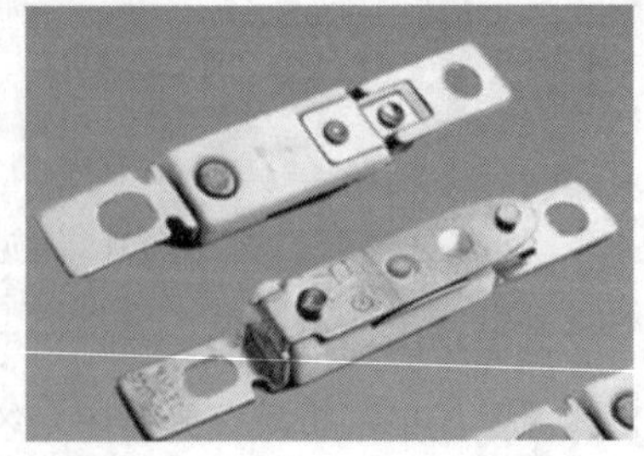

图 8-4　温度控制器的外形

（5）挡风板。有的电吹风机在进风口处有圆形挡风板，用来调节进风量。

（6）开关。电吹风机的开关有热量调节开关和风量调节开关，是专用的按键式开关，常见外形如图 8-5 所示。热量调节开关通常有冷风、暖风和热风 3 个挡位；风量调节开关通常有高速、低速及停止 3 个挡位。

图 8-5 常见电吹风机开关的外形

2. 电吹风机的工作原理

电吹风机直接靠电动机驱动转子带动风叶旋转。当风叶旋转时，空气从进风口吸入，由此形成的离心气流再由风筒前嘴吹出。空气通过时，若装在风嘴中的发热支架上的发热丝已通电变热，则吹出的是热风；若选择开关不使发热丝通电发热，则吹出的是冷风。吹风机就是以此来实现烘干和整形的目的。

两挡调温电吹风机的电路原理图如图 8-6 所示。电路中，XP 为电源插头，SA_1、SA_2 为热量和风量选择开关，VD_1、VD_2 为半波整流二极管，EH_1、EH_2 为发热丝，VD_3 ~ VD_6 构成桥式整流器，M 为直流电动机。将 XP 插进市电插座，SA_1 置于 Ⅱ（热风）挡时，EH 以全功率加热。通过发热丝抽头降压，经 VD_3 ~ VD_6 桥式整流获得约 14V 直流电压供直流电动机 M 工作。直流电动机高速转动，驱动风叶转动，空气由进风罩进入，经发热丝加热的空气由前筒吹出热风，此挡温度最高。SA_1 置于 Ⅰ（暖风）挡时，电源经 VD_1 半波整流向 EH_2、M 供电，此挡温度减半。SA_1 置于 0（冷风）挡时，切断电源，电吹风机停止工作。当 SA_2 置于 Ⅱ（高速）挡时，电动机转速最高，风量最大；SA_2 置于 Ⅰ（低速）挡时，风量减半。SA_2 置于 0（停）挡时，切断电源，电吹风机停止工作。

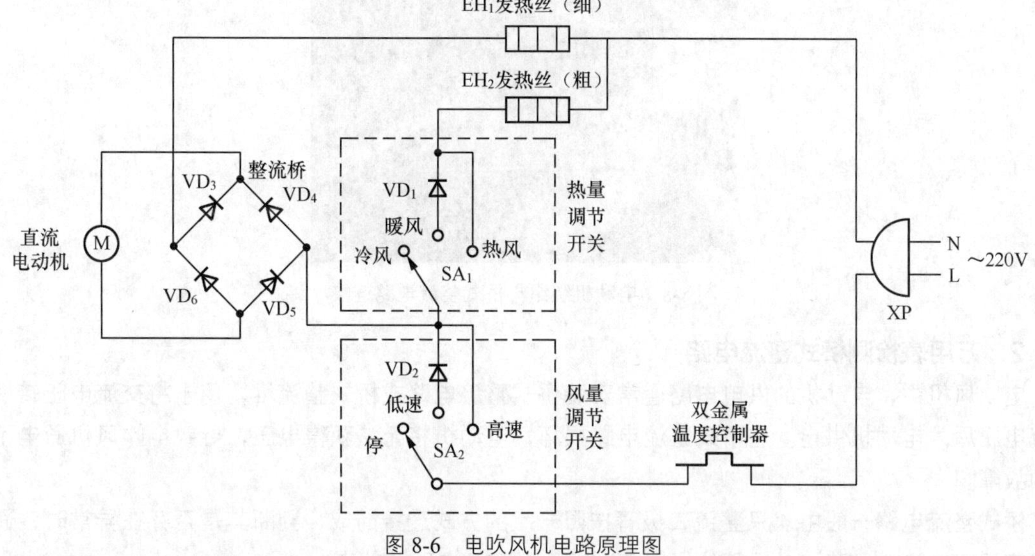

图 8-6 电吹风机电路原理图

8.1.2 万用表检测电吹风机的方法

电吹风机出现的故障主要有通电开机后不旋转、不加热、风量或热量调节失灵等。因此在电吹风机出现故障后，除了检测基本机械部件和电源线的通断外，还要重点检测电动机、电热元件以及开关等，通过检测各部件的性能参数来判断其好坏，从而完成电吹风机的故障检测。

1. 万用表检测电动机

电动机是电吹风机的动力部分，若该部件异常，将直接导致电吹风机不工作，使用万用表检测电动机是目前最直观、最便捷的方法。

一般可用万用表检测电动机绕组的阻值，通过测量结果判断电动机是否损坏。将指针式万用表置于 R×1 挡，将红、黑表笔分别接在电动机两个接线端子上，如图 8-7（a）所示。正常情况下所测得的电阻值应很小，如图 8-7（b）所示。若测量结果为无穷大，则说明电动机内部绕组断路，应更换电动机。如果采用数字万用表检测，将万用表置于较小电阻挡，正常情况下显示电阻值为几欧姆。若测量结果显示超量程，则说明电动机内部绕组断路。

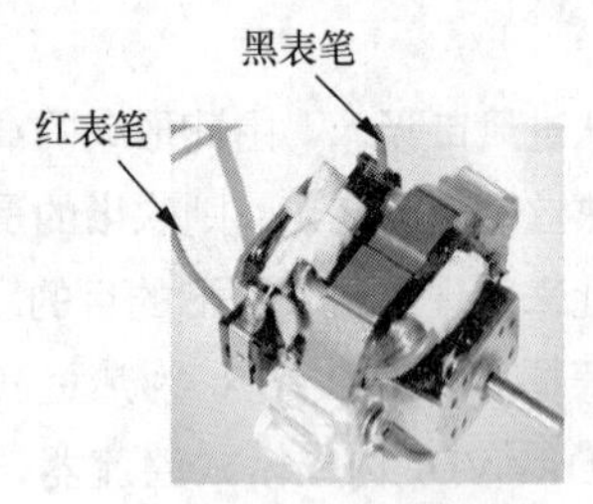

（a）万用表检测电动机的连接示意图

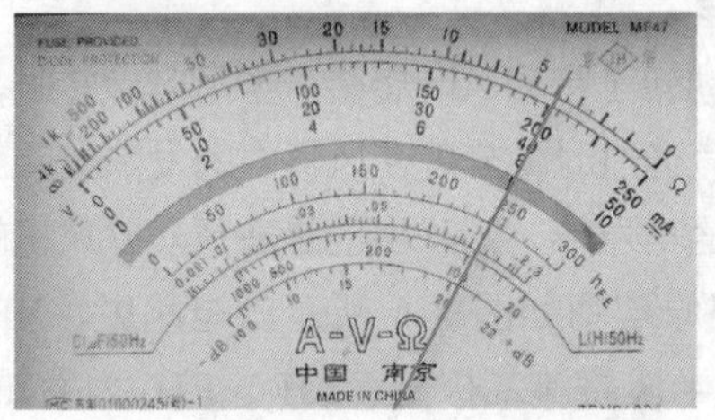

（b）电动机正常情况下的表针指示

图 8-7　万用表检测电动机

注意：电动机的绕组两端直接连接桥式整流电路的直流输出端，如图 8-8 所示。在使用万用表检测电动机之前，应先将电动机与桥式整流电路相连的引脚焊开后再检测，否则所测结果为桥式整流电路中输出端引脚与电动机绕组并联后的电阻值。

图 8-8　电动机绕组与桥式整流电路连接

2. 万用表检测桥式整流电路

电吹风机中，电动机的供电电路通常安装桥式整流电路或桥式整流堆，用于将交流电压转换为直流电压后为电动机供电。若桥式整流电路损坏，电动机将无法获得电压，导致电吹风机通电不工作的故障。

桥式整流电路一般由 4 只整流二极管按照一定的方式连接而成，判断其是否存在异常时，通常可用万用表检测 4 只整流二极管的好坏来判断桥式整流电路的状态。

模拟万用表置于 R×100 挡，将万用表的黑表笔接二极管的正极，红表笔接二极管的负极，此时测得的是二极管的正向电阻，正常情况下该电阻应较小，约为几百欧至几千欧；然后调换表笔，将红表笔接二极管的正极，黑表笔接二极管的负极，测得二极管的反向电阻，正常情况下该电阻应为无穷大，检测过程如图 8-9 所示。若不符合二极管正向电阻小、反向电阻大的特点，则说明该二极管已损坏。

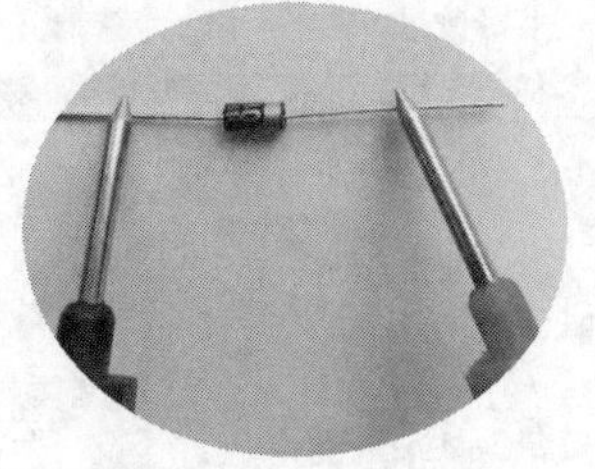

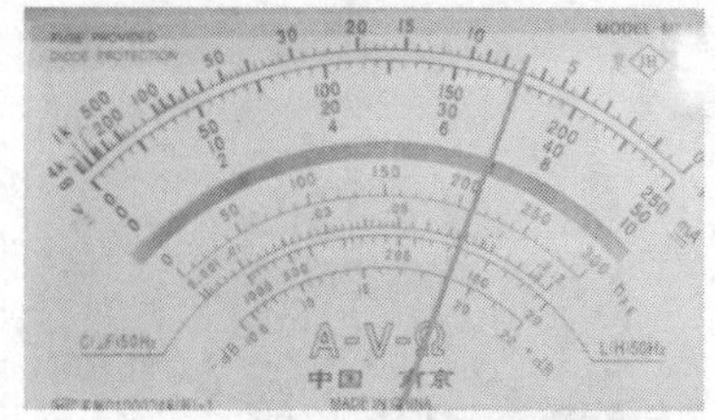

（a）检测二极管正向电阻

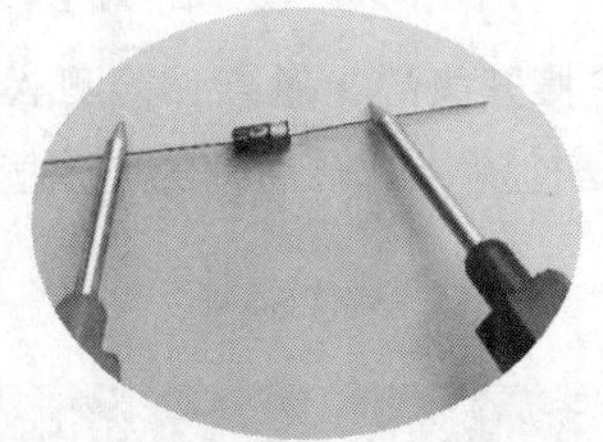

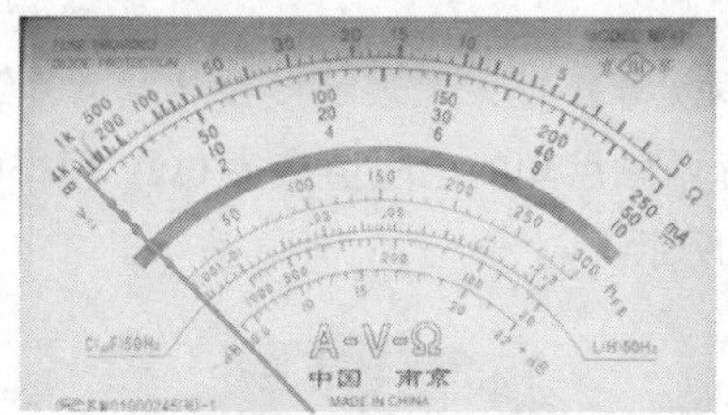

（b）检测二极管反向电阻

图 8-9　检测整流二极管过程

用数字万用表检测时，功能开关置于二极管/蜂鸣挡，将红黑表笔分别接在二极管两端测试两次，一次测量结果为零点几伏，一次测量结果显示开路，即显示为“1”，说明二极管正常，否则二极管损害。具体测量过程请参看第 3 章第 6 节内容。

3. 万用表检测开关

调节开关用来控制电吹风机的工作状态，出现故障时，会导致电吹风机无法使用或控制失常。

一般可通过万用表检测开关在不同状态下的通断情况来判断其好坏。如图 8-10 所示，当开关置于 0 挡时，开关内部 A-0 触点闭合，其他断开，电吹风机不工作；当开关置于 I 挡时，开关内部 A-1 触点闭合，其他断开，电吹风机吹出的风量较小；当开关置于 Ⅱ 挡时，开关内部 A-2 触点闭合，其他断开，电吹风机吹出的风量较大。

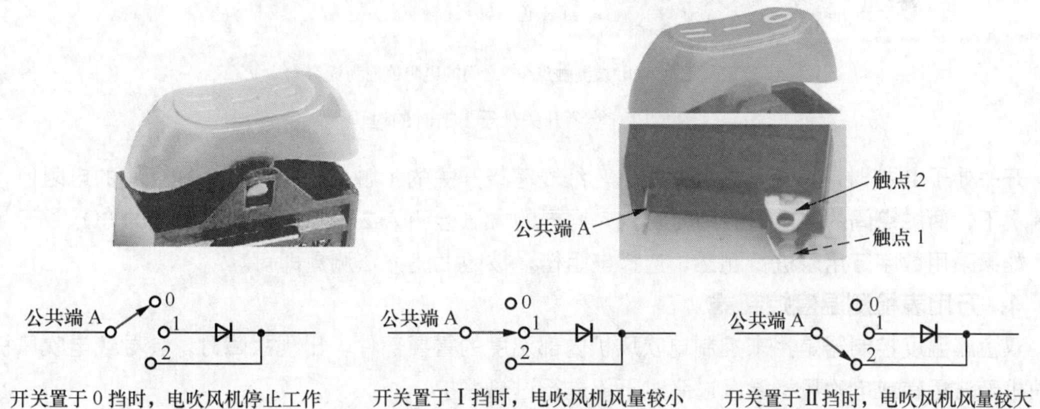

开关置于 0 挡时，电吹风机停止工作　　开关置于 I 挡时，电吹风机风量较小　　开关置于 Ⅱ 挡时，电吹风机风量较大

图 8-10　开关在不同状态下的通断关系

将指针式万用表置于 R×100 挡，首先使开关处于 0 挡，黑表笔接公共端 A，红表笔接开关的 1 触点，检测 A-1 触点间的电阻值，正常情况下，两触点间的电阻值应为无穷大；同样的方法检测 A-2 触点间的电阻值也应为无穷大，检测过程如图 8-11 所示。

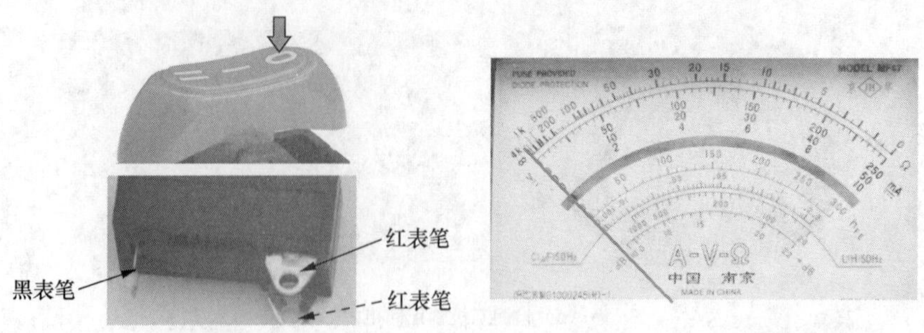

图 8-11　检测开关处于 0 挡时的过程

接下来将开关处于 I 挡，黑表笔接公共端 A，红表笔接开关的 1 触点，检测 A-1 触点间的电阻值，正常情况下，两触点间的电阻值应为 0Ω；同样的方法检测 A-2 触点间的电阻值应为无穷大，检测过程如图 8-12 所示。

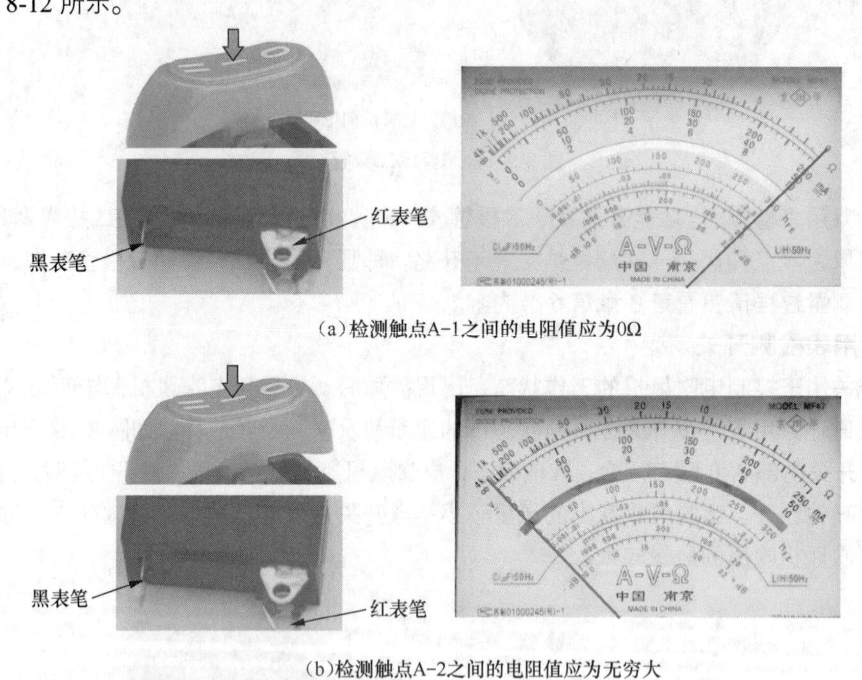

（a）检测触点A-1之间的电阻值应为0Ω

（b）检测触点A-2之间的电阻值应为无穷大

图 8-12　检测开关处于 I 挡时的过程

开关处于 II 挡时，黑表笔接公共端 A，红表笔接开关的 1 触点，检测 A-1 触点间的电阻值，正常情况下，两触点间的电阻值应为无穷大；同样的方法检测 A-2 触点间的电阻值应为 0Ω。

如果采用数字万用表进行测量，选择电阻档，按照上述方法测量即可。

4．万用表检测温度控制器

双金属温度控制器是用来控制电吹风机内部温度的重要部件，出现故障时，会导致电吹风机的电动机无法运转或电吹风机温度过高时不能进行过热保护。

将模拟万用表置于 R×1 挡，万用表红、黑表笔分别接在双金属温度控制器的两个触点上，将加热至高温的电烙铁头靠近温度控制器的感温面，如图 8-13 所示。正常情况下，在烙铁加热的过程中，温度控制器的触点会逐渐由闭合状态变为断开状态，即万用表指针从 0Ω位置摆动到无穷大位置。

5．万用表检测加热器

加热器是电吹风机中的加热元件，在电吹风机电路中相当于一个电阻器，通常工作在高温环境下，若加热丝开路，将引起不加热、不工作等故障，加热器可以通过观察发现是否有断路情况，也可以用万用表检测加热器两端电阻值来判断好坏。

万用表置于“R×1”挡，将红黑表笔分别置于加热器两个引线端子上，如图 8-14 所示。正常情况下，测得两端子间电阻为几十欧。如果所测电阻为无穷大则说明加热器断路。

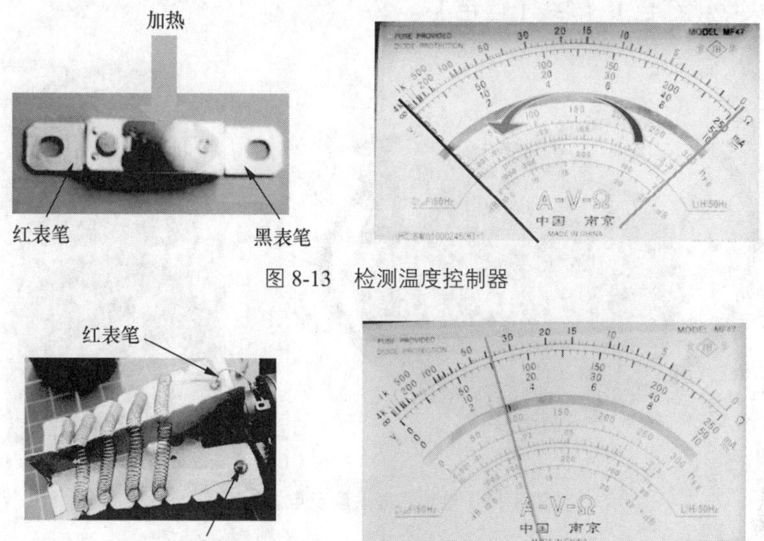

图 8-13 检测温度控制器

图 8-14 检测加热器

8.2 万用表检测电热水壶

电热水壶，采用的是蒸汽智能感应控制，具有过热保护、水煮沸自动断电、防干烧断电的保护功能，能够快速沸水，是现代家庭常用的一种小家用电器。电热水壶出现故障时，可借助万用表检测其主要电气部件来判断故障部位。

8.2.1 电热水壶的结构及工作原理

1. 电热水壶的构造及其作用

图 8-15 所示的是常见自动断电型电热水壶，分底座和壶体两大部分。

图 8-15 自动断电型电热水壶

（1）电热水壶底座

电热水壶底座内部结构主要是电源插座，电源插座安装在电热水壶底座中间，连接交流 220V 电源线后给电热水壶电热管供电。其内部是接触弹片，在电热水壶的重力作用下与防干烧座紧密连接。电热水壶底座及电源插座如图 8-16 所示。电源插座中间接地线（黑色线或蓝白双色线），两边接火线（红色）、零线（蓝色）。

图 8-16　电热水壶底座及电源插座

（2）电热水壶壶体

电热水壶壶体主要由电热管、防干烧温控开关（温控器）、突跳开关和氖泡指示灯组成，如图 8-17 所示。

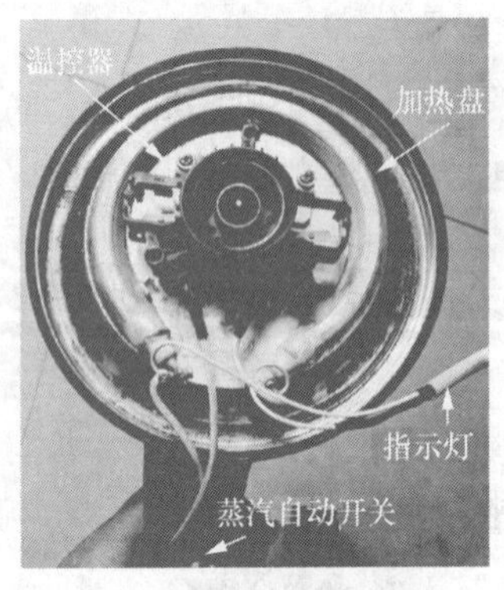

图 8-17　电热水壶壶体内部结构

① 电热管。

自动断电型电热水壶的电热管呈圆形，紧贴壶底，具有良好的导热性能，它是电阻式发热管，工作电压为交流 220V，电热管的冷态电阻大小与电热水壶的功率大小有关，一般为 30~60Ω。电热管的外形如图 8-18 所示。

② 防干烧温控器。

自动断电型电热水壶的防干烧温控器安装在电热管的底部，主要用于给电热管供电。另外，防干烧温控器时刻检测壶底温度，它们检测到100℃的壶底温度时会弯曲变形，从而断开电源，壶内有水时一般不会超出 100℃，但干烧时温度会很高，温控器会断开电源，达到保护电热管的目的。常见热水壶防干烧温控器的外形如图 8-19 所示。

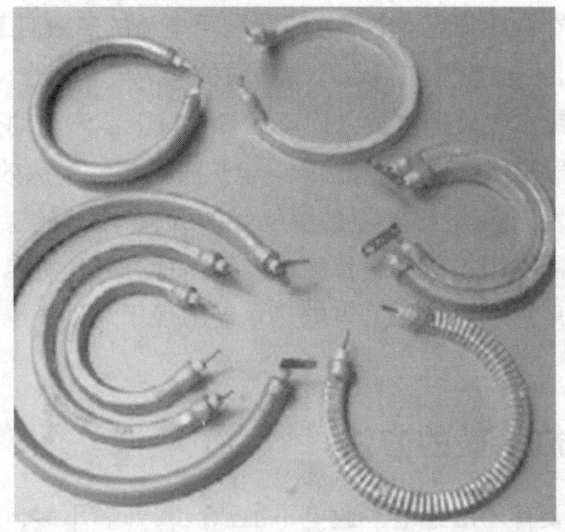

图 8-18 电热管的外形

图 8-19 防干烧温控器的外形

③ 蒸汽自动开关和指示灯。

电热水壶的蒸汽自动开关负责接通和断开电源，其外形如图 8-20 所示。蒸汽自动开关安装在电热水壶的手柄顶部，用户在烧水前，必须将此开关按下接通电源，电热管才能加热。当水温上升到 100℃时水开始沸腾，蒸汽冲击蒸汽开关上面的双金属片，由于热胀冷缩的作用，双金属片膨胀变形，顶开开关触点，从而断开电源。

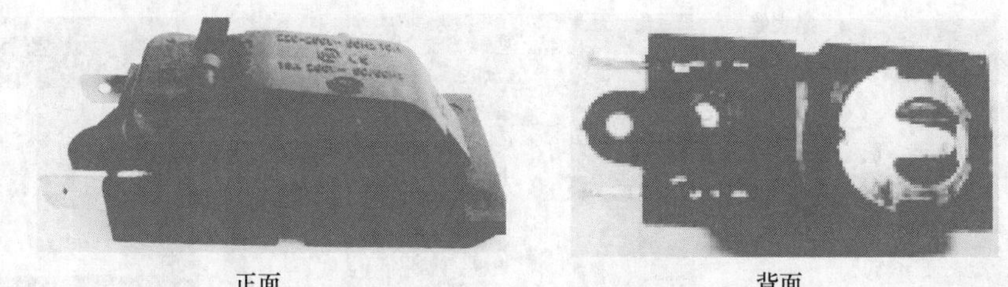

正面　　背面

图 8-20 蒸汽自动开关的外形

氖泡指示灯和电热管并联，突跳开关接通后，氖泡开始发亮指示烧水工作状态，当水烧开后突跳开关自动断开切断电源，氖泡指示灯灭，指示用户水已烧开。

2. 自动断电型电热水壶的工作原理

电热水壶的工作原理如图 8-21 所示。电热水壶是利用电流的热效应工作的，是将电能转换为热能的装置。从原理图中可以看出，加热管与指示灯为并联关系，与温控器、蒸汽自动开关为串联关系。

电源插头接上市电，电热水壶装满水放入底座后，再按下蒸汽自动开关 SA，这时交流 220V 电压经开关 SA 和防干烧温控器 ST 送到电热管两端，电热管因电流的热效应开始对水加热，指示灯并联在加热器上，于是指示灯发光。当壶内温度达到 100℃时，水开始沸腾，蒸汽冲击蒸汽开关上面的双金属片，由于热胀冷缩的作用，双金属片膨胀变形，顶开开关触点断开电源，电热水壶停止加热，工作指示灯熄灭，告知用户水已烧开。当电热水壶出现干烧现象（温度大于 100℃）时，温控开关弯曲变形断开电源。

8.2.2 万用表检测电热水壶的方法

电热水壶出现的故障主要有无法通电、通电不加热、水开后不能自动断电等。因此在电热水壶出现故障后，除了检测基本机械部件和电源线的通断外，还要重点检测加热器、蒸汽自动开关、热熔断器等器件，通过检测各部件的性能参数来判断其好坏，从而完成电热水壶的故障检测。

1. 万用表检测电热管

电热管是为电热水壶中的水加热的电热器件。检查加热器时，可以使用万用表检测电热管阻值来判断其好坏。将指针式万用表置于 R×10 挡，数字万用表选择合适的电阻挡量程。将红、黑表笔分别接在电热管两个接线端子上，如图 8-22 所示。正常情况下，电热管的阻值应为几十欧姆；若测得的阻值为无穷大、零或阻值为几百至几千欧姆，均表示加热器已经损坏。在检测过程中，电热管阻值出现无穷大，有可能是由于电热管的连接端断裂导致电热管阻值不正常，需要检查电热管的连接端子后，再次检测电热管的阻值，从而排除故障。

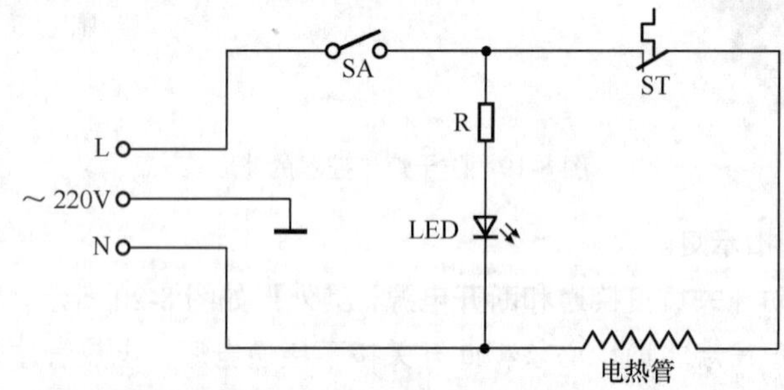

图 8-21 电热水壶的工作原理

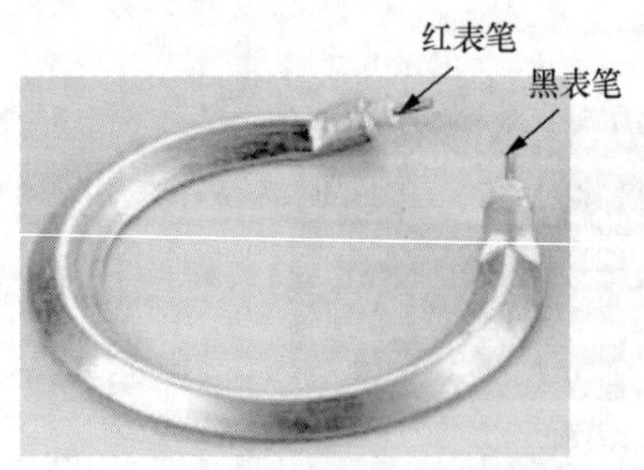

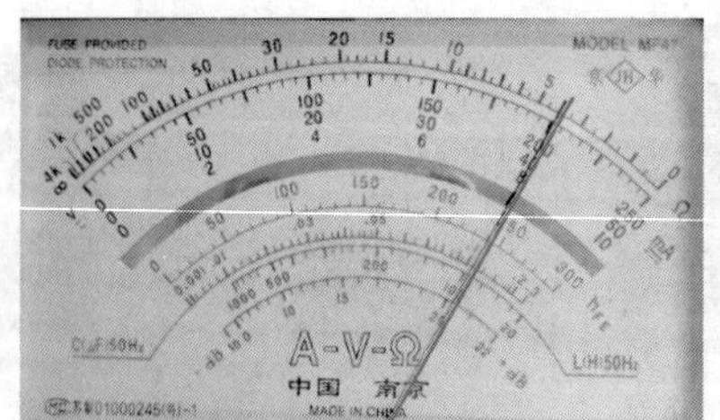

图 8-22 检测电热管

2. 万用表检测蒸汽自动开关

蒸汽自动开关是控制电热水壶自动断电的装置，如果损坏，可能会导致电热水壶无法通电或壶内的水长时间沸腾而无法自动断电。

检测时，可先通过观察法检测开关与电路的连接、橡胶管的连接、蒸汽开关、压断电弹簧片、弓形弹簧片及基础端等部件的状态和关系，即先排除机械故障。若从表面无法找到故障点，可以借助万用表检测。将指针式万用表置于 R×1 挡，将红、黑表笔分别接在蒸汽开关的两个接线端子上，当开关被压下时开关处于闭合状态，此时万用表检测其触点间电阻应为零欧，如图 8-23 所示。如果所测电阻值为无穷大则说明开关断路。

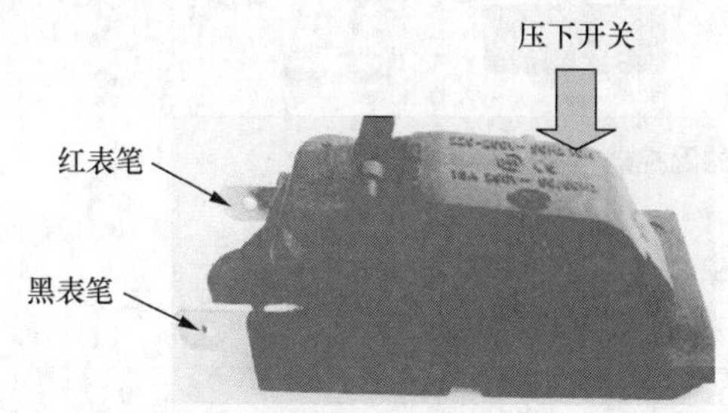

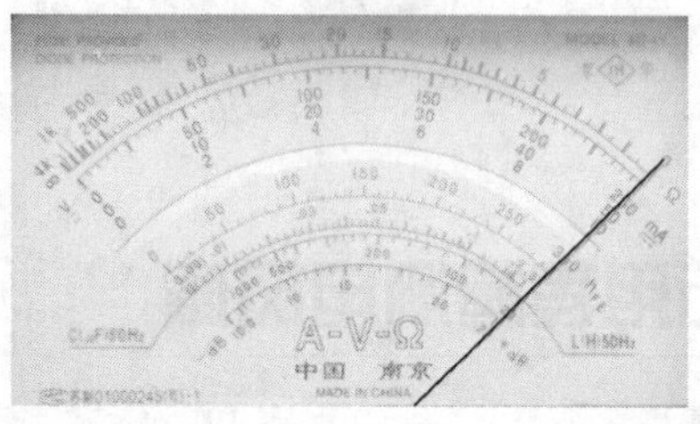

图 8-23　压下蒸汽开关测得的电阻值应为 0Ω

当蒸汽开关检测到蒸汽温度时，其内部金属片会变形动作，触点断开，万用表测得的触点间电阻值应为无穷大，如图 8-24 所示。如果测得的电阻值为 0Ω，则说明开关可能存在触点粘连，需要更换。

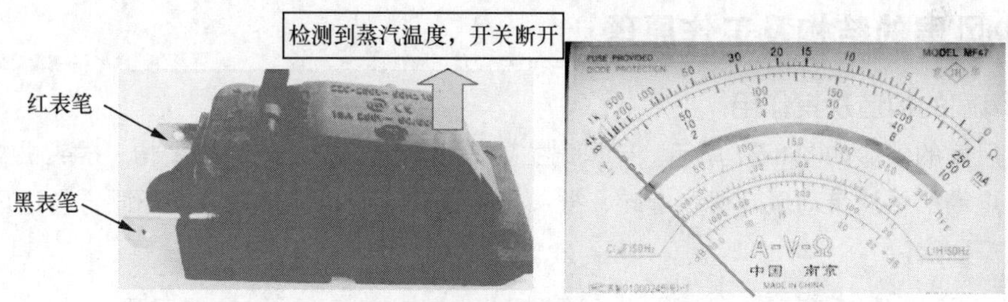

图 8-24　蒸汽开关检测到蒸汽温度时，电阻值应为无穷大

用数字万用表检测时，功能开关置于蜂鸣挡，将红、黑表笔分别分别接在开关的两个触点上。如果蜂鸣器发声，说明开关接通，否则开关断开。

3. 万用表检测温控器

温控器是电热水壶中关键的保护器件。如果温控器损坏，将导致电热水壶温度过高（干烧）时不能自动跳闸以及无法加热等故障，可以使用万用表的电阻挡检测在不同温度条件下两引脚的通、断情况来判断其好坏。

将模拟万用表置于 R×10 挡，将红、黑表笔分别接在温控器的两个接线端子上，常温下温控器处于闭合状态，此时万用表测得的触点间电阻值应为 0Ω，如图 8-25 所示。如果所测电阻值为无穷大则说明开关断路，需要更换。

图 8-25　常温下测得的温控器电阻值应为 0Ω

给温控器加温，当温度超过 100℃时其内部金属片会变形动作，触点断开，万用表测得的触点间电阻值应为无穷大，如图 8-26 所示。如果所测电阻值为 0Ω 则说明开关可能存在触点粘连，需要更换。

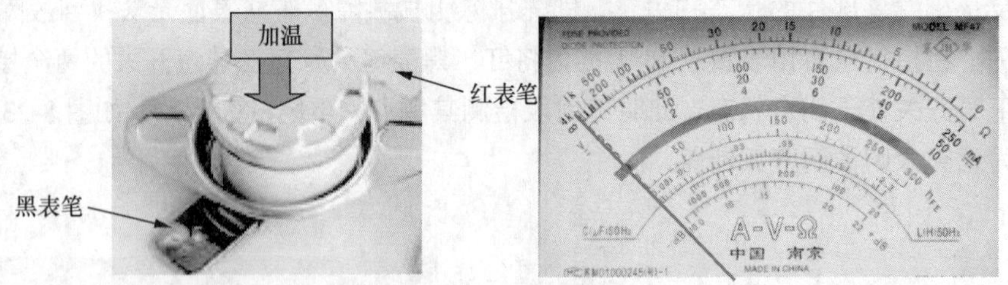

图 8-26　高温下测得的温控器电阻值应为无穷大

8.3 万用表检测电风扇

电风扇是一种通过电动机驱动风叶旋转，来达到清凉解暑和空气流通目的的家用电器，广泛用于家庭、教室、办公室、商店、医院、超市和宾馆等场所。电风扇出现故障时，可通过万用表检测其主要电气部件来判断故障部位。

8.3.1 电风扇的结构及工作原理

1. 电风扇的构造及其作用

常见电风扇的外形如图 8-27 所示。电风扇主要是由风叶机构、电动机机构、摆头机构及支撑机构组成的。电动机机构带动风叶机构旋转，摆头机构控制风叶机构摆动，向不同方向送风，支撑机构方便电风扇固定。

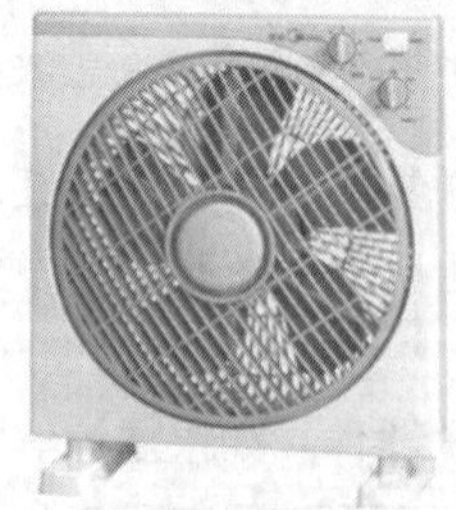

图 8-27　常见电风扇的外形

（1）风叶机构

风叶机构是电风扇的主要机构之一，通常由网罩包裹着电风扇的风叶，如图 8-28 所示。

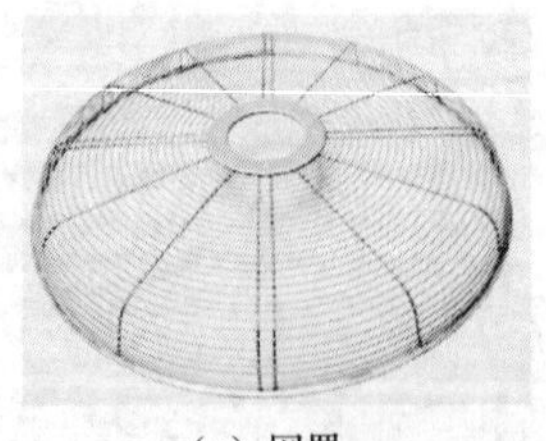
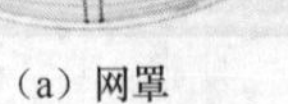

（a）网罩

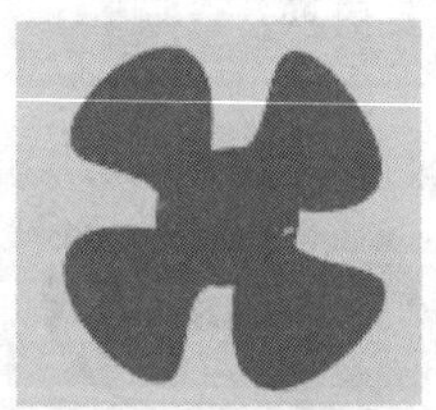

（b）风叶

图 8-28　电风扇的网罩和风叶

风叶机构的网罩由前后两个组成，由网罩箍固定。风叶安装在电动机上，在电风扇启动时由电动机机构带动高速旋转，通过切割空气促使空气加速流通。

（2）电动机机构

电动机机构主要由风扇电动机、启动电容和调速开关等部件组成。风扇电动机是电风扇的核心。风扇电动机主要与风叶机构相连，带动风叶机构转动，通过切割空气加速空气流通。通常，具有调速功能的电风扇中所使用的风扇电动机有 5 根引线，分别是红、白、蓝、黄、黑五个颜色。风扇电动机的实物外形及位置关系如图 8-29 所示。

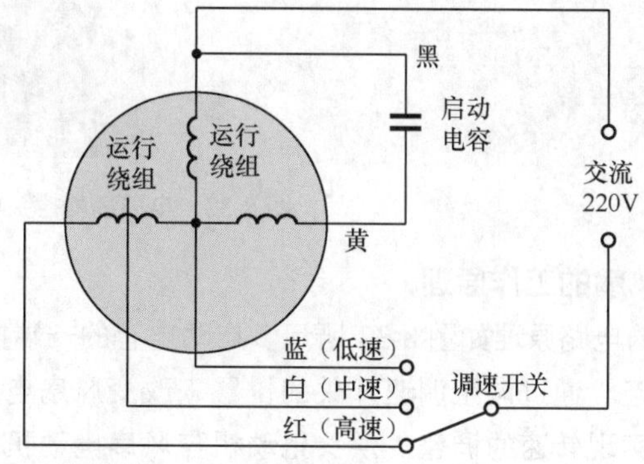

图 8-29　风扇电动机的实物外形及位置关系

启动电容是电风扇电动机机构中的电容器，用于帮助风扇电动机启动，其外形如图 8-30 所示。启动电容的一端接交流 220V 市电，另一端与风扇电动机的运行绕组相连。其主要功能是在风扇开机工作时，为风扇电动机的运行绕组提供启动电压。

图 8-30　电风扇启动电容的外形

调速开关主要用来改变风扇电动机的转速，交流风扇电动机的调速采用绕组线圈抽头的方法比较多，即绕组线圈抽头与调速开关的不同挡位相连，通过改变绕组线圈的数量，从而使电子线圈所产生的磁场强度发生变化，实现速度的调整。调速开关的外形及背面焊点如图 8-31 所示。

（a）外形

（b）背面焊点

图 8-31　电风扇调速开关的外形及背面焊点

（3）摆头机构

许多电动机除了具备调速功能外，还具有摆头的功能。摆头机构由摆头电动机、偏心轮和连杆组成，核心是摆头电动机，如图 8-32 所示。

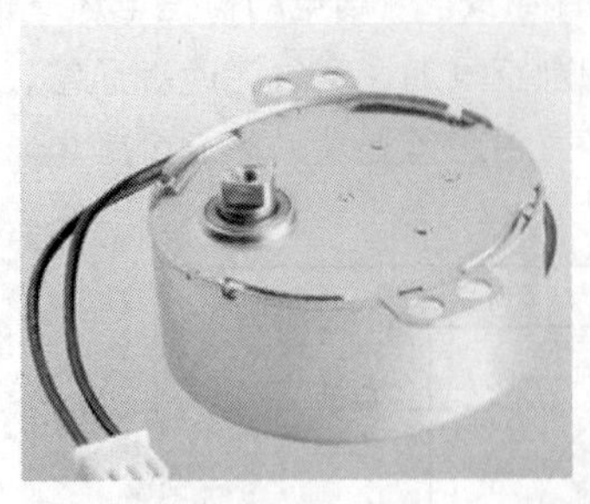

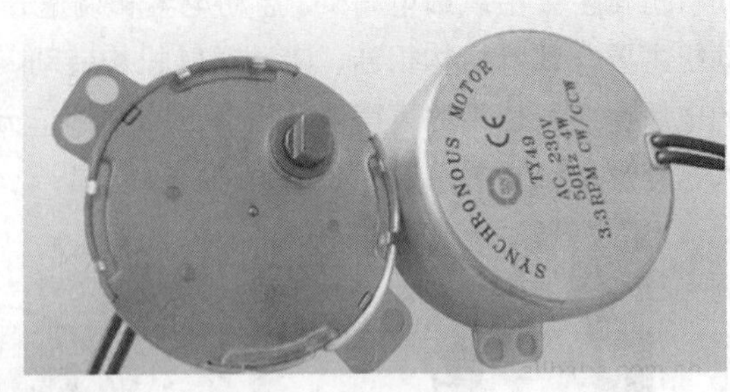

图 8-32　电风扇的摆头电动机

2. 电风扇的工作原理

电风扇的电路原理如图 8-33 所示。启动电容的一端接交流 220V 市电，另一端与风扇电动机的运行绕组相连。通过调整调速开关的位置来改变风扇电路串联的电感的感抗，改变风扇电动机的电压，从而实现转速的调整。摆头电动机与风扇电动机并联，当合上摆头开关时，摆头电动机开始工作。

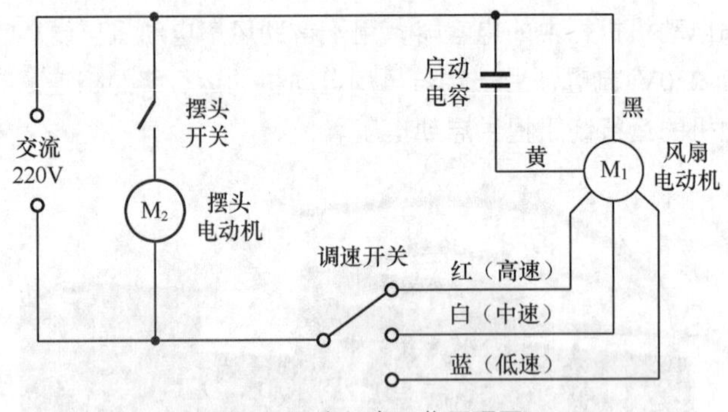

图 8-33　电风扇工作原理图

8.3.2　万用表检测电风扇的方法

万用表检测电风扇，主要是通过对电风扇组成部件或单元电路（功能电路）电流、电压或电阻值进行测量，然后再根据实际测量结果判别电路或主要部件是否存在故障。

1. 万用表检测启动电容

将指针式万用表置于 R×1k 挡，红、黑表笔分别接触启动电容的两个引脚进行检测，如图 8-34 所示。使用万用表进行检测时，会出现充、放电的过程，即指针先迅速向右偏转（容量越大偏转角度越大），当达到最右端后开始向左偏转回到无穷大处，表明启动电容质量良好。如果指针向右摆动到“0”位，则说明启动电容漏电损坏或击穿。如果指针停留在无穷大处不动，则说明启动电容开路失效。使用数字万用表进行检测可参考本书第 3 章电容的检测方法。

2. 万用表检测风扇电动机

风扇电动机的好坏可以通过检测其黑色导线与其他导线之间的阻值来判断。将指针式万用表置于 R×100 挡，短路调零后，将万用表红、黑表笔分别接在风扇电动机黑色导线和黄色导线上，检测两根导线之间的电阻值，如图 8-35 所示。正常情况下该电阻值为 1100Ω左右。

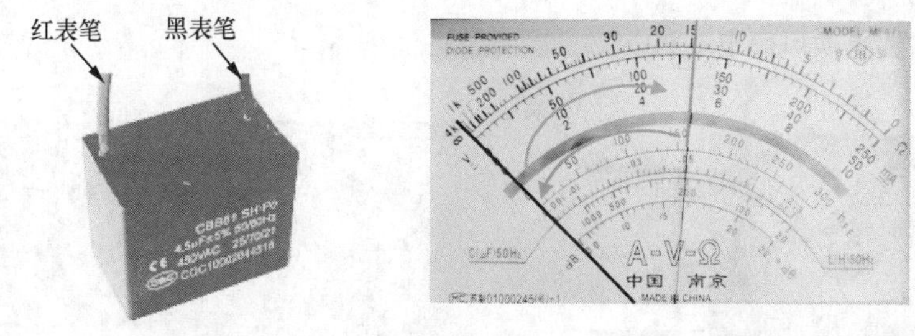

图 8-34　检测电风扇的启动电容

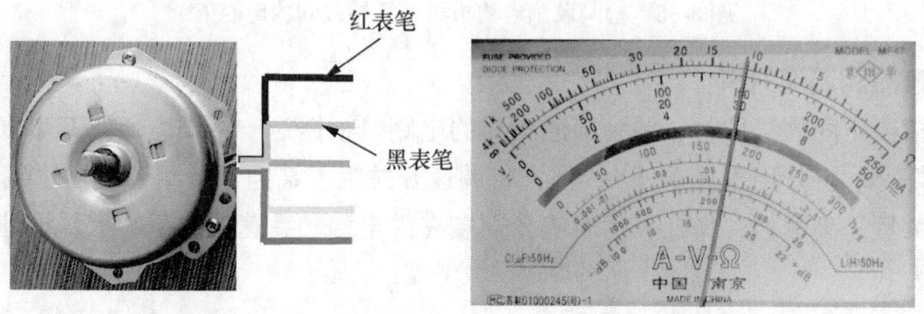

图 8-35　检测风扇电动机黑、黄导线间的电阻值

将万用表红、黑表笔分别接在风扇电动机黑色导线和蓝色导线上，检测两根导线之间的电阻值，如图 8-36 所示，正常情况下该阻值应为 600Ω左右。

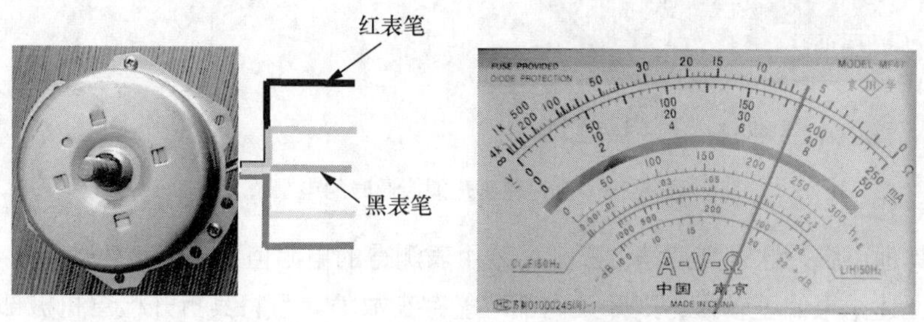

图 8-36　检测风扇电动机黑、蓝导线间的电阻值

将万用表红、黑表笔分别接在风扇电动机黑色导线和白色导线上，检测两根导线之间的电阻值，如图 8-37 所示，正常情况下该阻值应为 600Ω左右。

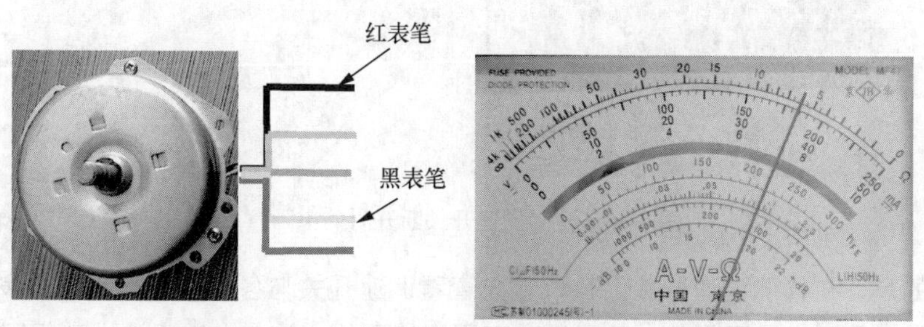

图 8-37　检测风扇电动机黑、白导线间的电阻值

将万用表红、黑表笔分别接在风扇电动机黑色导线和红色导线上，检测两根导线之间的电阻值，如图 8-38 所示，正常情况下该阻值应为 400Ω左右。

若检测过程中，万用表指针指向零或无穷大，或测得的阻值与正常值偏差很大，均表明所检测的绕组有损坏，需要更换风扇电动机。

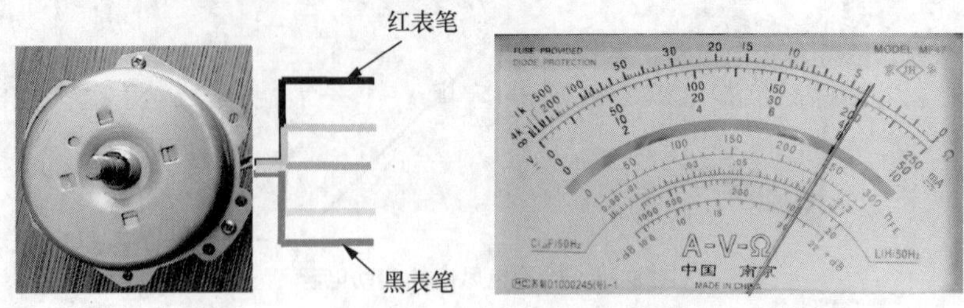

图 8-38 检测风扇电动机黑、红导线间的电阻值

3. 万用表检测调速开关

调速开关搭在不同的挡位时，便会接通不同的电路，根据这一原理，通过万用表检测电阻来判断调速开关的好坏。将万用表置于 R×1 挡，将调速开关置于某挡，检测该挡位的阻值，如图 8-39 所示。调速开关置于高速挡，将红、黑表笔分别接在供电端和高速挡位引脚上，调速开关挡位接通时该电阻值应为 0Ω。

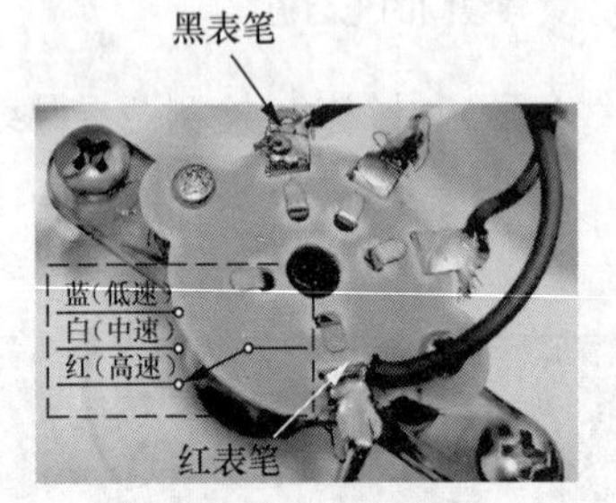

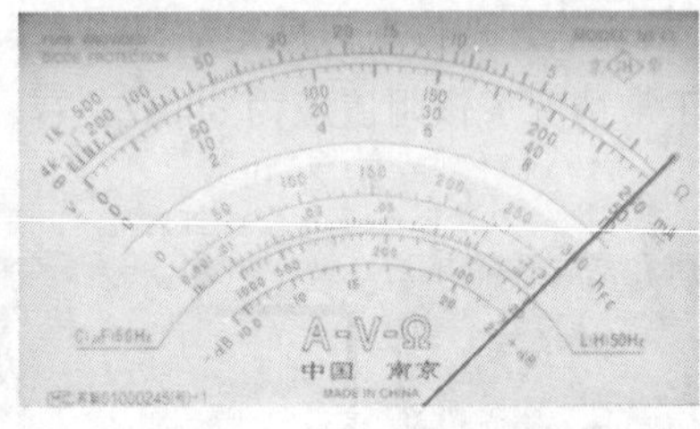

图 8-39 检测调速开关接通时的电阻值

挡位拨至其他引脚，这时高速挡位断开，万用表测得的电阻值为无穷大，如图 8-40 所示。若实际测量结果与上述结果偏差较大，则开关内部可能存在故障，可将其拆开检查机械部分，或更换新的调速开关。

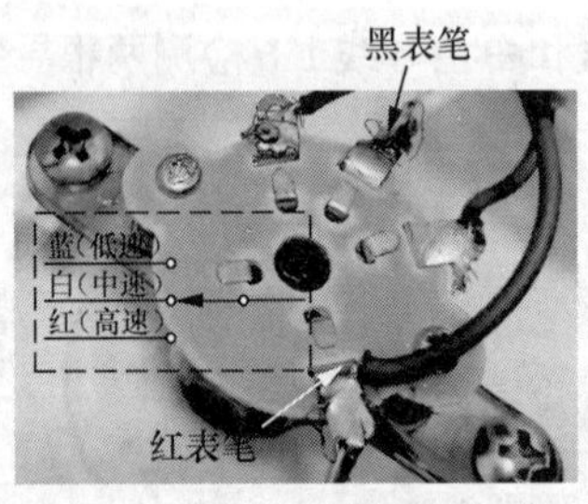

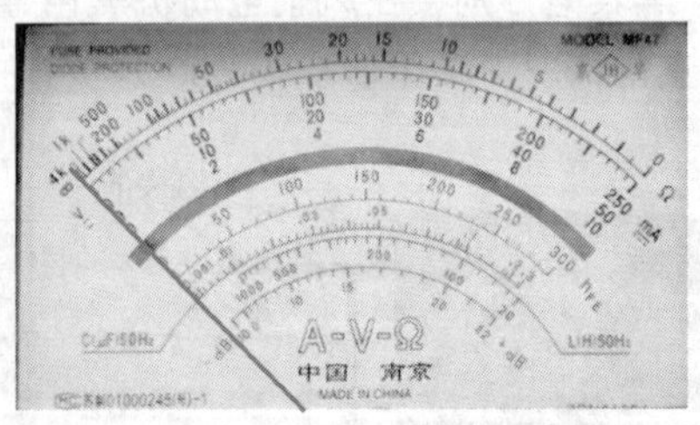

图 8-40 检测调速开关断开时的电阻值

需要注意的是，在检测调速开关之前，首先查看调速开关与各导线的连接是否良好，以及检查调速开关的复位弹簧弹力是否失效。采用数字万用表检测的方法与上述方法大致相同。

4. 万用表检测摆头电动机

万用表检测摆头电动机通常是通过检测摆头电动机引线间的电阻值来判断其好坏的。将指针式万用表置于 R×1k 挡，短路调零后（使用数字万用表只需选择合适的电阻挡量程即可），将红、黑表笔分别接在摆头电动机的两根引线上检测其电阻值，如图 8-41 所示。正常情况下，测得的摆头电动机的阻值应为几千欧姆左右。如果万用表指针指向无穷大或指向零，均表示摆头电动机已经损坏。

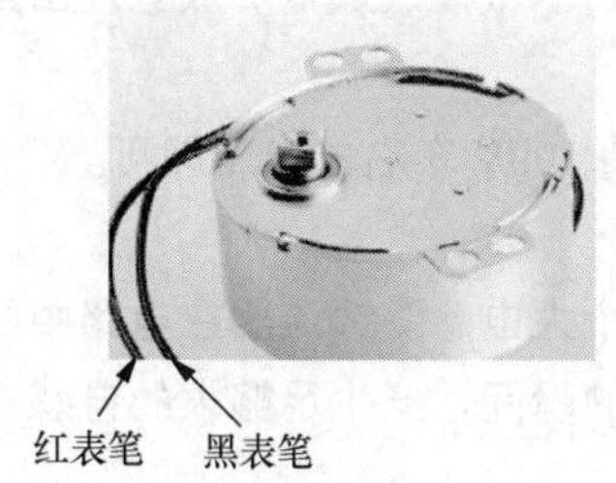

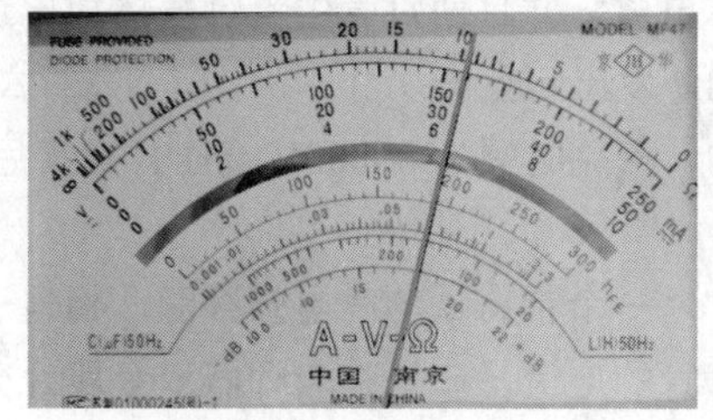

图 8-41　检测摆头电动机

8.4 万用表检测日光灯电路

日光灯电路是人们日常生活中使用最为广泛的照明电路，广泛用于家庭、教室、办公室和超市等场所。日光灯电路出现故障时，可借助万用表检测其主要电气部件来判断故障部位。

8.4.1 日光灯电路的结构及工作原理

1. 日光灯电路的组成

日光灯电路由日光灯管、镇流器、启辉器、电容器、连接导线和单相电源共同组成，如图 8-42 所示。

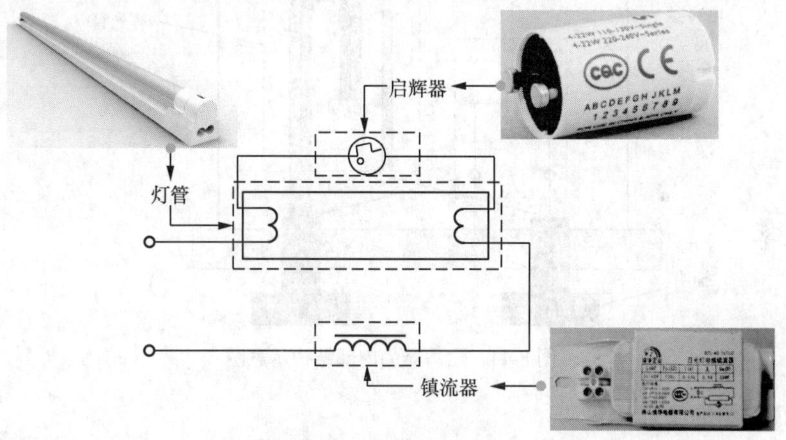

图 8-42　日光灯电路的组成

（1）日光灯管

日光灯管是一根内壁均匀涂有荧光物质的细长玻璃管，其内部结构示意图如图 8-43 所示。灯管的两端装有由钨丝绕制的灯丝和镍丝制成的电极，灯丝上涂有受热后易于发射电子的氧化物，管内充有稀薄的惰性气体和水银蒸气。

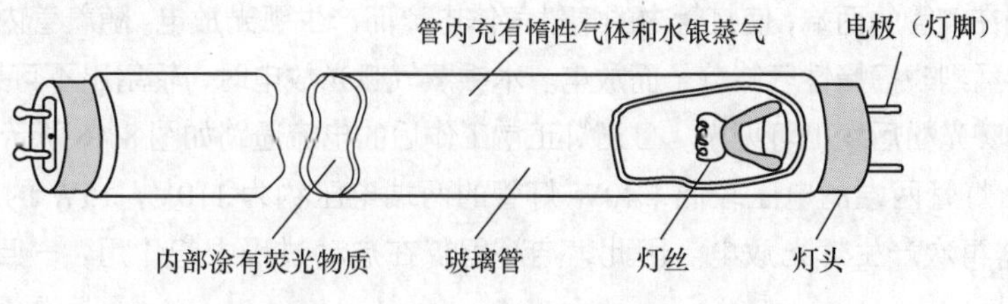

图 8-43　日光灯管的内部结构示意图

电流通过灯丝，灯丝发射电子，并且让管内温度升高，水银蒸发。如果在灯管的两端加上足够的电压，可以让管内惰性气体电离，并且使灯管由惰性气体放电过渡到水银蒸气放电。放电发出紫外线，紫外线透过荧光粉，向外发出可见光。

日光灯管由于自身的结构，点亮时需 600~800V 高压，点亮后只需 100V 左右的电压即可。

（2）镇流器

镇流器与日光灯管串联，是一个带有铁芯的电感线圈，相当于一个大电感。镇流器在电路中的作用有两个，一是限制通过灯管的电流，二是在启辉器双金属片分开的瞬间，产生足够大的自感电动势，帮助灯管放电点亮。

（3）启辉器

启辉器俗称跳泡，在日光灯点燃时，起自动开关的作用。图 8-44 所示为启辉器的内部结构示意图。启辉器在外壳内装有一个充有氩氖混合惰性气体的玻璃泡（也称辉光管），泡内有一个固定电极和一个倒 U 形可变电极组成的自动开关。可变电极是由两种热膨胀系数不同的金属制成的双金属片，受热后双金属片膨胀，与固定电极接通，冷却后双金属片自动收缩复位，与固定电极脱离。两个电极间并联一只小电容器，可以消除管内发生辉光放电和电极开断时产生的电火花对无线电设备的干扰。

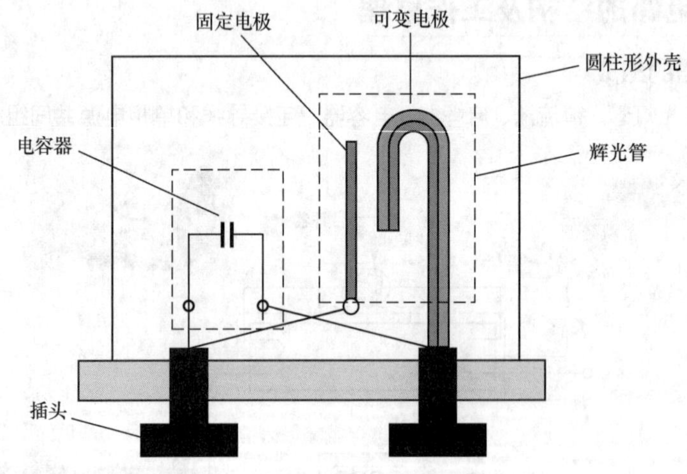

图 8-44　启辉器的内部结构示意图

2. 日光灯电路的工作原理

当接通电源时，由于日光灯没有点亮，电源电压全部加在启辉器辉光管的两个电极之间，使辉光管放电，放电产生的热量使倒 U 形可变电极受热趋于伸直，两电极与镇流器及电源构成一个回路如图 8-45 所示，灯丝因有电流（称为启动电流或预热电流）通过而发热，从而使氧化物发射电子。同时，辉光管两个电极接通时，电极间电压为零，辉光放电停止，倒 U 形双金属片因温度下降而复原，两电极脱开，回路中的电流突然被切断，于是在镇流器两端产生一个比电源电压高得多的感应电压。这个感应电压连同电源电压一起加在灯管的两端，使灯管内的惰性气体电离而产生弧光放电。随着管内温度的逐渐升高，水银蒸气游离，并猛烈碰撞惰性气体分子而放电。水银蒸气弧光放电时，辐射出不可见的紫外线，紫外线激发灯管内壁的荧光粉后发出可见光。日光灯正常工作后的电流通路如图 8-46 所示。

正常工作时，灯管两端的电压较低（40W 灯管的两端电压约为 110V，15W 的约为 50V），此电压不足以使启辉器再次产生辉光放电。因此，启辉器仅在启动过程中起作用，一旦启动完成，它便处于断开状态。

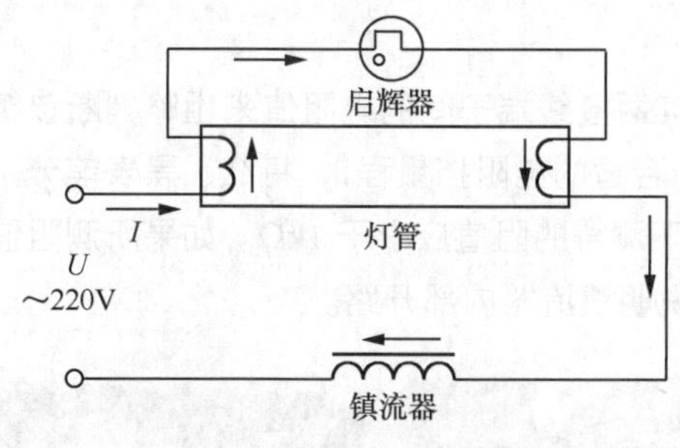

图 8-45　日光灯电路刚接通电源时

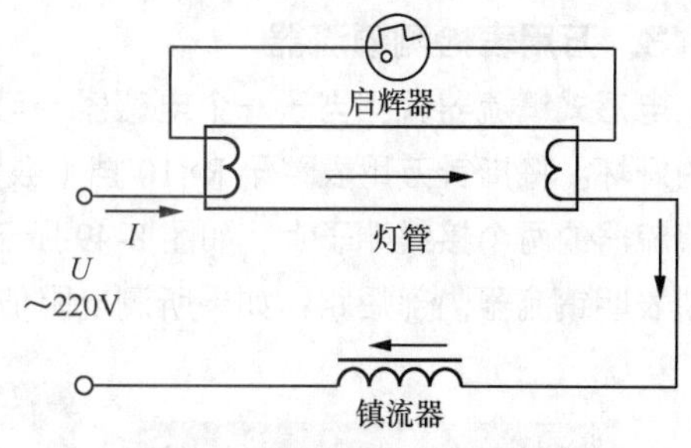

图 8-46　日光灯电路正常工作时

8.4.2　万用表检测日光灯电路的方法

万用表检测日光灯电路，主要是通过对电路中的组成部件或单元电路（功能电路）电流、电压或电阻值进行测量，然后再根据实际测量结果判别电路或主要部件是否存在故障。

1. 万用表检测日光灯管

日光灯电路最常见的故障就是灯管不亮，遇到这种情况首先应判断灯管是否损坏，灯管的好坏可以通过测量其电极间的电阻值来判断。将指针式万用表置于 R×1 挡（数字万用表选择电阻挡最小量程），红、黑表笔分别接在灯管的电极上，如图 8-47 所示。正常情况下灯管两个电极之间的电阻值应为几个欧姆，若测得的电阻值为无穷大，则说明该处灯丝烧断，需要更换新的灯管。

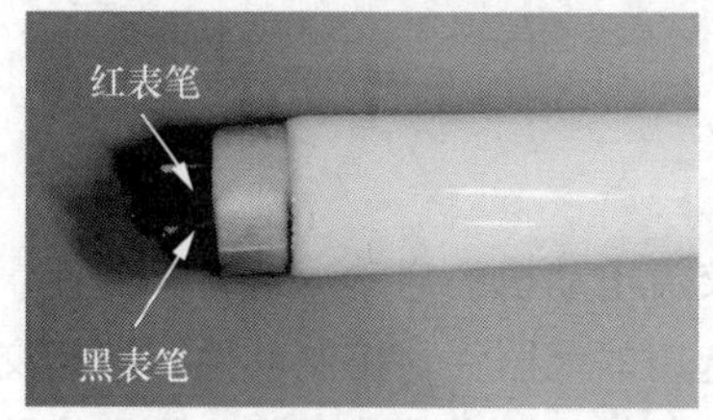

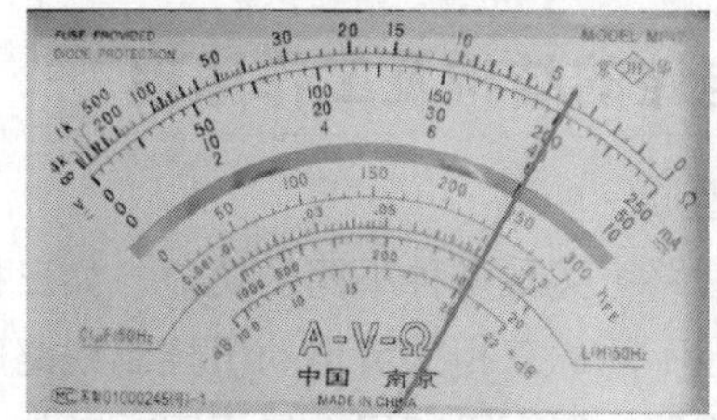

图 8-47　万用表检测日光灯管

用数字万用表检测时，换可以将功能开关置于蜂鸣挡，将红、黑表笔分别分别接在灯管的电极上。如果蜂鸣器发声，说明日光灯对应侧的灯丝正常，否则该处灯丝烧断，需要更换新的灯管。

2. 万用表检测启辉器

启辉器的两个电极在正常情况下处于断开状态，我们可以通过测量其两插头间的电阻值来判断是否存在短路故障。将指针式万用表置于 R×1 挡（数字万用表选择电阻挡最小量程），将红、黑表笔分别接在启辉器的两个接线端子上，如图 8-48 所示。正常情况下所测电阻值应为无穷大，若万用表显示电阻值为零欧或其他数值，则表明启辉器已损坏。但需要注意的是，如果电阻值为无穷大，并不表明启辉器一定是好的，此时还需要采取替换法来判断启辉器的好坏。

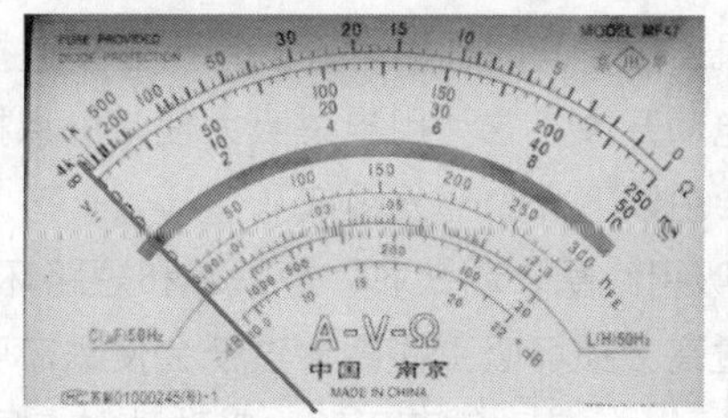

图 8-48　万用表检测启辉器

3. 万用表检测镇流器

电感式镇流器就相当于一个电感器，可以通过检测其两接线端子间的电阻值来粗略判断该镇流器的好坏。将指针万用表置于 R×10 挡（数字万用表选择合适的电阻挡量程），将红、黑表笔分别接在镇流器的两个接线端子上，如图 8-49 所示。正常情况下测得的阻值应小于 1kΩ。如果所测阻值为零则表明镇流器内部短路；如果所测电阻值为无穷大则说明镇流器内部开路。

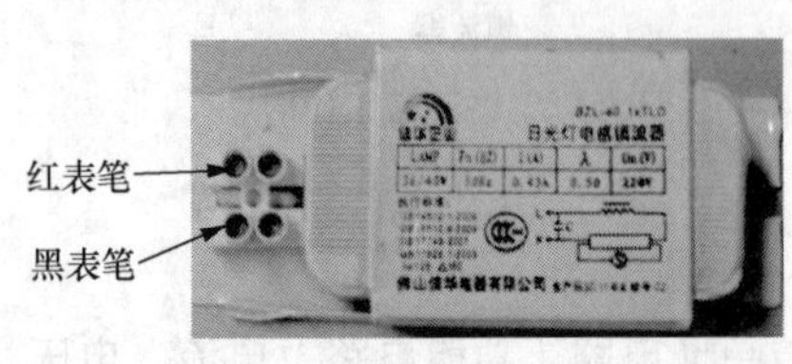

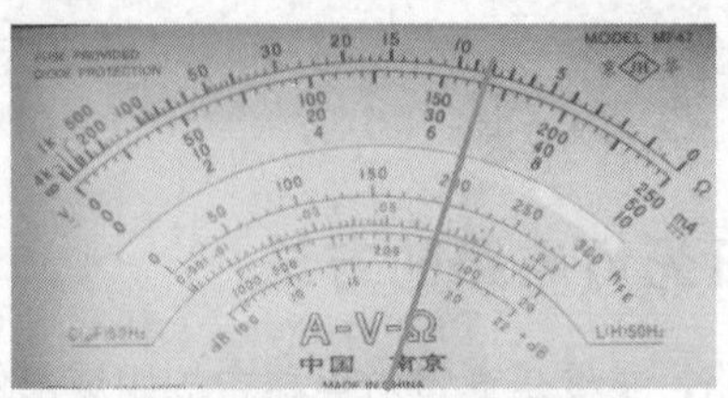

图 8-49 万用表检测镇流器

8.5 万用表检测电动机控制电路

电动机控制电路广泛运用于冶金、化工、纺织、交通、机械加工、造纸、医药等各行各业。当电动机控制电路出现故障时，可借助万用表检测其主要电气部件来判断故障部位。

8.5.1 电动机控制电路的结构及工作原理

1. 电动机控制电路组成

三相交流电动机控制线路可实现多种不同的功能，如三相交流电动机的启动、运转、变速、制动、正转、反转和停机等。不同的三相交流电动机控制线路所选用的元器件、控制部件、三相交流电动机和功能部件等基本相同，但由于选用数量不同，部件和元器件的组合方式不同，加之线路上的连接差异，从而实现对三相交流电动机不同工作状态的控制。图 8-50 所示为最基本的启、停控制电路原理图，该电路由低压断路器、熔断器、交流接触器、热继电器、按钮开关、连接导线以及三相电源共同组成。

（1）低压断路器

低压断路器用“QF”标识，QF1 作为电源总开关在线路中用于接通主回路三相电源，QF2 用于接通控制回路单相电源。

（2）熔断器

熔断器用字母“FU”标识，在线路中用于过载、断路保护。

（3）交流接触器

交流接触器用字母“KM”标识，通过线圈得电，主触点闭合，接通三相交流电动机的三相电源，启动三相交流电动机工作，同时辅助常开触点闭合接通控制电路，实现电路的自锁控制。

交流接触器是一种电动开关，它利用电磁吸力使其触点接通或断开，从而完成对生产设备的自动控制。交流接触器主要由以下几个部分组成。

① 电磁系统：包括吸引线圈，动铁芯、静铁芯和短路环。吸引线圈工作电压为 220V 或 380V，使用时注意区别。电压过高会损坏吸引线圈，过低会使铁芯吸合不紧，发生抖动。当吸引线圈通电时，吸引线圈产生的电磁引力，使动铁芯下移，带动动触点同时下移，与静触点闭合，将电路接通。

吸引线圈的图形符号如图 8-51（a）所示，文字符号为 KM。

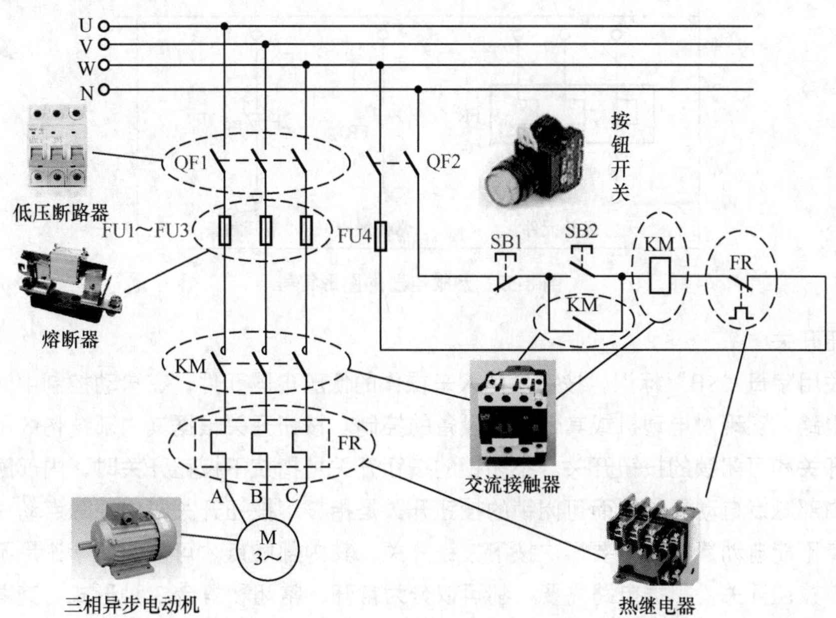

图 8-50　电动机启、停控制电路原理图

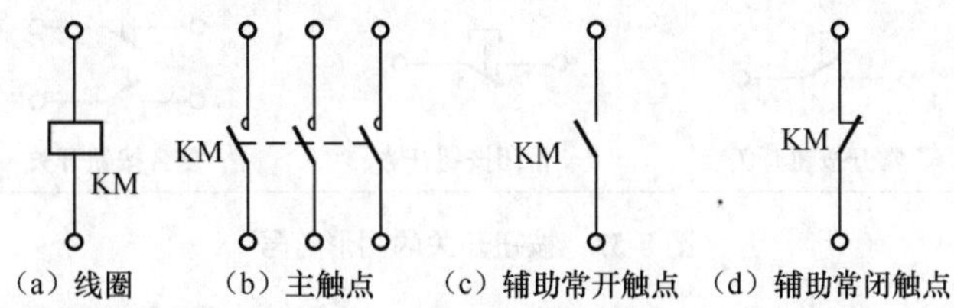

（a）线圈　（b）主触点　（c）辅助常开触点（d）辅助常闭触点

图 8-51　接触器的图形符号

② 触点系统：按线圈未通电时的状态，分为常开触点（又称动合触点）、常闭触点（又称动断触点）两种，常开触点和常闭触点图形符号如图 8-51 所示，文字符号也为 KM。按工作状态，分为 3 对主触点［如图 8-51（b）所示］是常开。另有 4 对辅助触点，2 对常开［如图 8-51（c）所示］，两对常闭［如图 8-51（d）所示］。主触点接主电路，通常与负载（电动机）串联，通过的电流很大。辅助触点通常接控制电路，通过的电流较小。

③ 灭弧系统：因主触点通常接电动机等感性负载，断电时会产生很大的自感电动势，产生电弧，容易在相邻触点间发生短路，因此大电流的接触器都有灭弧罩，以迅速将电弧切断。

④ 接线端子：恢复弹簧及底座等。

（4）热继电器

热继电器用字母“FR”标识，热继电器可实现电动机的过载保护功能。热继电器是利用电流的热效应而动作的，主要构造为发热元件和触点，3 个发热元件串联于主电路，当主电路电流过载时，发热元件中的双金属片变形弯曲，推动常闭触点断开，而常闭触点串联于控制电路，切断了控制电路后，接触器的线圈断电，从而断开电动机的主电路，电动机得到保护。热继电器结构还包括整定电流调节凸轮及复位按钮。主电路过载，热继电器动作后，经一段时间双金属片冷却，由于具有热惯性，热继电器不能用作短路保护。重新工作时，须按触点复位按钮。整定电流的调节可控制触点动作的时间。热继电器发热元件和常闭、常开触点的图形符号如图 8-52 所示。

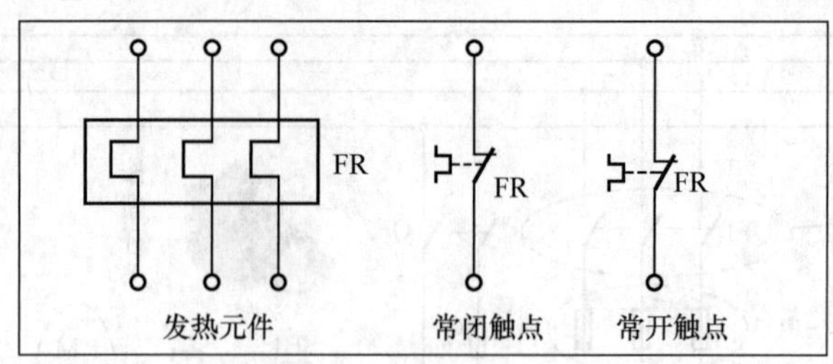

图 8-52　热继电器的图形符号

（5）按钮开关

按钮开关用字母“SB”标识，按钮是由人来操作的低压电器元件，在自动控制中通常用来接通或断开控制电路，实现对电动机或其他电气设备的控制。按钮开关根据其内部结构的不同可分为不闭锁的按钮开关和可闭锁的按钮开关。不闭锁的按钮开关是指按下按钮开关时，内部触点动作，松开按钮时其内部触点自动复位；而可闭锁的按钮开关是指按下按钮开关时内部触点动作，松开按钮时其内部触点不能自动复位，需要再次按下按钮开关，其内部触点才可复位。不论是不闭锁的按钮开关还是闭锁按钮开关，根据电路需要，都可以分为常开、常闭和复合 3 种形式，其图形符号如图 8-53 所示。

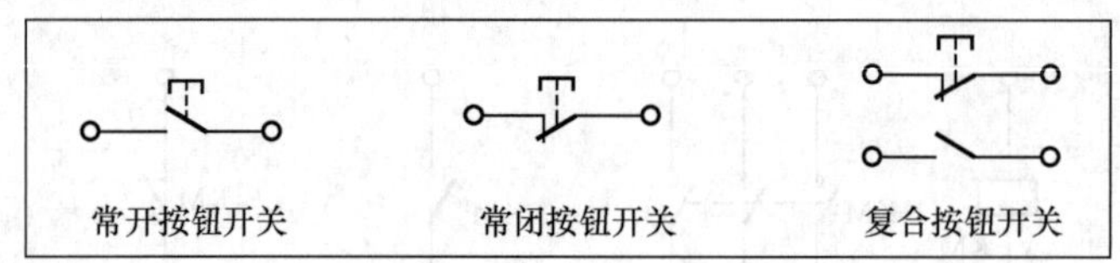

图 8-53　按钮开关的图形符号

（6）三相交流电动机用字母“M”标识，在线路中通过控制部件控制，当接通电源时启动运转，为不同的机械设备提供动力。三相鼠笼式异步电动机具有结构简单、工作可靠、使用维护方便、价格低廉等优点，为目前应用最广泛的电动机。它是基于定子和转子间的相互电磁作用，把三相交流电能转换为机械能的旋转电动机。

三相鼠笼式异步电动机的基本构造是定子与转子两大部分。

定子主要由定子铁芯、三相对称电子绕组和机座等组成，是电动机的静止部分。三相对称定子绕组一般用 6 根引出线，引出线端子装在机座外面的接线盒内。在各相绕组的额定电压已知的情况下，根据供电电源电压的不同，三相对称电子绕组可以接成星形或三角形，然后与电源相连，当定子绕组通以三相电流时，便在其内产生一个幅值不变的旋转磁场，其转速 n_1（称同步转速）取决于电源频率 f 和电动机三相对称定子绕组构成的磁极对数 p，其关系为 $n_1=60f/p$（转/分），旋转方向与三相电流的相序一致。

转子主要由转子铁芯、转轴、鼠笼式转子绕组、风扇等组成，是电动机的旋转部分，小容量鼠笼式异步电动机的转子绕组大都采用铝浇铸而成，其冷却方式一般都采用扇冷式。在旋转磁场的作用下，转子产生感应电动势和电流，从而又产生旋转力矩，驱动旋转方向与旋转磁场的方向一致，转速 n 始终低于旋转磁场的转速 n_1，$n<n_1$。

2. 电动机控制电路原理分析

低压断路器 QF1、熔断器 FU1~FU3、交流接触器主触点、热继电器发热元件以及三相电动机构成主电路，低压断路器 QF2、熔断器 FU4、停止按钮 SB1、启动按钮 SB2、交流接触器线圈、交流接触器辅助常开触点以及热继电器常闭触点构成控制回路。

（1）启动控制

合上电源开关 QF1、QF2 接通主电路三相电源和控制回路的单相电源，按下启动按钮 SB2，控制回路接通，交流接触器线圈得电，交流接触器主触点接通，三相电动机供电回路接通，电动机启动运转。同时交流接触器辅助常开触点接通，当松开不闭锁常开按钮 SB2 后，控制回路仍然接通，实现了自锁控制。启动控制过程如图 8-54 所示。

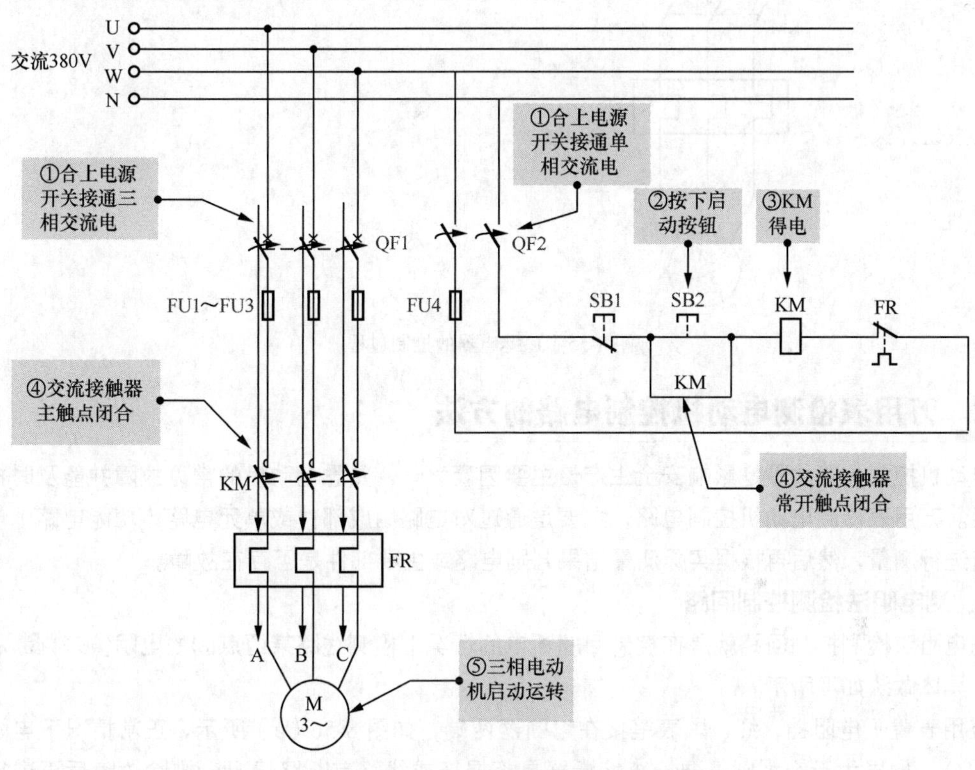

图 8-54　电动机启动控制过程

（2）停机控制

当电动机运转时，按下常闭按钮 SB1，控制回路断开，交流接触器线圈 KM 失电，交流接触器主触点断开，切断电动机供电回路，电动机停止运转。

（3）过热保护控制

电动机运转过程中如果出现过载、断相、电流不平衡保护和过热现象时，热继电器热元件FR 产生的热效应推动动作机构使得常闭触点断开，从而使交流接触器线圈失电，交流接触器主触点断开，切断电动机供电回路，电动机停转。热继电器的控制过程如图 8-55 所示。

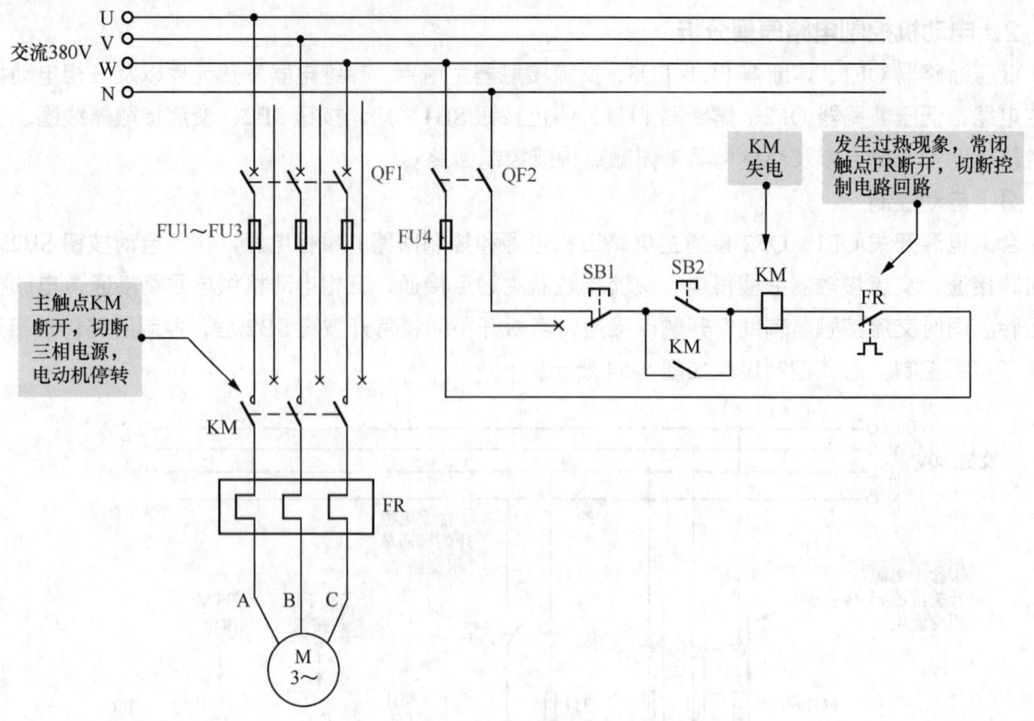

图 8-55　热继电器的控制过程

8.5.2　万用表检测电动机控制电路的方法

电动机控制电路故障是影响安全生产最主要因素之一，熟悉电动机的常见故障并能及时排除非常重要。万用表检测电动机控制电路，主要是通过对电路组成部件或单元电路（功能电路）电压或电阻值进行测量，然后再根据实际测量结果判别电路或主要部件是否存在故障。

1. 测电阻法检测控制回路

测电阻法检测控制回路就是在控制回路断电的情况下检测线路某两点间的电阻值来判断故障的方法。具体做法如下所示。

万用表置于电阻挡，红、黑表笔接在熔断器两端，如图 8-56（a）所示，正常情况下电阻值应接近 0Ω，如果为无穷大则需要检查熔断器是否损坏或线路有断路情况，排除故障后再进行后续检测。保持黑表笔不动，将红表笔接至热继电器发热元件的左端，如图 8-56（b）所示，正常情况下电阻值应接近 0Ω，如果为无穷大则需要检查热继电器是否损坏或线路有断路情况，排除故障后再进行后续检测。接下来移动红表笔接至交流接触器线圈左端，如图 8-56（c）所示，正常情况下电阻值接近交流接触器线圈阻值，为几百至几千欧，如果测得的阻值为无穷大则需进一步检查交流接触器线圈是否断路或线路存在断路情况，如果所测电阻值为 0Ω 则说明有短路情况，排除故障后再进行后续检测。在保证上述电气元件和线路正常的情况下，可将万用表表笔接至按钮开关两端，检测开关的好坏，如图 8-56（d）所示，正常情况下电阻值应为无穷大，按下 SB2，电阻值变为 0Ω，同时按下 SB1，电阻值又变为无穷大。关于电气部件的检测方法读者可以参看第 4 章内容。

2. 测电压法检测主电路

测电压法检测主电路就是在主电路接通电源的情况下检测线路某两点间的电压值来判断故障的方法。具体做法如下所示。

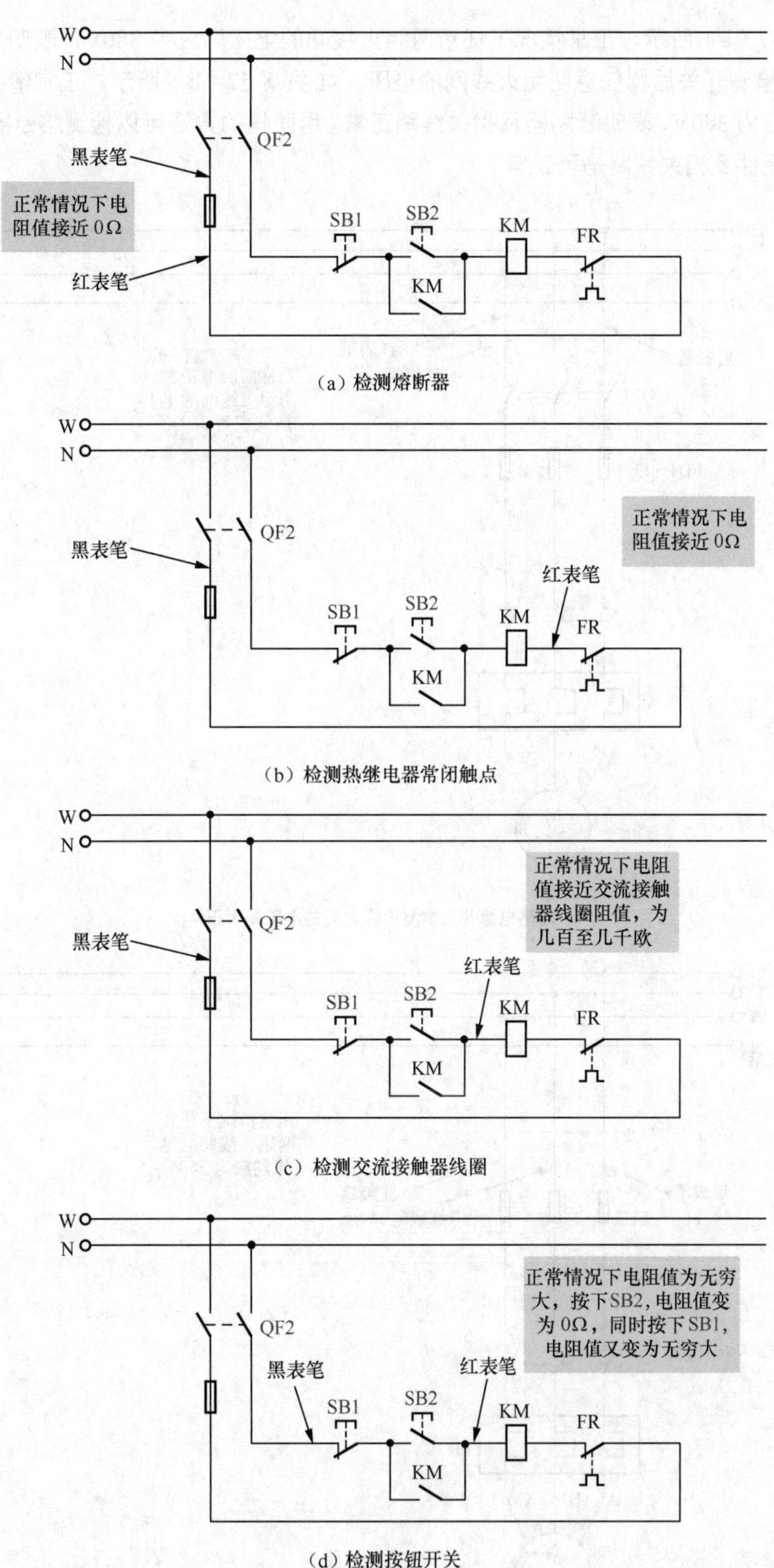

图 8-56　测电阻法检测控制回路

首先检测供电电源是否正常，将万用表置于 500V 电压挡，测量电源开关前侧两个火线之间的电压，如图 8-57（a）所示，正常情况下任意两组火线间的电压均应为 380V，表明电源正常。合上断路器 QF1，检测开关后侧任意两组火线间的电压，如图 8-57（b）所示，正常情况下任意两组火线间的电压均应为 380V，表明断路器及相关线路正常。用同样的方法可以检测熔断器、交流接触器、热继电器发热元件及相关线路是否正常。

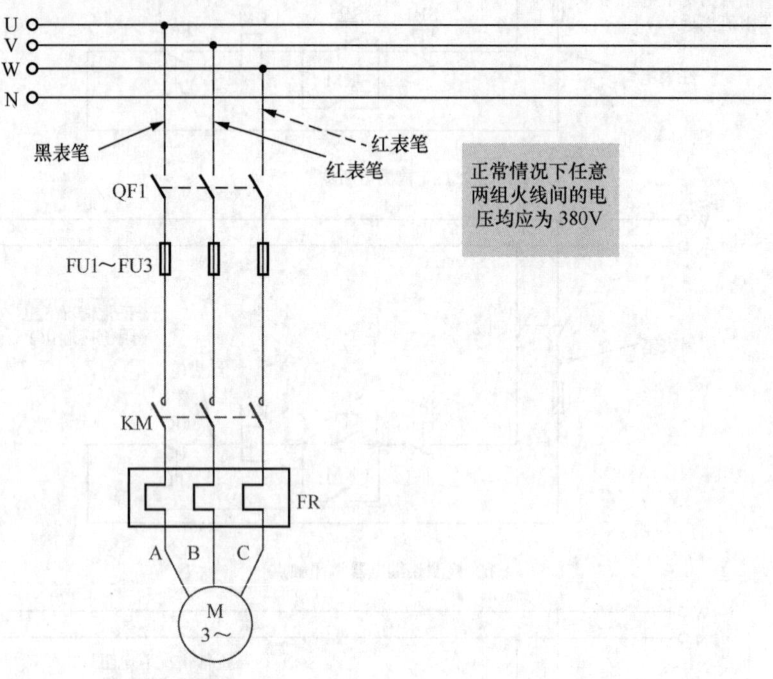

（a）检测电源开关前测火线之间的电压是否正常

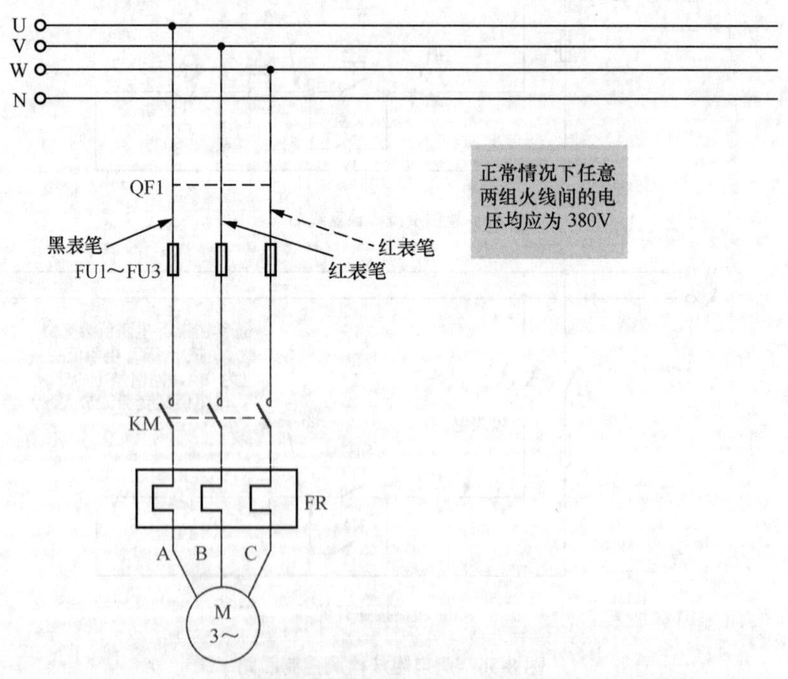

（b）检测电源开关后测火线之间的电压是否正常

图 8-57　测电压法/检测主电路